中国石油计量实践

李　明　焦学锋　主编

石油工业出版社

内容提要

本书全面梳理阐述了中国石油在计量领域发展的成功经验，重点介绍了“十三五”以来在计量管理、计量技术、计量机构建设、应用案例等方面的内容。

本书可供石油计量领域的科研人员和现场技术人员学习参考，也可作为高等院校相关专业师生的教材。

图书在版编目（CIP）数据

中国石油计量实践 / 李明，焦学锋主编 . -- 北京：石油工业出版社，2024. 12. -- ISBN 978-7-5183-6564-7

Ⅰ. TE863.1

中国国家版本馆 CIP 数据核字第 2024N76B83 号

出版发行：石油工业出版社
（北京安定门外安华里 2 区 1 号　100011）
网　址：www.petropub.com
编辑部：（010）64523825　　图书营销中心：（010）64523633
经　销：全国新华书店
印　刷：北京中石油彩色印刷有限责任公司

2024 年 12 月第 1 版　2024 年 12 月第 1 次印刷
787 × 1092 毫米　开本：1/16　印张：19.25
字数：440 千字

定价：150.00 元
（如出现印装质量问题，我社图书营销中心负责调换）

《中国石油计量实践》

编 委 会

主　　任：赵玉柱

副 主 任：王学文　赵雪峰

委　　员：李武斌　李克敏　肖　迪　宋　彬　焦学锋

编 写 组

主　　编：李　明　焦学锋

副 主 编：罗再扬　袁海滨

成　　员：（按姓氏笔画排序）

卫珂玢　马　琳　王　辉　王华青　王江波　王梦颖
孔珊珊　甘　霖　艾裕丰　卢世明　田　磊　史　方
白小亮　吕海武　朱安庆　任　佳　刘　仁　刘　闯
刘　青　刘　博　刘丁发　刘玉娥　刘宪英　刘晓光
刘瑞华　闫家伟　孙宝权　李　华　李东健　李军昌
李模刚　杨雪峰　肖　迪　时晟楠　宋　彬　张　强
张佩颖　张学腾　张宝坤　张显桂　张振鹏　张效铭
陈　亮　房福生　赵成海　段继芹　施　展　姜保刚
贺晓珍　骆卫成　徐浩翔　高永亮　崔小宇　蒋建新
韩春红　鲁保平　蔡　黎

前言

党的十八大以来，习近平总书记对计量工作做出一系列重要指示批示，为我们抓好新时代计量工作指明了方向，提供了遵循。国务院相继制定印发《计量发展规划（2013—2020 年）》《计量发展规划（2021—2035 年）》（简称“两个《规划》”），充分体现了党中央、国务院对新时代计量事业的高度重视和殷切期望，计量成为构建一体化国家战略体系和能力的重要支撑。当前，我国已进入全面建设社会主义现代化国家、向第二个百年奋斗目标进军的新征程，这对计量发展提出了新的更高要求，我国计量发展进入机遇与挑战并存的关键时期，全国计量工作履行着计量服务高质量发展的职责使命，凝聚计量支撑新质生产力发展的合力，推动我国计量事业迈上新台阶。

在当今全球能源格局中，石油作为至关重要的战略资源，对国家经济的稳定发展和国家安全起着举足轻重的作用。准确、可靠的石油计量，则是确保石油工业高质量安全运行的基石。石油计量贯穿石油产业的各个环节，从石油的勘探开发、集输储运到炼油化工、产品销售，每一个步骤都离不开准确的计量。石油计量的重要性主要体现在以下几个方面：一是保障石油企业的经济效益。准确的计量能够确保石油企业对资源的合理利用和产品的准确销售，避免因计量误差而导致的经济损失。二是确保交易的公平公正。石油作为一种大宗商品，准确的计量是保证交易双方权益的关键。无论是国内贸易还是国际贸易，都需要遵循严格的计量标准和规范，确保计量结果的一致性和可比性。只有这样，才能建立起公平、透明的市场环境，促进石油贸易的健康发展。三是为国家能源战略提供科学依据。石油计量数据是国家制定能源战略的重要依据，通过对石油产量、消费量、进出口量等数据的准确统计和分析，制定合理的能源政策，为能源资源的合理配置和可持续发展提供了科学依据，保障国家能源安全。四是推动石油工业的技术进步。为了提高计量的准确性和可靠性，石油计量的发展离不开先进的技术和设备，智能化计量系统、远程监测技术、大数据分析等先进手段的应用，为石油产业的智能化发展提供了有力支撑。

中国石油天然气集团有限公司（简称中国石油）是国有重要骨干企业和全球主要的油气生产商和供应商之一，是集国内外油气勘探开发和新能源、炼化销售和新材料、支持和服务等业务于一体的特大型石油石化企业集团、综合性国际能源公司。中国石油计量不断适应新形势的要求，紧紧围绕深入实施“两个《规划》”，逐步健全完善了计量管理体系和计量技术体系，以原油、天然气、石油化工产品的矿场、专用计量为主线，强化计量器具管理，健全完善计量检定校准能力，确保计量过程可控及数据准确可靠；持续开展油气计量、石油专用计量技术研究，计量技术取得了重大进展，积累了丰富的计量实践经验，在计量技术创新方面取得了显著成就。

为此，中国石油质量安全环保部组织编写了《中国石油计量实践》一书。本书对“十三五”以来中国石油计量工作实践进行了全面梳理总结，对计量领域的理论、创新与实践进行了深入阐述，涵盖石油计量的各个方面，书中大量引用现场数据，推介了实际工作中案例，并遵循科学严谨的态度，确保了内容的准确性和权威性，以期为今后石油石化企业计量工作的有效开展提供指导和借鉴，为推动中国石油计量事业的不断进步提供有益的参考。

《中国石油计量实践》是一部具有重要实用价值和学术意义的著作，全书共分为九章和三个附录，第一章概述了中国石油所做的计量重点工作，第二章至第四章分别介绍了原油和成品油计量、天然气计量、石油专用计量方面的关键技术突破及新技术应用情况，第五章介绍了检验检测机构的资质认定与管理，第六章介绍了计量标准化工作，第七章介绍了国内外计量交流与合作情况，第八章介绍了计量技术机构和组织的建设情况，第九章为所属企业计量工作典型做法介绍；附录包括中国石油专用计量器具目录、中国石油授权最高和工作计量器具目录及 2016—2023 年计量工作大事记。本书在编写过程中参考了大量文献资料和研究报告，得到了所属企业和技术机构的大力支持，在此向所有付出辛勤劳动的人员一并表示衷心的感谢！

限于编者水平，书中不妥之处在所难免，敬请读者批评指正。

目　　录

第一章 计量管理

“十三五”以来，中国石油不断完善计量制度体系，提高计量人员素质，强化计量器具、计量技术机构管理，提升交接计量、石油专用计量管理水平，确保计量在保障产品质量、提升客户满意度、降低生产成本、保证生产经营活动有序开展等方面发挥重要的支撑作用。本章简述了中国石油的计量管理工作、各级计量部门的管理职责以及“十三五”以来所做的计量重点工作。

第一节 概 述

一、中国石油计量管理简述

“十三五”以来，中国石油坚持以习近平新时代中国特色社会主义思想为指导，全面学习贯彻党的十八大、十九大、二十大精神和习近平总书记对石油石化行业的重要指示批示精神，坚决落实党中央、国务院决策部署，全面贯彻新发展理念，服务和融入新发展格局，加快绿色低碳转型，为保障国家能源安全和国民经济稳增长做出积极贡献，中国石油的计量工作进入了高质量发展时期。

为适应新形势要求，中国石油计量管理不断向为提高企业质量效益服务深化，管理方法向过程管理、数据管理深化，管理重点向勘探开发、炼油化工、油气储运等上中下游一体化深化，开展了大量卓有成效的工作。无论是计量管理机构建设、计量基础工作、交接计量管理、计量检定校准能力建设、测量管理体系建设、油气计量和石油专用计量关键技术研究，还是国内外计量交流、国际标准化工作、重大工程项目计量管理等都得到了长足发展，形成了较为完善的适应现代公司制要求的计量管理体系。

为加强计量工作，发挥其在生产建设、经营管理和科学研究中的作用，提高企业整体经济效益，维护合法权益，中国石油依据《中华人民共和国计量法》和《中华人民共和国计量法实施细则》，制定了《中国石油天然气集团有限公司计量管理办法》，并按照该办法对中国石油总部机关、专业公司及其全资子公司、直属企事业单位（本书以下统称为所属企业）进行计量管理，中国石油和所属企业的控股公司通过法定程序实施该办法，境外所属企业在遵照当地法律法规的基础上执行该办法。建立了以《中国石油天然气集团有限公司计量管理办法》为计量管理基本制度，以人员、实验室、标准装置、争议处理、交接计量、石油专用计量等相关管理规定为具体配套制度的计量制度体系，并随着国家政策、公司战略、技术发展不断完善优化。

中国石油计量工作实行“统一领导、分级管理、分工负责”的管理体制。计量工作的任务是贯彻国家的计量法律法规，保证计量单位制的统一；建立计量的量值溯源体系，确保计量检测数据的准确可靠；开展计量科学技术研究，提升计量检测能力；依靠先进科学技术和现代管理方法，提高计量管理水平，为中国石油的发展提供可靠的计量保证。

中国石油实行国家法定计量单位制度，对于需要采用非法定计量单位的特殊情况，均按照国务院计量行政部门规定执行。

二、中国石油计量管理机构演变与计量管理职责

中国石油计量工作分为总部部门、专业公司、所属企业三个层级进行组织管理。

总部部门计量工作先后历经技术监督与安全环保部、质量与节能部、质量与标准管理部、质量安全环保部归口管理，现由质量健康安全环保部归口管理。

1. 总部计量管理部门主要职责

（1）贯彻国家计量法律法规和有关计量工作的方针政策，结合中国石油的特点制定相应的规章制度，组织推行国家法定计量单位；

（2）组织编制计量发展规划、计划，并组织实施；

（3）建立、完善石油专用计量器具的量值溯源体系，制定计量人员的考核管理办法，组织编制计量标准、规程和规范；

（4）监督管理所属企业的计量工作，推行现代科学的计量管理方法，完善计量检测体系；

（5）指导中国石油计量技术机构的业务工作；

（6）会同中国石油科技主管部门组织开展计量科学技术研究，推动计量检测技术的发展和进步；

（7）调解处理专业公司间的计量争议；

（8）组织国内外计量技术培训与交流；

（9）监督法定计量单位制度的实施；

（10）完成上级交办的其他计量工作任务。

2. 专业公司（板块、子公司）（负责本公司的计量工作）的主要职责

（1）依据《中国石油天然气集团有限公司计量管理办法》，制定本公司的管理制度，并组织实施；

（2）依据中国石油计量工作发展规划和年度工作计划，制订本公司的计量工作计划，并组织实施；

（3）会同有关部门处理本专业企业间的计量争议；

（4）研究解决本公司生产、经营和科研工作中的计量问题，推广和应用计量检测新技术；

（5）根据生产、经营和科研需要，组织收集计量信息，开展计量学术交流；

（6）参与重大计量方案审查，组织计量考核和监督；

（7）组织有关单位计量人员培训；

（8）指导所属企业的计量管理工作。

3. 所属企业（本企业计量工作的责任主体）的主要任务

（1）贯彻国家计量法律法规，依据中国石油和专业公司的计量管理制度，制定本企业计量管理制度，并组织实施；

（2）依据中国石油计量工作发展规划和专业公司工作计划，制订本企业计量工作年度计划，并组织实施；

（3）负责所属单位计量器具的监督管理工作，建立各类计量标准器具，组织开展计量检定、校准和检测工作；

（4）组织建立并完善所属单位的计量检测体系，组织所属实验室开展计量认证、认可和能力验证工作；

（5）负责所属单位计量数据的监督管理，提高测量过程控制能力，推广应用计量检测新技术，保证计量数据的准确可靠；

（6）负责所属单位计量人员的培训、考核和日常监督管理；

（7）负责组织参与计量器具监督抽查；

（8）调解本企业内部的计量争议。

三、计量管理重点工作

“十三五”以来，中国石油优化计量发展部署，进一步夯实计量基础，推进计量管理水平和计量技术能力的全面提升。

1. 建立健全计量管理体系

中国石油高度重视计量管理工作，建立了完善的计量管理体系。该体系涵盖了计量组织机构、计量规章制度、计量标准规范、计量技术装备、计量人员培训等各个方面，确保了计量工作的科学、规范、高效运行。同时，中国石油还加强了对计量管理体系的监督和审核，不断完善和优化计量管理流程，提高计量管理水平。

2. 加大计量技术研发力度

中国石油始终坚持科技创新，加大对计量技术的研发投入。开展了一系列计量技术研究和应用项目，取得了丰硕的成果。例如，在原油计量方面，研发应用了高精度的多相流量计，能够同时测量油、气、水三相流量，大大提高了计量精度和效率。

3. 加强计量人才队伍建设

中国石油高度重视计量人才队伍建设，打造了一支高素质的计量人才队伍。加强计量人员的培训和继续教育，提高计量人员的业务水平和综合素质。建立完善的计量人才激励机制，鼓励计量人员创新，为计量事业的发展贡献力量。

4. 统筹推进计量技术机构建设

计量技术机构是中国石油高质量发展的重要保障。中国石油根据业务分布，在主要的油气田、炼化基地和销售区域合理设置计量技术机构，确保对各个环节的计量工作进行及时、有效的监督和管理。同时，不断推进计量技术机构的计量检定/校准能力建设、检验检测机构的检验检测能力建设，强化技术机构的合法合规监督，提升了中国石油计量技术机构的市场竞争力和社会影响力。

5. 积极参与国际计量合作

中国石油积极参与国际计量合作，加强与国际计量组织、国际标准化组织和国外石油企业的交流与合作。通过参与国际计量标准的制定和修订，引进国际先进的计量技术和管理经验，提高了我国在国际计量领域的话语权和影响力。同时，还积极开展国际计量比对和合作研究，促进了我国计量技术与国际先进水平的接轨。

第二节 制度建设

一、计量管理制度概况

1986 年，我国颁布实施了《中华人民共和国计量法》(简称《计量法》)，是国家管理计量工作的基本法，对计量工作在法律层面进行了规范。此后，陆续颁布了《中华人民共和国计量法实施细则》(简称《计量法实施细则》)、《计量标准考核办法》等多项法规、规章及规范性文件，建立健全了计量法律法规体系。

计量是现代企业管理的基石，中国石油为了加强计量管理，规范计量管理活动，规划了计量管理制度架构，由计量管理部门按照职责分工组织论证和起草。1988—1998 年，中国石油天然气总公司发布《中国石油天然气总公司计量管理办法》《中国石油天然气总公司关于计量人员考核发证和管理工作的规定》《中国石油天然气总公司计量检定、校准实验室考核管理规定》等一系列计量管理制度。

“十三五”以来，中国石油计量管理部门对计量管理制度进行了梳理，按照整体修订、分步实施的原则，先后对《中国石油天然气集团有限公司计量管理办法》《中国石油天然气集团有限公司计量人员管理规定》《中国石油天然气集团公司油气交接计量管理规定》进行了修订，并制定了《中国石油天然气集团有限公司计量技术机构与计量标准器具管理规定》和《中国石油天然气集团有限公司石油专用计量管理规定》。形成了现行中国石油计量管理制度体系，具体见表 1-1。

通过对计量管理制度体系优化，制度设立更加完善合理，管理方法进一步改进提升，满足了中国石油计量管理实际需要。

表 1-1　中国石油现行计量管理制度

序号	制度名称
1	《中国石油天然气集团有限公司计量管理办法》（简称《计量管理办法》）
2	《中国石油天然气集团有限公司计量员管理规定》（简称《计量员管理规定》）
3	《中国石油天然气集团有限公司计量技术机构与计量标准器具管理规定》（简称《计量技术机构与计量标准器具管理规定》）
4	《中国石油天然气集团公司计量争议处理规定》（简称《计量争议处理规定》）
5	《中国石油天然气集团公司油气交接计量管理办法》（简称《油气交接计量管理办法》）
6	《中国石油天然气集团公司石油专用计量管理规定》（简称《石油专用计量管理规定》）

二、管理制度的制修订

1.《计量管理办法》的修订

1）背景情况

《计量管理办法》是中国石油计量管理工作的基本制度。1991 年，中国石油天然气总公司首次发布了《关于计量工作管理办法》，并先后于 1996 年、2001 年修订了该办法。自 2001 年版《计量管理办法》发布实施以来，中国石油业务多次调整，管道业务逐步分离，工程技术业务重组，工程技术与工程建设业务实体化等。“十三五”以来，中国石油工作重心、发展战略发生变化，明确以提高发展质量和效益为中心，并提出了市场化战略、国际化战略及创新驱动战略。在此期间，《计量法》经历了五次修订，《计量法实施细则》也相应地进行了调整、补充。面对新形势、新变化，中国石油及时调整计量管理思路和方式，修订并发布了 2019 年版《计量管理办法》。

2）修订的主要内容

（1）完善了计量管理机构职责，在中国石油总部计量管理部门职责中增加了“监督法定计量单位制度的实施”，增加了专业公司计量主管部门的职责，细化了所属企业计量管理职责。

（2）删除了计量技术机构职责相关条款，具体要求在其他相关管理制度中进行规定。

（3）删除了与现行法规冲突的内容，结合《计量法》取消制造修理计量器具许可，删除了原办法中制造、生产计量器具和质量认可条款，取消了企业计量器具配备对制造计量器具许可证和产品质量认可的要求。

（4）简化了对石油专用计量器具、计量标准管理及计量争议处理的要求，具体要求在其他相关管理制度中进行规定。

（5）增加了计量数据保存、使用的有关内容。

（6）增加了交接计量站建设中计量方案审查和竣工验收的要求，补充了能源物料计量管理要求。

（7）删除了中国石油设立的产品质量检测机构、提供公共检测数据服务的专业检测实验室，应取得计量认证证书和实验室认可证书的条款。

（8）计量人员种类中删除了维修人员，明确计量检定校准人员、交接计量人员需持证上岗。

（9）删除了石油专用计量器具准入、计量标准器具考核上级备案要求等。

2.《计量员管理规定》的修订

1）背景情况

《计量员管理规定》是中国石油计量相关人员管理的具体制度。1989 年，中国石油天然气总公司首次发布了《计量检定、计量校验、计量操作人员考核管理规定》，后经制修订，2002 年发布了《中国石油天然气集团公司计量人员考核发证管理规定》。“十三五”后，为进一步规范计量人员管理，适应国家《计量检定人员管理办法》的修订内容，提高计量人员管理水平，中国石油将计量人员相关管理制度进行了整合，修订发布了 2019 年版《计量员管理规定》。

2）修订的主要内容

（1）修订了制度名称，改为《计量员管理规定》，其中计量员包括计量检定人员、计量校准人员和交接计量人员。

（2）取消了原制度中中国石油授权委托所属企业开展计量人员培训、考核、发证和管理工作要求，所属企业计量员由企业自行管理。

（3）取消了原制度中计量主考员对计量人员进行培训、考核要求，并不再设立计量主考员。

（4）修订了培训考核方式，所属企业计量主管部门负责本企业计量员的培训考核工作，中国石油仅指定单位或机构负责中国石油计量技术机构计量员的考核，理论考核由中国石油指定技术机构统一建立考核试题库，考核试题从试题库抽取，实际操作考核由组织考核单位根据具体专业要求组织进行。

3.《计量技术机构与计量标准器具管理规定》的制定

1）背景情况

《计量技术机构与计量标准器具管理规定》是中国石油管理所属计量技术机构和计量标准器具的业务制度。1996 年，中国石油天然气总公司首次发布了《中国石油天然气总公司计量检定、校准实验室考核管理规定》和《中国石油天然气总公司最高计量标准器具和工作计量标准器具管理规定》。2002 年，对这两项制度进行了修订。“十三五”以来，为适应《计量法》和《计量标准考核办法》对计量标准器具管理要求的变化，优化计量标准器具管理流程，细化计量技术机构管理要求，2019 年中国石油将上述两个规定整合，制定发布了《计量技术机构与计量标准器具管理规定》。

2）修改的主要内容

（1）将原《计量检定和校准实验室考核管理规定》和《最高计量标准器具和工作计量

标准器具管理规定》整合，其中第二章为计量技术机构管理要求，第三章为计量标准器具管理要求。

（2）扩大了管理的机构范围，除原规定管理的石油专用计量站和计量校准实验室外，增加了中国石油计量测试研究所、中国石油所属并由国家授权的石油天然气大流量计量站及分站。

（3）取消了中国石油对计量实验室的考核职能、对计量实验室人数和专职人数的要求，增加了计量技术机构通过实验室认可的要求，细化了计量技术机构的职责。

（4）简化了复查或建立中国石油计量标准器具申报流程，直接向建标考核部门提供申报材料即可。

4.《油气交接计量管理办法》的修订

1）背景情况

《油气交接计量管理办法》是中国石油管理石油和天然气产品交接计量的业务制度。2009 年，中国石油首次发布了《中国石油天然气集团公司油气交接计量管理规定》。“十三五”以来，随着油气交接计量规模不断扩大和国家石油天然气管网集团有限公司（简称国家管网）的成立，油气交接计量领域形态发生了巨大变化。为适应油气交接计量模式和发展形势，规范油气交接计量管理，维护油气交接秩序，满足油气交接高效精准测量、强化测量过程控制和测量结果应用的实际需求，提高油气交接计量水平，更好地服务中国石油高质量发展，2022 年中国石油修订发布了《油气交接计量管理办法》。

2）修订的主要内容

（1）明确了“交方计量、接方监护、过程透明、数据共享、结果可追溯”的油气交接计量原则。

（2）明确了油气交接的主体为交方和接方，强调了在具体油气交接计量活动中交方、接方和交接地点的唯一性。

（3）新增了交接计量员的相关要求，保证了油气交接计量相关要求的完整性。

（4）修订了交接计量设施、数量计量、质量检验的相关要求。

（5）简化了计量争议处理相关内容。

（6）根据油气交接计量依据标准的变化情况，调整了附录《油气交接计量管理适用国家、行业、企业标准目录》。

5.《石油专用计量管理规定》的制定

1）背景情况

《石油专用计量管理规定》是中国石油管理石油专用计量的业务制度。石油专用计量是指在油气勘探开发过程中，使用未纳入国家依法管理计量器具目录的特有计量器具，进行生产参数测量、作业过程控制及量值溯源与传递等活动，石油专用计量器具遍及物探、钻井、固井、测井、录井、井下作业等各个业务领域。1996 年，中国石油天然气总公司首次发布了《中国石油天然气总公司石油专用计量器具管理目录》（简称《中国石油专用计量器具管理目录》)，2002 年进行了修订。为解决石油专用计量器具专业种类多、使用数量大、量值传递溯源难等矛盾，强化石油专用计量器具的使用维护、量值溯源管理，促进石油专用计量体系完善，提高石油专用计量技术能力和水平，确保中国石油勘探开发与工程技术业务计量数据准确可靠，助力油气勘探开发作业质量不断提升，2015 年中国石油制定发布了《石油专用计量管理规定》，并将《中国石油石油专用计量器具目录》列入附表。

2）制定的主要内容

此次制定的《石油专用计量管理规定》共 6 章 44 条，包括总则、机构与职责、器具管理、量值溯源传递、计量保障与监督、附则。在总则中，规定了制度的依据、使用范围，明确了石油专用计量、石油专用计量器具的概念、石油专用计量工作内容。在机构与职责中，规定了石油专用计量工作归口部门、专业公司、所属企业、石油专用计量技术支持机构、石油专用计量校准实验室的职责。在器具管理中，规定了石油专用计量器具购置、配备、使用、检定校准、更新、建档等相关要求。在量值溯源传递中，规定了石油专用计量最高标准、工作标准的溯源途径，石油专用计量标准建标考核、更换、撤销、封存要求，石油专用计量专业计量站或校准实验室的规划和考核要求。在计量保障与监督中，规定了所属企业应建立有效的现场计量保障措施等内容。

第三节　计量员管理

一、计量人员的管理要求

中国石油计量人员包括计量管理人员和计量员。计量管理人员需经过业务培训，熟练掌握计量基础知识、有关计量法律法规和管理制度。计量员包括计量检定人员、计量校准人员和交接计量人员，其中计量检定人员、计量校准人员是指经考核合格，持有计量员证，从事计量检定、校准工作的人员；交接计量人员是指经考核合格，持有计量员证，从事原油、天然气、成品油、轻烃和石油化工产品贸易交接或所属企业间交接计量的操作员和化验员。

为了规范中国石油计量员管理工作，中国石油在《计量员管理规定》中明确了学历、专业技术能力等计量员基本条件，提出了计量员具备能力要求、计量员职责要求，以及计量员培训、考核和发证等相关要求。

二、计量人员的培训

为了提升计量人员业务素质和技能水平，中国石油持续强化计量人员培训。根据需要，计量人员培训可采取三种方式进行：一是由所属企业自行组织培训；二是委托中国石油有关计量技术机构组织培训；三是参加地、市级以上人民政府计量行政部门或法定计量技术机构组织的培训。培训主要内容包括计量法律法规、规章制度、计量基础知识、法定计量单位、误差理论、数据处理及测量不确定度的评定与表示，计量检定规程或校准规范、操作规程，相应计量标准器具、工作计量器具的原理和使用、维护专业知识等。“十三五”以来，中国石油分别于2017年和2020年组织了两期计量管理干部培训班，从国家计量法律法规及法制计量管理要求、中国石油计量管理制度、计量技术发展趋势、国家及中国石油计量发展部署等几个方面，对所属企业计量管理人员200余人进行了培训，提升了中国石油计量管理人员水平。

所属企业严格落实中国石油培训管理要求，在本单位计量管理制度中明确培训、考核管理规定和相关要求，由单位人事管理部门组织实施年度培训计划，确保本单位计量员持证上岗。从以下几个方面强化计量人员培训工作：一是积极参与中国计量协会、中国计量大学等组织的计量法律法规、国内外计量发展状况、计量新技术应用等外部培训；二是积极参与政府计量部门委托组织的温度变送器、超声流量计等计量技术规程规范培训；三是所属企业及下属二级单位在日常工作中定期或不定期开展计量法律法规、计量专业知识培训，计量标准规范宣贯，提升计量人员素质水平和操作技能。

三、计量员的考核

中国石油计量员应具备的基本要求：一是计量检定、校准人员应具有大专或相当于大专以上文化程度，交接计量人员应具有中专（高中）或相当于中专（高中）以上文化程度；二是应熟悉计量法律、法规，计量基础知识和有关专业知识；三是应熟练地掌握所从事检定、校准项目或交接计量、化验项目的操作技能；四是应直接从事计量检定、校准或交接计量工作一年以上，具有独立完成计量检定、校准或交接计量工作的能力。在计量员培训考核中，所属企业计量主管部门负责本企业计量员的考核工作，中国石油直属和专业计量技术机构计量员的考核由中国石油指定单位或机构负责。

计量员的考核包括理论知识考核和实际操作技能考核。理论考核由中国石油指定技术机构统一建立考核试题库，考试试题从试题库抽取。实际操作考核由组织考核单位根据具体专业要求组织进行。理论知识考核和实际操作技能考核有一项不及格，计量员的考核即为不合格。计量检定、校准人员主要按照常规计量（长度、力学、温度、电磁、时间频率、化学、光学等计量）和石油专用计量类别进行考核，交接计量人员考核主要分为原油、成品油交接计量和天然气交接计量两大类。

所属企业遵循中国石油计量人员任职和计量员培训考核相关管理规定，在企业计量制度中明确规定相关部门对计量人员管理的责任、计量员的任职和考核要求，将计量人员的任职、培训、履职、考核等内容列入监督检查范围，并将监督检查结果纳入单位业绩考核，持续促进计量人员水平提升。

中国石油及所属企业设置法定计量检定机构和市场监管部门授权技术机构中执行计量检定任务的专业技术人员参加注册计量师考试，经考核合格并注册后，持证上岗。鼓励其他从事计量技术工作的专业技术人员，根据需要取得注册计量师职业资格证书，作为具有相应能力的证明。

第四节 计量器具管理

一、工作计量器具管理

中国石油在计量器具相关管理规定中，明确了计量器具配备、验收、使用、强制检定、非强制检定与校准、信息化、监督管理等方面要求，提出了所属企业应根据生产建设、经营管理和科学研究的需要，配备必要的计量器具及计量检测设备。

“十三五”以来，中国石油依据法律法规、规章制度和规范标准要求，组织制定了勘探与生产、炼油与化工、成品油销售、天然气与管道、工程技术、装备与制造等业务领域的计量器具配备规范企业标准，共 17 项，统一规范了主要业务的计量器具配备与管理要求。

所属企业依照中国石油计量相关制度细化制定了本单位计量管理办法，在工作计量器具管理上，建立了覆盖计量器具选型与配备、采购验收与报废、分类、使用、指标、标志、检定 / 校准、计量监督等全生命周期管理体系。

（1）在计量器具选型与配备管理方面，要求采购的新型计量器具需进行现场试验和技术评价，评价合格后方可推广应用。

（2）在采购、验收与报废管理方面，购置的计量器具到货后，应进行检定 / 校准验收，检定 / 校准合格并满足要求后方可交付使用，同时执行质量监督抽查制度。设定了计量器具报废年限，达到报废年限时由专家组对计量器具进行评定，确认后报废。

（3）在计量器具分类管理上，根据计量器具的计量特性、安装环境、测量目的、使用频率等，将计量器具分为强制检定和 A、B、C 类，建立计量器具台账，并实施分类管理。

（4）在计量器具使用管理方面，要求保留计量器具检定 / 校准证书，并对计量结果做好数据确认，保障计量数据的存储及传输的安全、保密和可追溯。

（5）在指标管理方面，按照配备率、完好率、受检率、合格率四项指标进行管理考核。

（6）在标志管理方面，按国家有关计量器具彩色标志管理要求，制定彩色标志样式，分类管理。

（7）在检定 / 校准管理方面，按照计量器具分类制订周期检定计划，并按计划开展检定 / 校准、比对工作。

（8）在计量监督管理方面，依据中国石油和所属企业的管理办法要求，按期开展计量器具的监督抽查，中国石油不定期对所属企业进行计量监督检查，所属企业以现场检查、现场抽测的方式进行工作计量器具的监督抽查。

二、计量标准器具管理

中国石油计量标准器具依据《计量技术机构与计量标准器具管理规定》进行管理，保障量值传递的准确可靠。统一规划建立计量标准器具，合理配置所属企业计量标准器具，充分利用所属企业已经建立的计量标准器具资源，满足企业计量器具就地就近实现量值溯源的需要。

中国石油建立的最高计量标准器具，须经国家计量行政部门考核合格。建立的工作计量标准器具，须经中国石油委托相应计量技术机构组织考核合格。工作计量标准器具的量值应溯源至中国石油最高计量标准器具或社会公用计量标准器具。保存和使用中国石油工作计量标准器具的计量技术机构应参加中国石油计量管理部门组织的量值比对。

为适应中国石油计量工作依法自主管理的需要，充分发挥计量检定、校准资源的整体优势，保障计量器具的量值统一和准确可靠，中国石油分别于 1999 年和 2008 年批准认可了一批最高计量标准器具和工作计量标准器具，共 37 套。各所属企业根据实际需求，建立了企业计量标准器具。

三、计量标准装置能力保障

1. 天然气原级计量标准装置比对

天然气流量原级计量标准装置作为最高等级的天然气流量计量标准装置，是天然气计量溯源链的首要环节，向上直接溯源到基本物理量，向下将量值通过次级和工作标准传递到现场计量器具，是保证天然气流量计量准确可靠的基石。国内现有三套天然气流量原级计量标准装置。中国石油现有天然气流量原级计量标准装置为国家石油天然气大流量计量站成都分站（简称成都分站）建设的中低压质量时间法天然气流量原级标准装置，主要承担 0.4～6.0MPa 压力范围内的量值传递。各天然气原级计量标准装置的工作压力范围、工作原理有所不同，开展原级计量标准装置的计量比对，对于保障国内天然气流量量值统一具有重要意义。

2018—2020 年，中国计量科学研究院作为主导实验室，利用不同喉径的 4 只临界流文丘里喷嘴作为比对组件，在国内开展了高压气体原级计量标准装置的比对，参加比对的包括中国计量科学研究院的压力—体积—温度—时间（$pVTt$）法国家气体流量基准、德国国家物理技术研究院（PTB）高压活塞体积管法天然气流量原级计量标准装置、成都分站和国家石油天然气大流量计量站南京分站（简称南京分站）质量时间法天然气流量原级标准装置、国家石油天然气大流量计量站武汉分站（简称武汉分站）高压活塞体积管法天然气流量原级标准装置。

计量比对结果显示，成都分站中低压质量时间法天然气流量原级标准装置与其他参比实验室相比，原级标准装置测量不确定度在宣称的范围内，技术水平稳定可靠。

2. 天然气次级计量标准装置比对

天然气流量计量溯源链中，临界流文丘里喷嘴法气体流量标准装置（简称声速喷嘴装置）通常作为次级标准，次级标准向上溯源到原级标准装置，向下量值传递给工作标准装置，也可用于高准确度流量计的量值溯源，在计量溯源链发挥着承上启下的关键作用。计量比对也是用于验证次级标准装置测量不确定度和实验室外部质量控制的重要手段，通常在相近的介质和工作压力、流量范围内开展计量比对。

2021 年，成都分站、南京分站和武汉分站的次级标准装置参加了中国计量科学研究院组织的计量比对活动，比对组件为两台 DN100mm 涡轮流量计和一台 DN200mm 的超声流量计。参加比对的还包括中国计量科学研究院的正压空气流量标准装置和德国 PTB 授权的 Pigsar 高压标准表法天然气计量标准装置。

参加这项比对的计量标准装置有临界流文丘里喷嘴法、标准表法，工作介质有高压天然气和正压空气，说明通过复杂的雷诺数和示值误差拟合算法，也可以实现不同压力范围和不同介质、不同工作原理的多个次级标准装置间的计量比对。次级计量标准装置比对结果说明，成都分站次级标准装置的测量不确定度在宣称范围内。

3. 天然气工作级标准计量比对

中国石油所属国家授权油气计量站点建立的天然气工作级标准装置在量值溯源、传递方法、工作环境方面存在一定的差异，为降低各工作标准装置传递的量值偏差风险，国家石油天然气大流量计量站（简称国家油气站）牵头制订了天然气流量工作标准装置量值比对方案，配备了计量性能稳定的比对组件，完成了中国石油所属天然气工作级计量标准装置的计量比对，并建立长效计量比对机制，以保障天然气流量工作级标准装置量值的准确一致，促进检定机构技术能力和水平提升。

2021—2023 年，由中国石油质量健康安全环保部组织，国家油气站牵头，完成国家油气站及成都分站、国家石油天然气大流量计量站榆林分站（简称榆林分站）、国家石油天然气大流量计量站塔里木分站（简称塔里木分站）4 个参比实验室天然气工作级计量标准计量比对 3 次。各实验室严格按照比对方案实施，并成立比对项目组，由各实验室技术负责人把关，安排专人负责比对组件的接收、检查和发送、比对测试的实施、比对结果材料的上报等相关事宜，并按时将比对结果上报比对组织方。

根据各参比实验室天然气工作级标准 3 年比对结果进行分析：一是用算术平均法和公式拟合法两种方式计算参考值，各参比实验室的天然气工作级标准计量比对结果一致；二是各流量点的参比实验室传递标准涡轮流量计核查结果变化量满足工作要求，比对结果可信。

第五节　计量技术机构管理

一、计量技术机构管理要求

计量技术机构是计量管理体系中的重要一环，中国石油计量技术机构是指由中国石油实施重点管理的直属和专业计量技术机构，包括中国石油计量测试研究所（简称计量所）、中国石油所属并由国家授权的油气计量站及分站、保存使用中国石油最高计量标准器具和工作计量标准器具的石油专用计量站和计量校准实验室，中国石油质量健康安全环保部对中国石油计量技术机构进行归口管理，并负责业务指导。

为加强计量技术机构管理，中国石油制定并发布了《计量技术机构与计量标准器具管理规定》。该规定要求计量技术机构应隶属中国石油所属企业，具有与开展检定、校准工作相适应的组织机构，能保证公正、独立地开展计量检定、校准业务工作；行政负责人、技术负责人和质量负责人具有5年及以上计量工作经历；人员、设备和环境条件能满足所开展项目的要求；有开展计量检定、校准工作所依据的检定规程或校准规范；依据GB/T 27025《检测和校准实验室能力的通用要求》，建立质量管理体系，并通过实验室认可。

中国石油计量管理部门对计量技术机构工作情况组织定期或不定期的监督检查，对计量技术机构使用计量标准器具超过有效期，违反检定规程或校准规范，丧失公正性，伪造数据、出具假证书，指派未取得资质的人员出具证书报告，无正当理由中断检定、校准工作，出具的检定、校准证书超出授权范围等情况，将视情节轻重，给予警告、限期整改、暂停检定校准工作或撤销授权项目等处理。

二、推进技术机构能力建设

中国石油重视计量技术机构能力建设工作：一是推进国家授权天然气计量检定站建设。升级完善已建国家石油天然气大流量计量站及分站计量设施，优化调整检定运行工作机制，进一步提高计量检定能力，推进国家石油天然气大流量计量站福州分站（简称福州分站）加快筹建。二是推进国家产业计量测试中心和计量器具型式评价实验室筹建。积极申报和筹建石油物探和石油测井领域国家产业计量中心、计量器具型式评价实验室，促进计量技术水平和能力持续提升。三是推进计量重点实验室建设。加强中国石油所属国家市场监督管理总局重点实验室（天然气能量计量与质量控制）建设，依托中国石油原油计量检测重点实验室筹建国家市场监督管理总局重点实验室（原油计量与质量评价）。

“十三五”以来，根据国家市场监督管理总局天然气检定站点规划布局，中国石油先后完成国家石油天然气大流量计量站乌鲁木齐分站（简称乌鲁木齐分站）、塔里木分站、榆林分站、国家石油天然气大流量计量站北京分站（简称北京分站）4个天然气检定站建设投用，为保证我国天然气交接计量准确可靠，满足高压大口径管输天然气流量量值溯源需求，维护天然气贸易交接公平公正起到了重要的保障作用。2022年，中国石油协助国家计量行政部门组织开展天然气实流检定能力调研。为解决东北地区缺少中低压检定能力，东南、西南地区缺少高压检定能力，东北、华北、华东、西南等地区检定能力缺口较大，检定能力地域分布不够均衡问题，提出了以下建议：提升成都分站原级标准装置高压检定能力，满足不断增长的高压次级标准量值溯源需求；提升成都分站高压检定能力，解决西南地区高压天然气流量计送检难题；扩充国家油气站中低压检定能力，满足东北、华北地区天然气流量计检定需求；依托福建LNG接收站新建一个国家油气站分站，在满足华东地区LNG计量仪表检定需求的同时，拓展LNG动态计量检定能力。

2023年，中国石油组织开展石油物探和石油测井领域国家产业计量中心、计量器具型式评价实验室申报和前期准备工作。为强力推进申报进程，有序开展筹建准备工作，中国石油集团东方地球物理勘探有限公司（简称东方物探公司）、中国石油集团测井有限公司（简称中油测井公司）成立产业计量测试中心筹建工作专班，公司副总经理担任组长，开展产业需求及公司发展现状调研，梳理专业关键参数测量项目、测试能力，确定产业计量测试中心建设思路、方法与路径，编制国家产业计量测试中心申报书草案，并聘请产业计量相关专家现场进行了培训和咨询交流，丰富了团队成员相关知识储备。形成了型式评价石油物探、测井类计量器具建议名录和型式评价装置研制规划，提出了型式评价实验室建设初步方案。这两项工作均取得了当地计量行政主管部门的支持。

中国石油依托国家油气站建设了原油及成品油计量检测重点实验室，该实验室 2019 年 12 月通过验收，2020 年 3 月正式运行。实验室建有原油及成品油流量检测、流量辅助仪表检测、流量仪表质量检验、原油及成品油品质检测 4 个专业研究室，可开展百余项计量检测项目，实现油流量量值的高准确度复现，并具备油流量量值多途径溯源、多类型工况环境模拟、流量计型式评价环境适应性可靠性安全性评价、油品品质快速检测等多种先进功能，满足国内原油及成品油计量检测技术研发及量值溯源的需要。2023 年，国家油气站依托该实验室申建了国家市场监督管理总局重点实验室（原油计量与质量评价），并已通过国家市场监督管理总局组织的专家会议评审和现场核查。

中国石油依托中国石油西南油气田公司（简称西南油气田公司或西南油气田）天然气研究院建设天然气质量控制和能量计量重点实验室，2015 年 2 月建成并通过验收。该实验室致力于天然气质量控制技术、天然气分析用气体标准物质、天然气发热量测定技术、天然气流量检测技术和天然气流量量值溯源技术 5 个研究方向新技术的研发和应用，以提高我国天然气质量控制与计量技术水平，保障天然气贸易的公平和公正，并为天然气开发利用决策提供技术支撑。2020 年 7 月，西南油气田公司天然气研究院以天然气质量控制和能量计量重点实验室为基础，联合中国测试技术研究院等机构申报国家市场监督管理总局重点实验室（天然气质量控制和能量计量），国家市场监督管理总局于 2021 年 9 月批准建设，2023 年 8 月通过建设验收，成为国家市场监督管理总局在天然气质量和计量领域的核心技术支撑机构。

三、油气计量检定站监督检查

为适应国家和中国石油对计量技术机构管理的新需要、新要求，中国石油质量健康安全环保部要求每年定期开展油气计量检定站监督检查工作，定期对油气计量技术机构工作情况组织监督检查，对促进中国石油所属国家油气站及分站机构规范运作，提升技术能力和水平，保证油气检定机构传递量值的准确性、一致性等都具有重要意义。

国家油气站牵头组成专家组定期开展油气计量检定站监督检查工作。按照企业标准 Q/SY 14012《石油天然气计量检定站检查规范》要求，从基本条件、安全管理、检定校准实施及其他 4 个方面开展监督检查，2019 年首次试行，2020—2022 年受客观条件影响，通过油气计量检定站自查的方式实施，2023 年再次开展了现场监督检查工作。

油气计量检定站监督检查分为两个阶段。一是自查阶段，由中国石油所属的国家油气站及成都分站、塔里木分站、榆林分站自行组织，开展自查和总结，并在规定时间提交自查报告和整改记录。二是现场检查阶段，在机构自查的基础上，质量健康安全环保部牵头开展现场检查，并抽调国家油气站、成都分站、塔里木分站、榆林分站计量专家组成检查组，承担具体监督检查工作。现场检查按检查表逐项评分。

从总体结果来看，各站均能遵守国家《专业计量站管理办法》、中国石油《计量技术机构与计量标准器具管理规定》，建立了人员培训与考核、计量检定印章使用、计量标准装置运维、证书报告签发、数据保存等多项制度，为各站履行法定职责提供了制度保障，并按照 JJF 1069《法定计量检定机构考核规范》等标准规范与制度要求开展计量检定、校准、检测和型式评价等工作。

第六节 交接计量管理

一、交接计量管理要求

交接计量管理能力是维护交接计量秩序的重要基础。为加强油气交接计量管理，提高油气交接计量技术水平，依据《计量法》等法律法规和《计量管理办法》，中国石油制定发布了《油气交接计量管理办法》。该办法规定了油气交接计量应合法依规、诚实守信，遵循“交方计量、接方监护、过程透明、数据共享、结果可追溯”原则，明确了油气交接计量工作中中国石油质量健康安全环保部、专业公司、所属企业、计量和质量检验技术机构等各方主要职责，以及交接计量交方、接方、相关方等主体的权力和义务，对交接计量员、交接计量设施、数量计量和质量检验、争议处理等也提出了具体要求。

“十三五”以来，中国石油不断完善油气交接计量制度，持续增强油气交接计量监管力度，大力推进国际油气交接计量研究，在油气交接计量管理方面形成了多项典型做法，为交接工作奠定了良好基础。

二、交接计量监督检查

1. 天然气交接计量监督检查

2018 年 6 月 20 日至 8 月 18 日，由中国石油 24 名计量专家组成 4 个检查组，对所属 15 家油气田企业 55 个交接气量较大的站点进行了检查，重点检查了计量制度、计量机构、计量人员、计量资料、计量器具管理、计量交接管理和气质分析 7 个方面工作，以强化天然气贸易交接计量管理，提高天然气计量量值溯源和计量检测水平，确保天然气贸易交接计量公平公正合理、准确可靠。

针对监督检查共性问题和个性问题，综合各所属企业好的做法，检查组对后续天然气交接计量工作提出了相关建议：一是完善中国石油的天然气计量监督检查机制，不断规范计量交接管理工作，提升天然气计量管理能力与水平；二是充分发挥各技术机构在检定、培训、计量监督检查等方面的技术支撑作用，增设或增扩中国石油计量检定专业技术机构规模；三是交接站点按照标准要求，配备核查流量计，完善工艺流程，提升天然气计量交接硬件保障能力；四是统一制定交接协议模板，规范交接计量单、气质检测报告、计量器具配备、天然气取样、化验项目、计量参数修改等内容；五是加强对所属企业天然气计量人员培训及交流，加大对标准和管理实施细则的宣贯力度，提高交接计量站点技术和管理人员的能力和水平。

2. 2023 年交接计量监督检查

1）背景情况

2022 年，中国石油修订发布了《油气交接计量管理办法》，为监督计量管理制度贯彻落实情况、明晰油气交接计量存在问题、提升计量管理能力水平，中国石油质量健康安全环保部于 2023 年开展中国石油所属油气产业链上、中、下游部分企业的计量监督检查。

2）实施情况

2023 年 9 月至 11 月，由中国石油质量健康安全环保部组织，国家油气站牵头，各领域计量专家参加，开展油气交接计量监督检查。监督检查涵盖了管理制度、计量人员、计量器具、量值溯源、交接计量等 12 项内容。

计量监督检查工作于 2023 年 9 月 10 日开始，11 月 4 日结束，先后检查华北、华东、西北、东北 4 个地区的 14 个企业，其中油气田企业 3 个、炼化企业 5 个、成品油销售企业 3 个、天然气销售企业 2 个、运输企业 1 个。实地检查站点 37 个。

3）检查结果

通过汇总分析检查情况，受检企业基本能够落实中国石油计量管理制度，计量业务基本达到良好水平。

通过检查发现，许多受检企业根据实际情况，在中国石油计量管理制度的基础上，采取了切实有效措施，解决了实际存在的问题，提高了计量管理水平。油气田企业：一是组织开展仪表运维培训，计量保障工作降本增效；二是开展常态化计量监督检查，促进基层业务水平提高；三是推进新计量技术现场应用，技术赋能数据质量提升。炼化企业：一是计量信息化平台功能齐全，计量管理能效显著提升；二是国家注册计量师占比较高，配套奖励机制健全有效。销售企业：一是开展加油机综合治理活动，构建诚信计量交接体系；二是强化加油机误差和临期检定预警管理，增强加油机监管能力。运输企业搭建了车辆智能管理系统（中国石油车辆动态监控平台），实现自有营运车辆运行动态监控。

针对监督检查共性问题和个性问题，结合各所属企业好的做法，检查组提出了计量管理提升建议：一是细化计量管理制度条款，编制协议凭证通用模板；二是出台量值溯源管理要求，建立服务机构评价机制；三是加强计量人才队伍建设，规范计量人员培训取证；四是建立常态监督检查机制，优化计量评先选优机制；五是加强能源计量培训宣贯，完善能量计量实施方案；六是加快计量信息化水平提升，强化计量科研项目攻关。

三、跨境计量站管理模式研究

1. 背景情况

随着我国陆上能源战略通道的逐步建立，中国石油所属跨境油气计量站数量不断增多。这些计量站是我国油气能源战略通道的重要门户，承担着原油、天然气进出口国家海关监管和中国石油跨境计量监护的重任，由于跨境计量站跨境地域、建设时间、执行标准各不相同，保证其计量结果准确可靠十分重要。2019 年，中国石油组织人员对所属跨境油气计量站的基本情况、相关参与方情况、海关监管要求等内容进行了调研分析，并对中哈原油管道和中亚天然气管道上的跨境计量站情况进行了现场调研。

2. 跨境计量站管理情况

截至 2019 年，我国运行的跨境油气管道共计 10 条，在边境两侧共建有跨境交接计量站 7 座、跨境监护计量站 5 座。跨境油气管道自投产以来，均保持了安全平稳运行状态，为实施国家能源安全战略、促进国民经济发展提供了重要保障，为保护合法权益、建立良好市场形象，做出了重要贡献。

3. 研究结论

（1）跨境交接计量具有不同于境内交接计量的特殊性，将上、下游管道运营公司作为跨境交接计量的交方、接方，将上游管道运营公司建设管理的跨境计量站作为跨境交接计量站，将下游管道运营公司建设管理的跨境计量站作为跨境监护计量站，海关境内监管，供方、需方或相关利益方共同监督，逐步理顺跨境计量交接双方的责权利关系。

（2）开展跨境天然气交接计量相关标准规范研究，协调统一监护计量、越站计量设置、输差控制标准、主计量器具选型配套，以及比对核查、远程设置、远程诊断、管存量计算、检定校准、数据分析、统计控制等计量技术管理要求，提供计量操作指导规范。

（3）借鉴中俄能源合作机制，建立跨境贸易国家层面交流协商机制，为协调解决跨境计量遇到的问题，促进油气贸易国之间的技术交流和计量互认提供对话平台。

（4）针对天然气管道交接计量新技术应用，开展双流量计串联核查运行情况，研究采用双流量计串联核查的技术管理要求和数据共享监督机制，增加计量核查新技术手段。

（5）开展境内外相关计量检定机构间的计量比对和能力验证，逐步实现国际比对和国际互认。

四、下海油、储库交接计量现状调查研究

1. 背景情况

我国炼化企业主要集中在东北和西北地区，消费地主要集中在华东和中南地区，成品油运输呈现“北油南运”“西油东调”的格局。海运在运输大宗货物时具有成本优势，成为我国成品油“北油南运”的主要运输方式。2019 年，为了解中国石油所属炼化企业下海油、国储库、商储库交接计量现状及计量过程中存在的问题，中国石油质量健康安全环保部组织开展了下海油、储库交接计量现状调查研究。

2. 下海油、国储库、商储库计量状况

1）下海油交接计量情况

下海油交接过程分为装船、运输和卸船三个环节，起运港交接和目的港交接两个交接界面，即起运港是炼化企业向船运企业交接，目的港是船运企业向销售企业交接。

起运港包括三个计量环节，即炼化企业油库岸罐发油、码头流量计交接和船运企业船舶收油。炼化企业油库岸罐发油，计量器具采用立式金属罐，所属单位是炼化企业，计量

地点是炼化企业油库。码头流量计交接，计量器具采用科里奥利质量流量计，所属单位是炼化企业，计量地点是港口码头流量计出口，交方是炼化企业，接方是船运企业，它是炼化企业和船运企业交接计量的依据。船运企业船舶收油，计量器具采用船舶舱，所属单位是船运企业，交方是炼化企业，接方是船运企业。

目的港包括两个计量环节，即船运企业船舶卸油、销售企业岸罐收油。船运企业船舶卸油，计量器具采用船舶舱，交方是船运企业，接方是销售企业。销售企业岸罐收油，计量器具采用立式金属罐，所属单位是销售企业，计量地点是油库，交方是船运企业，接方是销售企业。

2）国储库、商储库交接计量情况

国储库、商储库原油入库主要采用船运卸油和管道输送入库两种方式。

原油船运入库，管道发油的国储库、商储库的交接界面有两个，储库收油交接界面是船方和储库企业之间的交接，交方为船运企业，接方为储库企业。储库发油交接界面是储库企业和管道企业之间的交接，交方为储库企业，接方为管道企业。交接计量方式分为两种，一种是岸罐收油计量和岸罐发油计量，另一种是岸罐收油计量和流量计发油计量。交接双方采用交方计量、接方监护的方式。

原油管道输送入库，交接双方都采用流量计动态计量方式，流量计采用金属刮板流量计。交接双方采用交方计量、接方监护的方式。

3. 研究结果

（1）由于装卸油船码头空间受限，用于下海油流量测量的流量计大多采用离线检定方式。流量计离线检定与实际使用条件不一致，会对交接计量结果产生影响。

（2）在船舶舱计量检尺、测温工作中，由于自身船舱结构和海面浪涌的影响，在采用多功能尺进行作业时，感应探头难以真实反映船舶计量舱油品液位，得到数据往往空距偏大。

（3）计量交接时船舶舱检尺的技术要求与立式金属罐一致，而船舶舱是在水面上不断漂浮的状态下进行测量，难以做到液面完全静止后再进行液位测量操作，测量误差相对较大。

（4）部分油轮长年运营，导致船体发生一定的变形、油仓基准高度与实际不符，影响交接计量准确度。

（5）在下海油离港交接计量中，采用科里奥利质量流量计与船舶舱计量数据进行比对时，应对计量结果做空气浮力修正。

五、油气管道体制改革对中国石油计量管理影响的对策研究

1. 背景情况

2017年5月21日，中共中央、国务院印发《关于深化石油天然气体制改革的若干意见》，首次提出将分步推进国有大型油气企业干线管道独立，实现管输和销售分开。油气体制改革将促使管道企业与其他企业之间油气计量交接界面以及依托管道企业建立法定计

量检定机构归属发生变化，对中国石油计量管理工作产生巨大影响。为适应油气体制改革发展需要，2017 年，中国石油质量安全环保部组织人员开展该项政策研究工作，掌握交接计量站点情况，提出完善管理制度、优化资源配置、强化管理职能等方面的对策建议。

2. 油气计量管理情况

1）油气计量交接方式

中国石油交接的原油主要在油气田、炼化和管道企业间流转，成品油主要在炼化、销售和管道企业间流转，天然气主要在油气田、管道企业、天然气销售企业间流转，油气在流转过程中可能经历多次交接。原油交接数量计量优先采用流量计动态计量方式，不具备动态计量条件的，可采用金属罐、罐车、船舱等静态计量方式；成品油交接数量计量优先采用流量计动态计量方式，不具备动态计量条件的，可采用金属罐、罐车、船舱等静态计量方式；天然气交接数量计量采用流量计动态计量方式。原油、成品油交接采用质量计量单位，天然气交接采用体积或能量计量单位。油气交接体积量计量的标准参比温度为 20℃，标准参比压力为 101.325kPa；天然气交接能量计量的标准参比温度为 20℃，标准参比压力为 101.325kPa（干基）。

2）交接计量站的分布及计量器具配备要求

中国石油交接站点以天然气为主，其次是成品油，原油相对较少。企业内部之间交接站点约占 1/3，对社会交接的站点约占 2/3。原油交接主要采用刮板流量计、腰轮流量计；成品油交接主要采用质量流量计、铁路罐车、汽车衡、立式金属罐；天然气交接主要采用超声波流量计和孔板流量计。

3）油气交接计量管理要求

中国石油油气交接计量管理执行《油气交接计量管理规定》。

3. 油气体制改革对中国石油计量管理的影响

（1）油气交接计量设施不满足要求。原油交接计量设施，部分原油计量站未配置温度变送器、压力变送器、自动取样器和流量计算机等，不满足贸易计量站的自动计量要求。成品油交接计量设施，部分计量设施资产或管理权不属于交方，不符合“交方计量、接方和相关方监护”原则；部分采用离线检定方式，不满足量值溯源要求；部分未设置计量监督设施，不满足接方和相关方监护的要求。部分成品油计量站未配置温度变送器、压力变送器、自动取样器和流量计算机等，不满足贸易计量站的自动计量要求。天然气交接计量设施，部分设施资产或管理权不属于交方，不符合“交方计量、接方和相关方监护”原则，部分未设置在线核查系统，部分未配置在线色谱分析仪，部分在线色谱分析仪经常出现故障而采用人工取样实验室分析；部分未设置计量监督设施，不满足接方和相关方监护的要求；部分不具备能量计量设备和功能。

（2）高压天然气检定能力不足。根据国家发展和改革委员会（简称国家发展改革委）《天然气发展“十三五”规划》，到 2020 年，保守预测国内年检定需求为 10000 台次左右。管道公司剥离后，中国石油天然气年检定能力将由 3250 台下降至 1700 台，新建的榆林检定点和塔里木检定点投用后，天然气年检定能力为 2100 台次，远远不能满足需要。

4. 应对措施

（1）对不符合“交方计量、接方和相关方监护”原则的计量设施资产和管理权进行划拨；不具备划拨条件的，新建计量设施；完善现有计量交接站的功能、配置。

（2）加快油气计量相关国家标准和行业标准的制修订，完善现行计量交接管理制度。

（3）优化资源配置，推进天然气检定站点布局建设规划，筹建国家石油天然气大流量计量站沈阳分站（简称沈阳分站），将国家石油天然气大流量计量站北京检定点、榆林检定点和塔里木检定点升级为分站，降低安全风险，提升油气检定能力。

第二章　原油和成品油计量技术

石油计量贯穿中国石油的石油勘探开发、生产加工、储运流转、贸易销售等生产经营全过程，其科学性与准确性直接关系到企业的运行效率和经营效益。围绕生产经营业务需求和计量管理要求，中国石油着力原油和成品油生产计量、贸易交接计量关键技术的攻关，不断推进计量方式改进、计量方法完善、计量技术突破，计量技术水平明显提高，量值溯源能力不断增强，量值溯源体系和计量标准体系日趋完善。随着一系列自主研发、国际先进的原油和成品油计量技术应用，中国石油的原油和成品油量值溯源体系日臻完善，计量技术水平达到国际一流。在引领我国石油化工计量技术发展的同时，对保障国家战略性资源平稳供给、维护原油和成品油市场秩序，发挥了重要的基础性保障作用。本章介绍了"十三五"以来，中国石油在原油和成品油生产计量、贸易交接计量及量值溯源方面的关键技术突破和新技术应用情况。

第一节　生产计量

一、计量现状

1. 油田生产计量

油田生产计量是油田集输工艺的配套技术。油田生产计量包括油井产量计量站（也称计量间）、接转站（也称转油站或接收站）或放水站（与接转站合建的放水站，称为转油放水站）、集中处理站（也称联合站）、伯气处理站等场站中的原油、天然气、轻烃、清污水等主要介质的生产量、处理量和输送量的计量，目的是分析掌握油藏变化、生产动态，为生产管理决策提供准确可靠的数据支持。处于油田油气集输工艺最前端的油井产量计量最为复杂，被测介质是油、气、水的混合物，混合不均匀、混合比频繁变化且易间歇性出现段塞流，不同程度地含有泥沙等机械杂质。在站（库）内设置的油田内部生产计量系统相对来说较简单，被测介质相对稳定单一，即使是混合物，混合比变化幅度也不大。

"十三五"以来，中国石油生产计量的技术路线分化为两个方向：一是对传统的计量方法和装置进行技术改进和创新，在满足基本使用要求的前提下，尽量简化工艺、方便操作和降低成本，以满足油田开发低成本、高效益的战略要求；二是提高计量装置仪表配备水平和自动化、信息化程度，以满足油气生产物联网系统建设、油田数智化转型的管理要求。生产计量能够满足生产动态分析要求，符合 GB 50350《油田油气集输设计规范》的计量技术要求：油井油、气、水量测量最大允许误差在 ±10%以内；低产油井采用软件计量时，

最大允许误差在 ±15%以内；油田内部含水原油的生产计量系统最大允许误差在 ±5.0%以内；油田内部净化原油或稳定原油的生产计量系统最大允许误差在 ±1.0%以内。

1）油井产量计量

油井产量计量主要用于测定油井生产的油、气、水日产量。不同于其他生产计量，油井产量计量是一个相对独立的系统，计量方式（动态或静态、质量或体积、连续或间歇）和计量方法多种多样，主要计量方法和类型包括：采用传统的两相计量分离器或气液旋流分离器或三相计量分离器，配备相应的设备仪表进行油、气、水产量测量的方法，如两相或三相分离玻璃管或磁翻板量油、两相分离翻斗量油、两相分离器双容积计量及两相分离密度法计量装置等；随着三次加密井和边远小区块油田的不断开发，各油田先后研究出在“三低”（低丰度、低渗透、低产能）油井中应用的计量技术，如软件量油仪（示功图法、液面恢复法等）、移动型油井计量装置（把分离计量装置小型化，适用于稠油低产井及单井产量较低、油井分散、地处偏远的油田区块）等；为满足一些油田特殊环境的生产和管理要求，油气水多相流量计已在一些海上平台、沙漠油田和页岩油、致密油等非常规油气资源开发中得到小规模应用。在合适的流量、相分率和流型条件下，油气水多相流量计单相流量测量误差可达到 ±（10%～15%）。

2）站场含水原油生产计量

油田内部含水原油的生产计量主要用于计量经转油站、放水站、集中处理站工艺处理后的处理量和输送量。含水原油计量主要采用刮板流量计、腰轮流量计、防砂腰轮流量计、螺旋转子流量计和科里奥利质量流量计等。

3）净化原油或稳定原油生产计量

油田内部净化原油或稳定原油生产计量主要用于计量经集中处理站、原油稳定装置处理后的净化原油及饱和蒸气压符合要求的原油。净化原油或稳定原油生产计量主要采用容积式流量计。在轻烃的流量测量中，动态和静态计量方式都有运用。稳定轻烃动态计量主要采用科里奥利质量流量计。

2. 炼油化工生产计量

炼油化工生产计量涵盖原油输转计量、成品油生产计量及石化生产计量等多个方面，主要针对原油、成品油和石化产品，在进厂监督、储存、转供、装车控制等作业环节实施的全流程计量。目的是通过分析掌握生产动态，为生产运行、物料平衡控制、生产计划管理决策提供准确可靠的数据支撑。按照不同的输送方式（管道输送、铁路运输、公路运输和水路运输），炼油化工生产计量主要采用流量计动态计量方式和容器（金属罐、罐车、船舶舱）、衡器（汽车衡、轨道衡）等静态计量方式，计量器具按照企业标准 Q/SY 14756《炼油与化工业务计量器具配备规范》的要求配备。

“十三五”以来，为满足炼油化工高效精准测量和精细化管理的需求，炼油化工生产计量在数字化转型方面不断探索与实践，持续提升自动化、信息化水平，建立健全计量信息系统。

1）原油输转计量

原油输转计量主要涉及原油进厂、储存、转供等生产作业环节实施的计量。管输原油主要采用容积式流量计，配置的流量计最大允许误差为 ±0.2%。金属油罐主要用于储油，同时兼具计量器具功能，计量方法主要采用人工检尺计量，容积为 20～100m^3 的立式金属罐扩展不确定度不大于 0.3%（k❶=2），容积为 100～700m^3 的立式金属罐扩展不确定度不大于 0.2%（k=2），容积大于 700m^3 的立式金属罐扩展不确定度不大于 0.1%（k=2）。铁路罐车（也称槽车）主要用于散装原油的计量，同时兼为运输工具，计量方法采用人工检尺计量或衡器（动态轨道衡或静态轨道衡）计重，人工检尺计量的扩展不确定度不大于 0.4%（k=2），动态轨道衡的准确度等级为 1 级，静态轨道衡的准确度等级为Ⅲ级。油船既是散装原油的运输工具，其油船舱也是计量工具，计量方法主要采用船舱检尺，小型舱的扩展不确定度不大于 0.3%（p❷=0.95），大型规则舱扩展不确定度不大于 0.2%（p=0.95），大型不规则舱扩展不确定度不大于 0.4%（p=0.95）。

2）成品油生产计量

成品油生产计量主要涉及成品油在输转、储存、装车控制等生产作业环节过程中实施的计量。管输成品油主要采用科里奥利质量流量计，配置的流量计最大允许误差为 ±0.2%。金属油罐主要用于储油，同时兼具计量器具功能，计量方法主要采用人工检尺法，容积为 20～100m^3 的立式金属罐扩展不确定度不大于 0.3%（k=2），容积为 100～700m^3 的立式金属罐扩展不确定度不大于 0.2%（k=2），容积大于 700m^3 的立式金属罐扩展不确定度不大于 0.1%（k=2）。铁路罐车、公路汽车罐车主要用于散装成品油的计量，同时兼为运输工具，计量方法主要采用人工检尺计量或衡器（静态轨道衡、动态轨道衡、汽车衡）计重，人工检尺计量的扩展不确定度不大于 0.4%（k=2），动态轨道衡的准确度等级为 1 级，静态轨道衡与汽车衡的准确度等级均为Ⅲ级。油船既是散装成品油的运输工具，其油船舱也是计量工具，计量方法主要采用船舱检尺法，小型舱的扩展不确定度不大于 0.3%（k=2），大型规则舱扩展不确定度不大于 0.2%（k=2），大型不规则舱扩展不确定度不大于 0.4%（k=2）。

3）石化生产计量

石化生产计量主要是对石化产品（乙烯、石油苯、苯乙烯、丙烯酸等产品）的输转、储存、装车控制等生产作业环节实施的计量。管输石化产品主要采用质量流量计，配置的流量计最大允许误差为 ±0.2%。铁路罐车、公路汽车罐车主要用于散装石化产品的计量，同时兼为运输工具，计量方法主要采用人工检尺计量或衡器（静态轨道衡、动态轨道衡、汽车衡）计重，人工检尺计量的扩展不确定度不大于 0.4%（k=2），动态轨道衡的准确度等级为 1 级，静态轨道衡与汽车衡的准确度等级均为Ⅲ级。

---

❶ k 为包含因子，用于乘合成标准不确定度以获得扩展不确定度，其取值取决于测量模型中输出量的概率分布类型与所选取的包含概率。

❷ p 为选取的包含概率。

二、计量新技术应用

1. 科里奥利质量流量计在原油生产计量中的应用

科里奥利质量流量计可做多参数测量，适用于油水两相流体的测量，具有无阻流元件、无可动部件、可靠性高、量程范围宽、具备智能诊断功能等众多显著特点。随着技术的日益成熟，成本逐渐降低，因其可同时作为流量、密度和含水率等测量仪表，一台流量计可代替传统油水两相计量中的流量、密度、温度和含水率等多台测量仪表，科里奥利质量流量计在油田内部站场含水原油生产计量领域得到越来越广泛的应用，为油田开发中后期高含水原油在线实时准确计量提供了一个有效的途径。从现场应用情况看，在正确选用、安装和规范运行、维护条件下，与气液两相分离器配套，科里奥利质量流量计能够直接测量油水混合液的质量流量和流体密度、温度参数，还可通过置入仪表的纯油和水密度值（人工取样实验室分析测定），经过二次换算处理，衍生得到流体的含水率（瞬时含水率和平均含水率）和纯油产量数据，计量数据能够较准确地反映油田采油区块的生产动态。中国石油已在大庆、长庆、塔里木、新疆等油田内部含水原油的分区计量中推广应用。

2. 原油含水率在线测量技术的应用

在油田生产计量领域，含水率测量准确度直接影响油田产量计量，含水率测量的准确性和可靠性，对促进油田开发精确发力、生产精耕细作，实现油田稳产和可持续发展都具有十分重要的意义。在线含水分析仪有多种分类方法，依据工作原理可归类为电特性法（电容法、微波法、射频法、短波法等）、密度法和低能量放射源法（也称低能源法或同位素法），不同原理在线含水分析仪表各有技术特色和适用条件。随着在线含水计量技术的不断进步，在线含水分析仪的计量性能和产品质量都有了很大提高，产品标称的最大允许误差可达到 ±（1.0%～3.0%），初步具备了油田在线含水计量的应用条件。“十三五”以来，不同原理在线含水分析仪在中国石油各油田生产计量中得到应用。长庆、大港等油田在站场含水原油生产计量中主要选用微波法和射频法在线含水分析仪；大庆、新疆、吉林、辽河等油田在站场含水原油生产计量中，依据油藏特点和生产管理需要，微波法、射频法、电容法、密度法、低能量放射源法等原理的在线含水分析仪都有选用。原油含水率在线测量技术的应用，降低了生产一线采油工、化验工的劳动强度，提高了油田基础资料的管理水平，推进了中国石油数字化油田建设进程。

3. 多相流量测量技术的应用

多相流量计可在不进行油气水混合物相分离的情况下，测量多相流体的油、水、气流量。与传统的分离计量技术相比，多相流量测量技术具有工艺简洁、结构紧凑、可在线实时测量多参数、自动化程度高、能够实时反映油井生产动态等特点。随着油气水多相流量测量技术日渐成熟，多相流量计在简化油田地面集输计量工艺和实现油气藏（尤其是非常规油气藏）效益开发方面的显著优势逐步得到国内外油田的认可。截至 2023 年，已有千余台多种原理的油气水多相流量计在辽河、长庆、新疆、华北等油田的油井产量计量中得到应用，实现了无人值守远程自动控制和油气水单相流量、过程参数在线连续测量，多相流量计液体流量和含水率测量误差一般为 ±（3%～8%），气体流量测量误差一般

为 ±（10%～20%），随着页岩油、致密油等非常规油气资源规模化开发，数智化油田建设的快速推进，油气水多相流量计的市场需求将持续增长。

4. 储罐自动测量装置（多功能伺服液位计）的应用

储罐自动测量装置（多功能伺服液位计）可准确测量油罐、船舶舱等容器中油品的液位、温度、密度和油水界面，自动计算罐容量和质量，提升油库周转效率。“十三五”以来，随着技术的日渐成熟，罐（舱）自动测量技术在油品库存管理方面的技术优势逐步得到储运销售企业的广泛认可，在中国石油所属企业的油品库存管理系统中得到推广应用。应用储罐自动测量装置后，油罐（舱）计量的自动化和信息化水平显著提升，不仅有效减轻了计量人员的劳动强度，降低了计量作业的安全风险，还避免了人为干预对计量结果的影响，进一步提高了计量的准确性和可靠性。中国石油企业标准 Q/SY 14017—2022《储罐自动测量装置计量技术规范》的发布与实施，为储罐自动测量技术要求和测量方法的规范化、统一化提供了重要依据，同时为促进相关产品的技术进步奠定了坚实的标准基础。

三、计量研究成果

1. 科里奥利质量流量计密度量值校准技术

随着油田进入高含水采油期，科里奥利质量流量计因其可以实时测量油水混合液质量流量和流体密度、温度，通过间接计算给出原油含水率，在高含水原油生产计量中得到推广应用。科里奥利质量流量计密度测量的准确性与原油含水率的准确性密切相关，实际应用中发现，科里奥利质量流量计的密度参数测量存在较大偏差［±（0.2～2.0kg/m^3）］，在流量计周期送检时一般只进行流量参数测试，密度参数未给予足够关注。为了解决油田内部生产计量中科里奥利质量流量计的密度量值溯源难题，国家油气站依托大庆油田有限责任公司（简称大庆油田公司或大庆油田）科研项目“质量流量计密度量值校准技术”和中国石油科研项目“油气计量技术研究”，研制了在线振动式液体密度检定装置（测量范围 750～1000kg/m^3，测量不确定度优于 0.09kg/m^3），取得了社会公用计量标准考核证书（证书编号：〔2022〕国量标石油证字第 291 号），可在全国范围内对 ±0.2kg/m^3 以下等级的密度测量仪表开展计量测试服务；创新提出了在线密度测量仪表使用中安装应力和测量管内壁结垢情况评价、核验方法；制定了企业标准 Q/SY DQ1738—2019《质量流量计密度参数校准方法》，解决了科里奥利质量流量计密度量值溯源和油田内部采油区块的产量核算考核管理等生产急需，提升了油田分区计量管理水平。

2. 多相流量计测试评价技术

由于油气水三相流体中包含互不相溶的油水两相，其相互作用和分散程度显著影响流动形态（流型），使得油气水三相流的流型比气液两相流更加复杂。流动形态的复杂性导致管道内多相流体的流动状态具有较大的不确定性和不稳定性，同时，不同类型多相流量计对流型的适应能力也存在显著差异。为评估多相流量计在各种流型下的性能，解决油气不分离计量装置测试评价中的关键技术问题，国家油气站依托中国石油科研项目“油气不分离计量装置测试评价技术”，优化升级了大庆油田设计院有限公司“油气水多相流量计实液测试装置”（亚洲唯一的采用实液测试方式的专业性、权威性多相流量计测试装置，在国际上具有广泛的影响力）；开展了在不同条件下进行稳态和非稳态流型模拟测试，提出了多相流量计应用技术准则与边界条件；形成了行业标准 SY/T 7384—2017《油气水多相流量计校准方法》，组织开展了国家计量技术规范《油气水多相流量计校准规范》编制工作，为行业领域多相流量计选用和技术机构、多相流量计生产厂家开展计量测试评价工作提供了技术支持和标准保障。

3. 原油高含水分析仪校准技术

为解决油井与站场在线含水分析仪评价及量值溯源技术难题，评估优选适用于油田的在线原油含水分析仪表，国家油气站依托中国石油“原油及成品油计量检测重点实验室”平台建设项目和大庆油田公司科研项目“油井与站场含水分析仪评价及应用技术研究”，研制了含水分析仪实验室校准装置，取得了国家市场监督管理总局颁发的计量授权证书［证书编号：（国）法计〔2021〕00007 号］，可在全国范围内对 ±0.1% 以下等级的原油低含水分析仪（测量范围 0～3%）和 ±1.0% 以下等级的原油高含水分析仪（测量范围 0～100%）开展计量测试服务；制定了企业标准 Q/SY DQ 1789—2020《原油高含水分析仪校准方法》，为企业内部计量技术机构开展原油高含水分析仪校准工作提供了技术支持和标准保障。

4. 计量监控技术在石化企业的应用

为提升计量管理信息化水平，发挥计量源头把控作用，中国石油所属石化企业组织开发了“计量监控管理系统”，通过把不同地点和不同种类的计量仪表进行实时数据和校准参数自动采集，网络传输至计量监控管理系统，实现计量数据实时监控与报警、节点数据统一时间统计、计量量差的分析，实现了计量数据的供、产、转、输、耗全业务流程管理。系统取得《HART 现场仪表计量监控系统》《HART 设备抓包系统》《RS-485 网络节点设备通讯检测仪》3 项专利，已在吉林石化公司和辽阳石化公司所属的 50 多家下属二级生产单位应用，实现了 1230 台计量仪表实时有线和无线方式采集与数据管控，系统运用创新技术实现计量的精准、数据的精确、管理的精益，保证了数据的真实准确，智能化地守护企业效益。

第二节 交接计量

一、交接计量现状

原油及成品油交接计量主要采用流量计动态计量方式，部分不具备动态计量条件的场站采用容器（金属罐、罐车、船舶舱）和衡器（汽车衡、轨道衡）等静态计量方式进行交接计量。交接油量结算主要采用质量结算方式，涉外、跨境交接可依据合同约定采用体积结算。原油动态计量主要采用容积式流量计，少量使用双螺旋涡轮流量计、科里奥利质量流量计；成品油动态计量主要采用科里奥利质量流量计；原油和成品油的静态计量主要采用金属罐、铁路罐车、汽车油罐车、船舶舱等容器，以及汽车衡、轨道衡等衡器进行计量。

“十三五”以来，中国石油通过开展计量技术攻关和计量标准体系建设，填补了我国石油行业的多项技术和标准空白，提出了交接计量系统配备方案，规范统一了油量计算方法和计量系统安装、计量操作程序等要求，提升了计量系统测量不确定度和自动化信息化水平，满足了国家政策与中国石油发展战略的新要求。形成的石油和液体石油产品动态贸易计量系统的优化配备方案，确保了计量系统净油标准体积扩展不确定度指标不大于0.25%（k=2），达到国际先进水平。

原油、成品油和轻烃流量计动态交接计量系统计量器具配备符合 GB/T 9109.1—2016《石油和液体石油产品动态计量 第 1 部分：一般原则》、SY/T 5398—2017《石油天然气交接计量站计量器具配备规范》标准的规定。计量系统主要由油量计量单元、品质分析单元和检定单元等组成，计量器具配备应符合表 2-1 的要求。

表 2-1 计量器具配备要求

序号	计量系统配套仪表		最大允许误差	备注
1	流量计		±0.2%	
2	核查流量计	体积计量流量计	±0.2%	
		质量流量计	±0.2%	
3	压力变送器		±0.2%	
4	差压变送器或压力表		±2.5%	监测过滤器前后端的压差
5	压力表		±0.4%	
6	温度变送器		±0.2%	
7	温度计		±0.2℃	分度值为 0.1℃
8	在线液体密度计		±0.5kg/m^3	
9	在线含水分析仪		±0.1%	
10	流量计		±1%	监测油量（品质指标测量系统作为独立单元时）
11	自动取样系统			符合 GB/T 27867 的规定
12	体积管		±0.05%	重复性为 0.02%
13	流量计算机或流量积算仪		±0.05%	

原油、成品油和轻烃流量计静态交接计量系统计量器具配备符合 SY/T 5398—2017《石油天然气交接计量站计量器具配备规范》标准的规定。容器静态计量的计量设施主要包括计量容器、量油尺、温度计、密度计、取样器及样品容器、分析仪器、试油膏和试水膏等。其中，容器主要包括金属罐、铁路罐车、汽车油罐车和船舶舱等，容器计量性能应符合表 2-2 的要求。衡器计量的计量设施主要为衡器，包括汽车衡、静态轨道衡和动态轨道衡，衡器计量性能应符合表 2-3 的要求。静态计量辅助计量器具的计量性能应满足表 2-4 的要求。

表 2-2 容器计量性能要求

容器名称	扩展不确定度
立式金属罐	容积为 20～100m³ 时，U≤0.3%（k=2）； 容积为 100～700m³ 时，U≤0.2%（k=2）； 容积＞700m³ 时，U≤0.1%（k=2）
铁路罐车	U≤0.4%（k=2）
汽车油罐车	U≤0.25%（k=2）
船舶舱	对于容积≤300m³ 的小型舱，U_{95}≤0.3%（k_P=2.26）； 对于容积＞300m³ 的大型规则舱，U_{95}≤0.2%（k_P=2.26）； 对于容积＞300m³ 的大型不规则舱，U_{95}≤0.4%（k_P=2.26）

注：U 为扩展不确定度；U_{95} 为置信概率为 95% 时的扩展不确定度；k_P 为置信概率为 P 时的置信概率系数。

表 2-3 衡器计量性能要求

衡器名称	准确度等级
静态轨道衡	Ⅲ
动态轨道衡	0.5
电子汽车衡	Ⅲ

表 2-4 静态计量辅助计量器具计量性能要求

类别	计量器具名称	准确度等级或最大允许误差	备注
液位测量量具	量油尺	Ⅱ级	
温度测量仪表	温度变送器	±0.2%	
	便携式电子温度计	−25～−10℃范围内，最大允许误差为 ±0.3℃； −10～35℃范围内，最大允许误差为 ±0.2℃； 35～100℃范围内，最大允许误差为 ±0.3℃	最低分辨力应为 0.1℃
	玻璃液体温度计（现场计量）	±0.2℃	分度值 0.2℃
	玻璃液体温度计（实验室测密度）	±0.2℃	分度值 0.1℃
压力测量仪表	压力变送器	±0.2%	
	压力表	±0.4%	
密度测定仪表	石油密度计	±0.3kg/m³	分度值 0.5 kg/m³
	在线振动管液体密度计	±0.2 kg/m³	
	实验室振动管液体密度计	±0.2kg/m³	
	称量式数显液体密度计	±0.3 kg/m³	
流量计算仪表	流量计算机	±0.05%	

二、计量新技术应用

1. 成品油栈桥自动装车计量技术

为解决传统铁路罐车人工检尺效率低、操作强度大，以及开口检尺带来的环境污染和安全隐患等问题，兰州石化公司研发了成品油栈桥自动装车计量技术。该技术通过整合科里奥利质量流量计的多参数测量功能与装车管线截断阀的精准数控技术，采用多鹤位共用一台质量流量计的配置，并结合灌装自控系统，实现了成品油的分时分组自动装车与计量。在装车液位控制方面，质量流量计采集的体积流量和质量流量数据分别传输至装车控制系统和上位计量管理系统。体积流量用于实时控制罐车液面，质量流量则作为交接计量的结算依据。该技术显著提升了铁路罐车装车效率，降低了计量人员的劳动强度和作业安全风险，同时提高了计量管理水平。自 2020 年以来，成品油栈桥自动装车计量技术已在兰州石化公司所属的 3 个出厂成品油栈桥成功应用，批次计量交接差量基本控制在 ±0.3% 以内，取得了显著的管理效益。

2. 远程电子化计量交接技术

为提升成品油交接计量的信息化水平，各石化公司与销售公司开发了计量远程电子化交接系统。该系统通过数据接口将现场交接计量数据自动上传至计量信息管理平台，平台自动生成符合要求的电子计量单。交接双方在线审核并结算计量单后，系统自动生成文件并完成文件系统归档，实现计量交接全流程的电子化管理。签署后的电子计量单可直接传输至接方客户，完成远程电子化计量交接。为确保系统安全，该技术采用 CA 证书（数字证书）、加密密钥及 UK 认证等技术，保障电子签名章的有效性和数据的安全性。此外，远程电子化计量交接技术显著提升了公司内部销售、采购、生产、计量等职能部门之间的计量数据统计与结算效率。截至 2023 年，兰州石化公司已在 20 个贸易交易交接站点及公司内部的 300 个用户中全面推广远程电子化计量交接技术，计量电子化交接率达到 95%，计量交接关联用户覆盖了西北销售公司、西北化工销售公司及润滑油公司三家外部单位。

三、计量研究成果

1. 国际油气计量标准跟踪研究

“十三五”以来，国家油气站依托中国石油计量工作项目“国际油气计量标准跟踪研究”，对国际标准化组织（ISO）、欧洲标准（EN）、俄罗斯标准（GOST）、美国石油学会（API）和英国石油学会（IP）等油气计量标准开展持续跟踪研究，掌握了油气计量技术发展方向及重点关注国际标准的动态，开展了相关油气计量技术标准对标分析，指导了 GB/T 9109.1—2016《石油和液体石油产品动态计量　第 1 部分：一般原则》、GB/T 17286.1—2016《液态烃动态测量体积计量流量计检定系统　第 1 部分：一般原则》、GB/T 36989—2018《用超声流量计测量液态烃流量》、GB/T 18604—2023《用气体超声流量计测量天然气流量》、SY/T 7384—2017《油气水多相流量计校准方法》等标准的转化和制修订工作，促进了国际标准化交流和标准国际化进程，推进了油气计量标准体系持续优化完善，提升了我国计量标准化服务发展能力。

2. 液态烃动态计量油量计算方法研究

为制修订相关标准提供技术依据，国家油气站依托中国石油计量工作项目“液态烃油量计算方法研究”，开展了液态烃动态计量油量计算方法标准研究，对标研究分析了ISO 4267-2：1988《石油和液体石油产品油量计算　第2部分：动态计量》、俄罗斯国家标准GOST R 8.595：2004《原油和成品油质量流量测量方法一般要求》、API MPMS 12.2《油量计算　第2部分：用涡轮流量计或容积式流量计测量液体石油油量计算》等标准，明确了我国液态烃动态油量计算标准的采标程度、适用范围和计量参数计算顺序、数据修约方法，指导了国家标准GB/T 9109.5—2009《石油和液体石油产品油量计算 动态计量》和SY/T 6042—1994《液化石油气、稳定轻烃动态计量计算方法》的修订，形成了国家标准GB/T 9109.5—2017《石油和液体石油产品动态计量　第5部分：油量计算》和SY/T 6042—2019《液化石油气和稳定轻烃动态计量计算方法》，保证了液态烃动态计量油量计算方法全面、科学和准确，相同数据源得到一致的结果，实现了与国际接轨。

3. 新型流量计液态烃贸易计量的性能测试研究

为满足行业发展需要，实现流量计应用水平与国际接轨，国家油气站依托中国石油科研项目“油气计量关键技术与应用研究”和“新型流量计液态烃贸易计量的性能测试研究”，开展了双叶片型涡轮流量计（又称螺旋式涡轮流量计或新型涡轮流量计）、科里奥利质量流量计、时差法液体超声流量计等新型流量计技术适用性试验研究。通过研究，掌握了新型流量计在不同介质、温度、压力等条件下的实际计量特性和性能指标，给出了新型流量计的使用条件和检定方法建议，明确了流量计计量系统的设计、安装和运行、维护等方面的基本技术要求。在合适条件下，双叶片型涡轮流量计、科里奥利质量流量计和时差法液体超声流量计的准确度、重复性均满足0.2级流量计性能要求，可作为原油、成品油贸易交接计量可选仪表。研究成果为GB/T 36989—2018《用超声流量计测量液态烃流量》、SY/T 5671—2018《石油和液体石油产品　流量计交接计量规程》、Q/SY 06352—2018《输油管道计量导则》等标准制修订提供了技术支撑。

4. 石油和液体石油产品计量系统技术要求研究

为提高石油和液体石油产品交接计量站计量系统的配套性和系统性，国家油气站依托中国石油科研项目“油气计量关键技术及应用研究”，开展了石油和液体石油产品计量系统技术要求研究。通过研究，形成了动态交接计量站计量器具配备原则；界定了容积式流量计、涡轮流量计、科里奥利质量流量计和液体超声流量计技术适用条件；给出了流量计量系统的选型指导和典型配置建议，以及计量系统设计安装、运行维护等方面的技术要求；重构了石油和液体石油产品动态计量标准体系，解决了体系存在的层次结构不清晰、技术内容交叉重复等问题，提升了系统配套性和一致性，为GB/T 9109.1—2016《石油和液体石油产品动态计量　第1部分：一般原则》和SY/T 5398—2017《石油天然气交接计量站计量器具配备规范》等标准制修订工作提供了有力保障。依据研究提出的计量器具配备方案，净油标准体积的扩展不确定度优于0.25%（k=2），达到国际先进水平。

第三节　计量溯源

一、计量溯源体系现状

1. 流量计量溯源

流量计量器具的量值溯源按照国家计量检定系统表 JJG 2063《液体流量计量器具》，其量值溯源到国家水流量基准，或者质量、体积、时间、密度 4 个主要基本量及导出量基准组。液体流量计量器具检定系统表框图如图 2–1 所示。

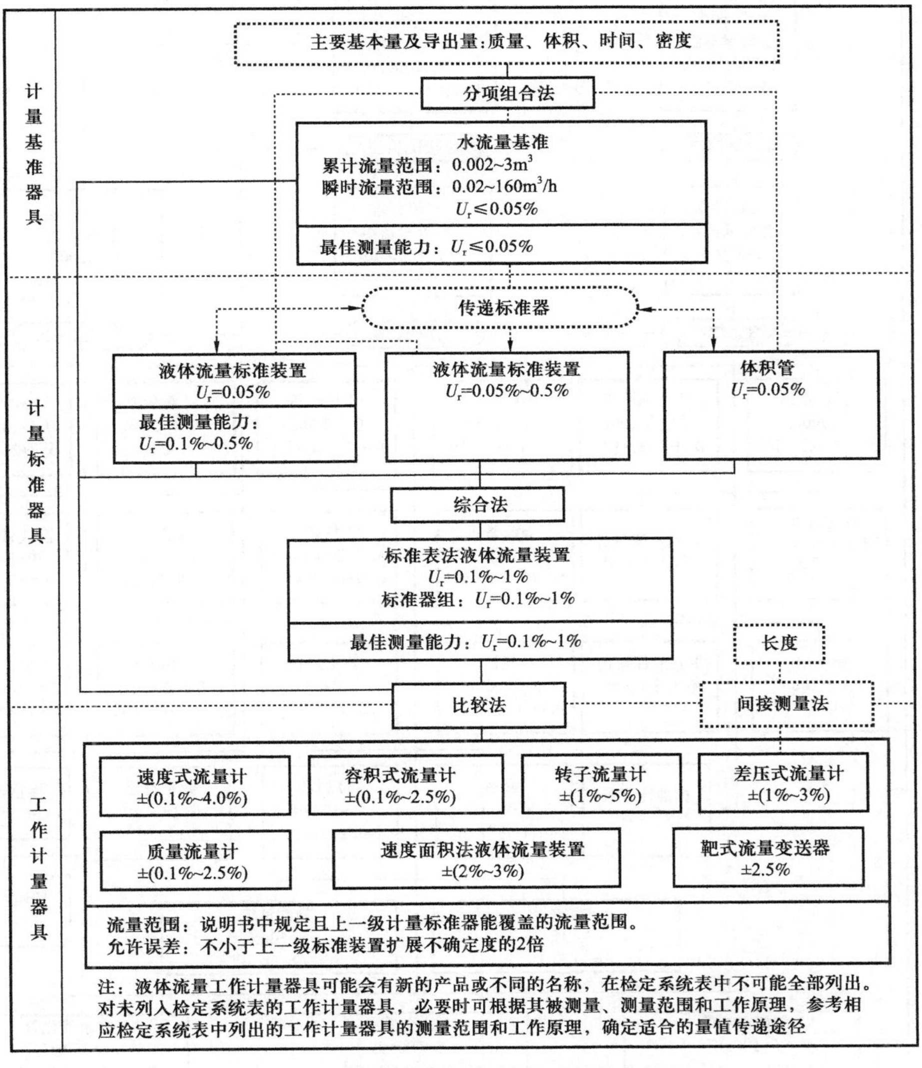

图 2–1　液体流量计量器具检定系统表框图

框图中扩展不确定度的包含因子 k=2

U_r—相对标准不确定度

2. 容量计量溯源

容量计量器具的量值溯源按照国家计量检定系统表 JJG 2024《容量计量器具》，其量值可溯源到国家容量基准。容量计量器具检定系统表框图如图 2-2 所示。

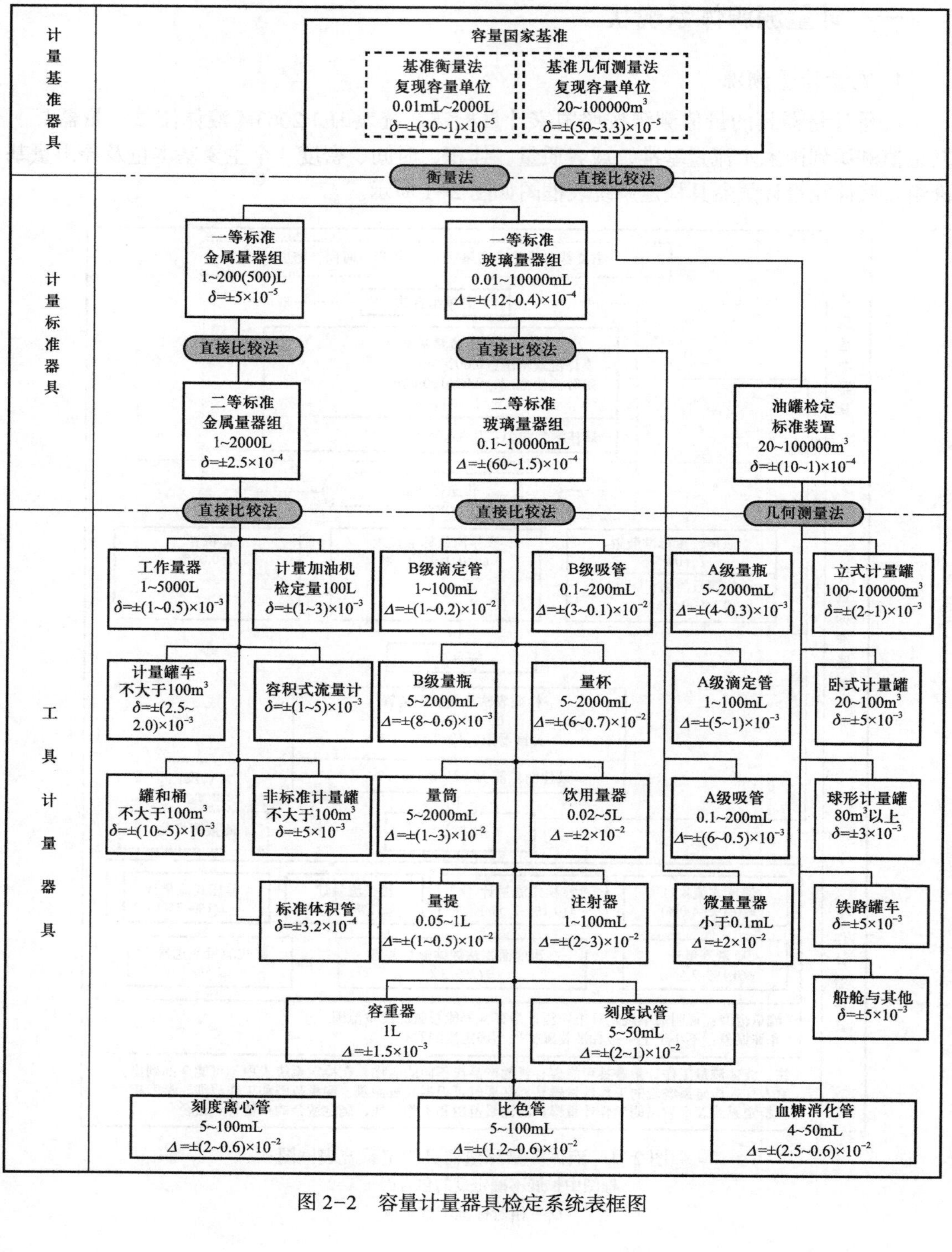

图 2-2 容量计量器具检定系统表框图

3. 衡器计量溯源

衡器计量器具的质量量值溯源按照国家计量检定系统表 JJG 2053《质量计量器具》，其量值可溯源到国家质量基准。质量计量器具检定系统表框图如图 2-3 所示。

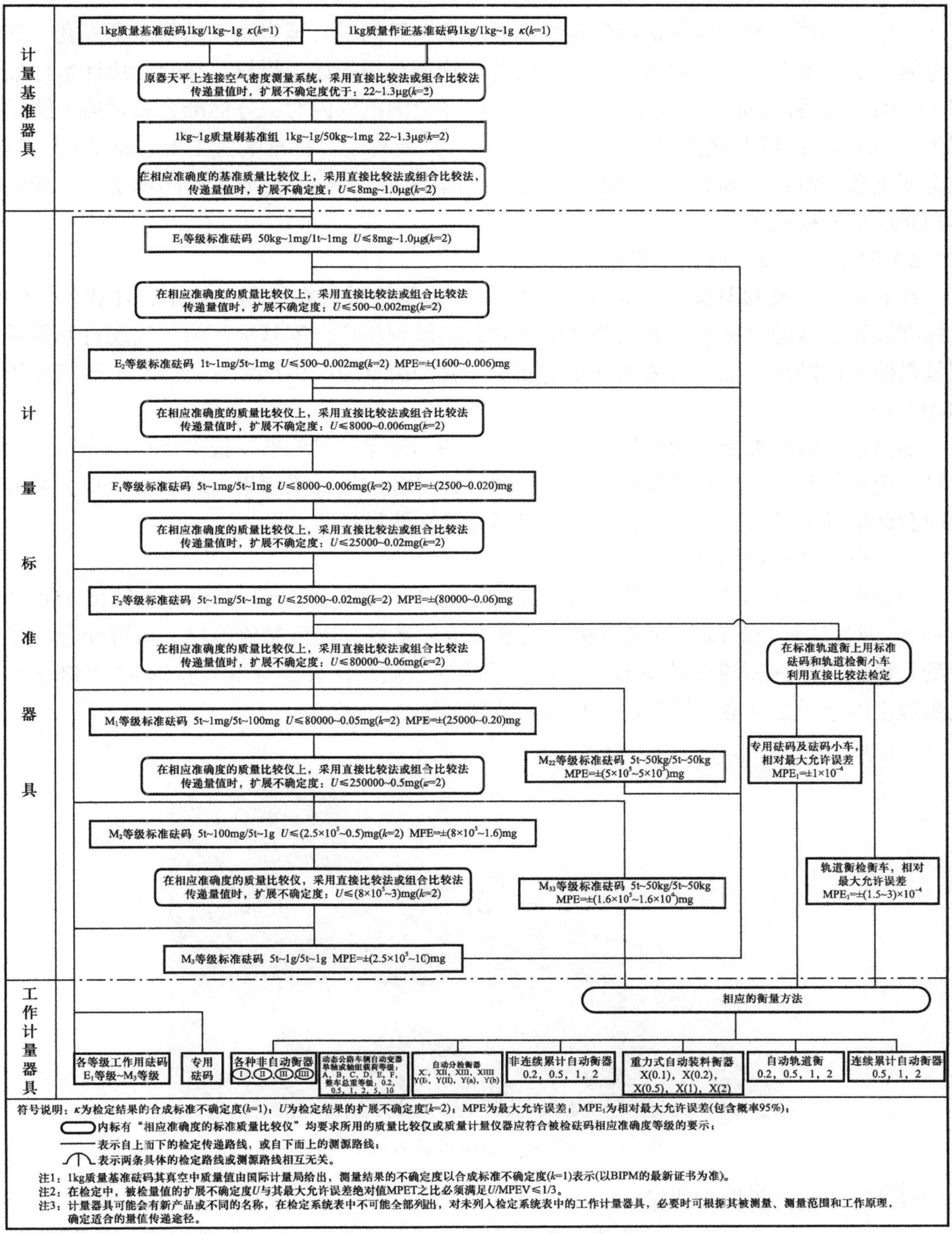

图 2-3 质量计量器具检定系统表框图

二、计量溯源能力建设

1. 计量标准装置建设情况

1）一等标准金属量器

为解决中国石油二等量器溯源难、溯源不统一等问题，国家油气站建立了一套一等标准金属量器标准装置，并取得了国家市场监督管理总局的计量授权，社会公用计量标准证书（〔2023〕国社量标油气证字第293号），可在全国范围内对二等标准金属量器（测量范围为1～1000L；最大允许误差为 $\pm 2.5\times10^{-4}$）开展检定。标准装置主要包括8台一等标准金属量器，测量范围为1～200L，保证了中国石油二等标准金属量器溯源统一，油流量体积管的量值准确可靠。

2）油流量原级计量标准装置

在石油贸易交接计量中，流量计一般通过体积管进行在线周期检定，体积管、油流量标准装置多数通过标准金属量器或标准砝码溯源到相应国家基准。为了实现行业领域油流量量值溯源的统一性，国家油气站研制了一套油流量原级标准装置，测量不确定度优于0.04%（k=2）。

油流量原级标准装置包括质量法和容积法两套流量计量标准，技术指标均为国家最高水平。为确保装置复现量值准确、一致，两套计量标准设计采用串并联工艺流程，可定期对两套计量标准进行计量比对，确认装置的计量性能指标。

（1）质量法计量标准装置。

质量法计量标准装置测量范围为3～160m³/h，质量流量测量不确定度优于0.03%（k=2）。质量法计量标准装置可直接对质量流量计量器具进行量值传递，也可配合在线密度测量仪表，对体积流量计量器具进行量值传递。质量法计量标准装置的F2等级砝码逐级溯源至国家质量基准。质量法计量标准装置如图2-4所示。

图2-4 油流量原级标准装置——质量法

（2）容积法计量标准装置。

容积法计量标准装置核心设备为具有国际先进水平的智能活塞型体积管。装置测量范围为 3～200m^3/h，体积流量测量不确定度优于 0.04%（k=2）。容积法计量标准装置可对体积流量计量器具进行量值传递，也可配合在线密度测量仪表对质量流量计量器具进行量值传递。容积法计量标准装置的量值通过一等标准金属量器溯源至国家容量基准。容积法计量标准装置如图 2-5 所示。

图 2-5　油流量原级标准装置——容积法

3）大流量环道标准装置

"十三五"期间，为解决国内现有油流量标准装置普遍存在的测量范围小、直管段长度不足，无法满足大口径新型流量仪表（液体超声流量计、涡轮流量计等）的量值溯源需求等问题，国家油气站研制了国内首套环道式大流量标准装置。装置流量测量范围为 50～1000m^3/h，测量不确定度优于 0.05%（k=2），设计压力为 2.0MPa，温度控制范围为 15～35℃，介质黏度调整范围为 8～100mm^2/s。装置由单向球式体积管、水标定系统、标准流量计组、检定台位、泵组动力单元、换热单元等组成。大流量环道标准装置如图 2-6 所示。

图 2-6　大流量环道标准装置

2. 计量溯源新技术应用

1）三维激光扫描测量技术在检定铁路罐车容积中的应用

铁路罐车容积检定法包括几何测量法、容量比较法和三维激光扫描法。几何测量法是普遍采用的常规方法，容量比较法主要用于仲裁检定和新型样车检定，三维激光扫描法是国家计量检定规程 JJG 140—2018《铁路罐车容积》中新增的测量方法。三维激光扫描法工作原理是通过三维激光扫描技术扫描罐内壁，采集点云，通过数据处理软件计算铁路罐车容积表。为满足贸易结算和铁路运输安全对罐体容积计量准确、智能、高效、安全、环保等方面的需要，“十三五”期间，由吉林石化公司国家铁路罐车容积计量站吉林分站提出了铁路罐车容积三维激光扫描测量方法，设计了铁路罐车容积三维激光扫描测量系统，对获取罐壁坐标三维点云数据（简称点云数据）和处理技术进行研究，并与容量比较法、几何测量法比较，对新方法的测量不确定度、重复性进行试验验证。2019 年后，三维激光扫描法成为主要的现场铁路罐车容积检定方法。相比于容量比较法、几何测量法，三维激光扫描法对罐壁材质和扫描环境的适应性较强，测量自动化程度及作业安全性高，劳动强度小，减少了人为因素对测量结果的影响，解决了应用几何测量法测量不规则或变形较大铁路罐车时误差大的问题。三维激光扫描法测量的铁路罐车罐体点云数据，不仅为铁路罐车容积计算提供基础数据，也为改进铁路罐车罐体制造检修工艺提供了必要数据支持。

2）液体超声流量计在线实流检定技术

液体超声流量计在原理上不受管径限制，与同口径的容积式流量计、涡轮流量计相比，可以测量更高的上限流量，且造价基本上与管径无关，在高压流体、大流量测量方面更具优势，但在线实流检定难度大。与检定容积式流量计、涡轮流量计相比，检定超声流量计主要具有以下特点：在相同口径条件下，需要更大的检定容积，常规体积管法较难胜任在线实流检定大口径超声流量计（大于 DN150mm）；流体在被测量时不受约束地通过流量计，没有经过任何形式的动能置换，相对于常规流量计，超声流量计对系统误差更敏感；超声流量计为推导取样型流量计，流量脉冲产生与输出存在延时滞后，相比于常规流量计，为减小系统误差影响，满足重复性要求，需要更多的运行次数，采集的脉冲数更多，检定时间更长。“十三五”期间，国家油气站依据等精度传递理论，开展了“体积管 + 标准表法”在线实流检定液体超声流量计理论分析和试验应用研究。试验研究结果和现场应用效果表明，采用“体积管 + 标准表法”技术可行，测试结果满足 0.2 级液体超声流量计检定要求，测量不确定度优于 0.067%，解决了大口径液体超声流量计检定难题。“体积管 + 标准表法”在线实流检定液体超声流量计已在中国海洋石油集团有限公司（简称中国海油）推广应用。形成的液体超声流量计在线实流检定和现场计量性能保障配套技术，为 GB/T 36989—2018《用超声流量计测量液态烃流量》标准制定提供了重要技术支撑。

3）体积管量值传递技术

体积管作为检定石油和液体石油产品流量计的标准计量器具，其量值传递的准确性和稳定性至关重要。体积管通常采用容积法检定（水驱法），原油、成品油流量量值传递系统主要量值传递链为：一等标准金属量器（0.005%）→二等标准金属量器（0.025%）→

体积管（0.05%）→流量计（0.20%）。传递方法存在以下问题：检定体积管前需对体积管进行清洗，产生大量含油污水，不符合国家绿色发展要求；原油、成品油交接计量站建立体积管水驱法检定系统会增加建设投资与生产管理成本；二等标准金属量器受检定机构地域差异、运输条件等因素影响，较难保证量值准确一致。为解决水驱法检定体积管面临的难题，国家油气站依托原油及成品油计量检测重点实验室已建国内最高准确度油流量计量标准装置，开展技术攻关，形成了体积管等精度量值传递技术。体积管等精度量值传递技术方法采用原油作为检定介质，检定前不需要清洗体积管，不产生含油污水，提高了检定工作效率，促进了原油、成品油计量检定业务绿色高质量发展。体积管等精度量值传递技术已在中国石油大庆油田和中国海油海上平台推广应用。

三、计量溯源研究成果

1. 油流量原级标准装置关键技术研究

油流量原级标准装置是实现油流量量值传递的重要基础。国家油气站依托中国石油科研项目“油气计量关键技术与应用研究”，通过科技攻关，形成了高准确度流量标准装置称量技术，研发了砝码自动加载系统，保证标准装置始终处于最佳称量范围，解决了“大皮重、小称量”的技术难题，质量测量不确定度从0.05%（k=2）提升至0.01%（k=2）；形成了高黏油流体测量换向控制技术，研发了电动旋转式换向器，采用单项旋转式伺服电动机驱动结构，解决了高黏油介质换向运行流态稳定难题，有效提升了原级标准测量不确定度，换向时间由20ms减少至5ms；形成了基于现场可编程门阵列（FPGA）的超声法管道温度测量技术，通过提高温度测量反应时间控制温度变化，有效减小各种扰动因素对热流体出口温度的影响，温度测量不确定度优于0.05℃；形成了适用于高黏度流体的油环道流量稳定技术，采用气液两相式增压器工艺，配备较高稳定性、可调节性控制变频稳压系统，解决了环道系统压力波动大的难题，大幅缩短了流量、压力调节时间。取得专有技术“高准确度流量标准装置称量技术”（ZYJS2015-025S）1项，实用新型专利《基于FPGA的管道流体测温装置》（ZL201620622216.6）和《电动旋转式流动换向器》（ZL201620642176.1）2项。研究成果指导建成了测量不确定度优于0.04%的油流量原级标准装置与国内首个油流量环道系统，技术水平达到了国内领先、国际一流。

2. 油流量比对组件研究

油流量计量标准装置需要经过量值比对，以保证其测量的可靠性及准确性，通过合适的比对组件及比对方法，将各油流量装置、体积管复现的量值溯源到国家标准，建立以相对不确定度为基础的各流量标准装置间的等效性，对促进流量测量技术进步，提高测量结果可靠性、溯源性具有重要作用。国家油气站依托中国石油科研项目“油气计量关键技术与应用研究”，通过理论分析和现场试验，形成了油流量组件配置基本原则和量值比方法，分析了不同试验介质温度、黏度对不同类型（测量原理）流量计的影响，提出了解决影响的方案和措施；形成了适用于运动黏度在50mm^2/s以下油流量比对的斯特劳哈尔数仪表性能表达方式，黏温补偿修正效果较现有雷诺数修正效果提高了15%以上；形成了适用于油流量标准装置技术水平差异较大情况下比对参考值的计算方法，基于卡方检验法判断离群值方式，开发了比对数据处理软件，通过对已公布国际比对数据的核算，数据总符合率在99.99%以上；形成了适用于国内各地流量标准装置间开展计量比对的比对组件配置方案，研制了适用于不同介质、不同测量条件的油流量比对组件。项目研究开发的油流量量值比对组件及配套技术，已在中国石油原油及成品油计量检测重点实验室油流量标准装置建设和运行管理中应用。

第三章　天然气计量技术

天然气作为相对清洁的化石能源，在我国能源转型过程中的地位日益凸显，并将在减缓碳排放、实现碳达峰的过程中发挥重要作用。计量是天然气工业发展的基础，贯穿天然气“产运储销用”全产业链，计量的准确可靠对推动我国天然气工业高质量发展具有重要意义。“十三五”以来，中国石油立足生产需求，推进科技自立自强，围绕天然气计量关键技术持续开展科技攻关，开发了湿气非分离流量测试、流量计远程性能核查及智能诊断、不确定度分别达到 0.05%（k=2）的天然气流量和 0.17%（k=2）的发热量溯源等新技术，构建了以 GB/T 18603 为核心的较为完善的天然气计量标准体系，开展了天然气计量现场软硬件系统的研发与改造，夯实了支撑能量计量实施的软硬件基础，提升了天然气流量和发热量量值溯源能力，总体技术处于国际先进水平。天然气计量技术综合能力的提升，为我国天然气国内外贸易交接和生产计量提供更好的技术支撑，同时也为我国天然气大规模增储上产、强化国家能源供应保障能力、激发行业新质生产力、保障国家能源安全和绿色低碳发展、加快新型能源体系建设提供保障。本章介绍了“十三五”以来，中国石油在天然气生产计量、贸易交接计量、能量计量和计量溯源等方面的关键技术突破和新技术应用情况。

第一节　生产计量

一、计量现状

天然气生产计量是指在天然气的开采、加工、输送和储存等各个环节中，对天然气的流量进行测量的过程，是天然气生产集输过程中气井产能评估、气藏动态分析、工艺措施效果评估、生产管理决策最优化的重要依据。天然气生产计量包括天然气井口单井计量、集气站计量、净化厂原料气计量、储气库注采气计量等。由于生产过程中天然气未经过净化处理，存在一定的游离水或饱和水蒸气及烃类，且天然气的流量和流速可能会由于开采、输送和处理过程的动态变化而变化，与常规的商品天然气交接计量相比，天然气生产计量的技术难度要大得多。

天然气生产计量技术发展方向主要集中在以下几个方面：一是针对性地开发新型传感器和流量仪表解决特定场合的计量需求，这类技术可以提高计量的效率和准确性，减少人工干预，降低操作风险，如井口含液天然气的两相流测量技术，以简化工艺流程、提高测量效率，实现天然气开发的降本增效；二是多参数联合测量，天然气生产计量涉及的参数众多，包括体积、质量、密度、湿度等，发展多参数联合测量技术，实现多参数的同步测量和数据融合，以提高数据的可靠性；三是智能化和自动化技术的发展，随着信息技术的不断发展，通过引入大数据、云计算、物联网等先进技术，实现计量的智能化和自动化，提高计量的效率和准确性。天然气生产计量主要是为了满足生产过程的动态分析或生产管理的需要，主要参考的标准有 GB 50350《油田油气集输设计规范》、NB/T 14006《页岩气气田集输工程设计规范》，其中气相计量最大允许误差为 ±10%，复现性不大于 5%，液相计量最大允许误差以满足气藏与采气工程要求为准。

1. 气田气和油田伴生气生产计量

气田气是对气井产出的气及液体进行计量，以及时了解单井的产能动态，为开采方案的优化以及相关生产作业提供指导。对于气田气计量的主要方式有两种，一种是分离法，即采用气液分离器将井口产出的含液天然气分离为单独的气相和液相流体，然后再选择相应的单相气体流量计和液体流量计对气相、液相分别进行计量，其中气相通常采用孔板流量计，部分使用旋进旋涡流量计；液相主要采用电磁流量计进行计量，有的粗略计量采用液位计和储液罐进行估算。这种方式是气田单井计量较为普遍的一种方式，通常情况下气相计量的准确度可优于 ±5%，满足气田生产管理的需要。另一种方式是在气井含液量较低的情况下，忽略气井的产液量，直接采用单相仪表对气井的产气量进行计量，所选择的流量计主要有旋进旋涡流量计和简易孔板流量计，采用这种计量方式的单井井口地面工艺流程非常简单，可有效降低单井地面建设的投资成本，气相计量准确度通常为 5%～8%，总体可满足生产管理的需要。油田伴生气与气田气的这种计量方式基本相同。

2. 集气站计量

气田生产集输过程中，将单井产出的天然气集中到集气站，再通过集气站输送到下游的处理厂，在这一过程中，集气站对进出站的天然气进行计量。通常做法是将所有气井产物通过管道输送到中心集气站，统一由气液分离设备分别进行计量，通过对进站阀组区流程的切换实现远端天然气井流量的轮换测量。其中，气相计量主要采用高级孔板阀，液相计量主要采用电磁流量计。集气站通常配有专人值守，可及时根据生产状况对孔板进行更换和清洗，气相计量的准确度最优可达 ±2%。

3. 净化厂原料气计量

在原料天然气进行净化生产过程中，对原料天然气进行计量是确保天然气净化装置平稳运行、计算原料天然气商品率及生产成本核算的重要依据。目前，对于原料天然气的计量主要采用孔板流量计，由于含硫原料气管道易出现单质硫析出、管道脏污等情况，对孔板流量计有较为明显的影响，目前在含硫原料气计量方面开始尝试使用外夹超声流量计进行计量。同时，也出现了含硫原料气交接的计量场景，在这种情况下，主要选择高级孔板阀与外夹超声流量计相结合的方式进行计量。

4. 储气库注采气计量

在储气库的生产运行中，注采气计量是一项重要的工艺环节，准确的计量能有效指导生产，优化运行参数，科学评价注采效果，提高天然气注采率。储气库注采站单井计量系统在注、采气不同时期计量管线设计为注采同管双向计量。由于储气库采用高压注气、低压采气的注采二艺，在计量需求上表现为计量工况压力变化范围宽、流量量程比要求大、计量过程压力损失低且计量准确度高等特点。目前，在储气库双向计量中选用的流量计主要有超声流量计、外夹超声流量计，在工况较为复杂的场景中采用高级孔板阀、旋进旋涡流量计和槽道式流量计。

二、计量新技术应用

1. 湿天然气不分离测量技术的应用

湿气是气液两相流动的一种特殊形态，广泛存在于石油天然气工业中。通常认为，在气液两相流动中，气相的体积分数不断增加，液相的体积分数不断减少，直到气相为连续相，液相为离散相时的流动状态即为湿气。湿气一词在工业领域经常被提及，但目前尚没有统一的标准和定义，不同的研究人员、组织或公司都有不同的理解。一些研究工作者采用体积含气率（GVF）定义湿气，如英国 Shell 石油公司认为体积含气率大于 95% 的气液两相流是湿气，也有研究者将这个界限定在体积含气率为 90%，甚至 98%。美国机械工程师学会（ASME）采用 Lockhart−Martinelli 参数（L−M 参数）对湿气进行界定，L−M 参数综合考虑了气液两相流的压力、气液比率、液体密度等方面因素，一般认为 L−M 参数小于 0.3 的气液两相流为湿气，这一界定为目前大多数研究工作者所采用。

湿气非分离计量技术是一台或两台单相流量计与虚高修正模型相结合，或单相流量计与微波、电容、射线等相含量测量技术相结合的一种计量技术，要得到较好的测量结果主要与湿气计量装置的选择、通过模拟实验熟知井口湿气工况条件建立的流量计的虚高修正模型和计量管理要求等相关。目前，非分离湿气测量技术所采用的技术路线主要有通过直接液相含气率测量与单相流量计虚高模型相互组合，或者采用多流量计组合的方式。国外非分离法的湿气测量误差为 ±（2%～5%），国内通过初步测试为 ±（5%～10%），随着微波、电容、射线等传感器技术的发展，湿天然气不分离测量技术得到了较快的发展，中国石油工程建设有限公司西南分公司、中国石油天然气股份有限公司西南油气田分公司、天津大学等研发的湿气流量计已开始在川渝地区页岩气和致密气的井口开始了小规模的推广应用，实现了井口湿天然气气液两相流量的在线实时不分离计量，极大地简化了非常规天然气开发的地面建设成本，未来随着非常规天然气开发的进一步深入，湿天然气不分离测量技术将得到进一步的发展。

2. 部分分离式计量技术的应用

由于完全式分离计量技术存在设备体积庞大、价格较高的不足，在完全分离法的基础上发展形成了部分分离法。部分分离法又分为简单分离器法和分流分相法（取样分离法）。简单分离器法是利用小型分离器将气液两相进行简单分离，分离的结果是得到一路以气相为主和一路以液相为主的两路流量。气相为主的一路中含有少量液体，多为环雾状流，液相为主的一路中含有少量气体，多为泡状流，每一路分别用单相仪表及相关的修正模型进行计量。计量后的流体再混合送回到原管道。分流分相法的基本思想是对管道中的测量对象取样 5%～20%，对取样对象进行分离，并用单相仪表测量各相的流量，再按比例推算整个测量对象的各相流量。这种方法可以有效地减小设备体积，相应地生产成本也大大降低，较完全分离法易于实现。典型的有工程建设公司推出的取样式两相流计量橇，还有一些企业生产的简易分离计量系统，部分分离技术作为完全分离技术和非分离技术的补充，在国内新疆油田、西南油气田等含水油气田得到了推广应用。

3. 虚拟计量技术的应用

虚拟计量是一种基于数学模型的预测计量方法，该方法根据输入的状态数据、优选的数学模型和相应的预测算法进行计算，最终得到虚拟计量输出结果。虚拟流量计量（VFM）作为物理计量装置的一种补充或替代计量方法，近年来在天然气井口计量应用方面得到了较快的发展。为了提高虚拟计量模型的准确度，建立了单井生产条件大数据机器学习模型与机理模型之间的交互逻辑，实现了由实时测量数据驱动的新型“混合模型”虚拟计量系统的稳定准确运行。研究表明，在测量模型较为成熟的工况区域，气体流量和液体流量的平均误差分别可达 5% 和 10%，这一技术还处于发展中和实验室验证阶段，还未形成规模应用。

三、计量研究成果

1. 湿天然气两相流量测试装置及评价技术

不同原理湿天然气流量测量系统的测量特性波动变化多样，气液两相流动的流速、压力、气液比例、流体介质特性等参数对湿天然气两相流量计的特性造成耦合影响。针对多变量参数耦合影响的问题，为解决湿天然气两相流量计的测试评价技术难题，中国石油依托工业和信息化部科研项目“水下两相湿气测量装置研制”，研究分析了国外同类装置的技术特点，发明了两相流状态监测方法、两相流测试补偿等技术，降低了气液混合过程中的压力损失，补偿了气体溶解度变化对两相流量值的影响，解决了湿天然气流量测试装置在气液混合流型生成、运行控制和两相流流量值确定三个方面的技术难题，创新建立了国内首套湿天然气两相流测试装置，气相流量测试范围为 8～650m^3/h，液相流量测试范围为 0.5～8.0m^3/h，并配套建立了湿气流量计测试评价方法，解决了国内湿天然气两相流量计测试评价的技术难题。该项成果成功应用于国内页岩气和致密气等井口两相流测量设备的性能评价和产品选型，满足页岩气和致密气的生产需求，支撑了两相流测量技术在页岩气和致密气开发的应用，有力推动了非常规天然气开发的降本增效和行业技术的进步。该项成果共获得了 7 项国家发明专利，形成了国家标准 GB/T 35065.1—2018《湿天然气流量测量　第 1 部分：一般原则》、GB/T 35065.2—2023《湿天然气流量测量　第 2 部分：流量计测试和评价方法》，获得省级科技进步奖二等奖。

2. 多传感器湿天然气两相流测量技术

为解决现有湿气流量计现场适应性不佳、工况测量范围窄等问题，依托中国石油科研课题“油气计量技术研究”，研制了基于超声、差压的多传感器数据融合的气液两相流测量方法，通过对电学成像、超声、差压等技术手段及测量模型的集成，建立了多传感器非线性测量模型解耦算法，成功研制了湿天然气两相流量计工业产品，实现对典型流动状态下气液两相流量的测量，有效提升了湿天然气两相流测量的适应工况条件，气相测量准确度优于 ±7%，已完成了该技术的实验室测试，并在西南油气田进行了应用，满足 GB 50350《油田油气集输设计规范》中井口计量技术要求，为页岩气和致密气的井口计量提供了可靠有效的测量技术手段，已经申请了 5 项国家发明专利。

第二节 交接计量

一、交接计量现状

天然气计量是动态复杂条件下不可复现的气体计量，贸易交接主要采用体积计量、质量计量和能量计量 3 种方式。当前，我国天然气贸易交接主要采用体积计量，常用的计量仪表包括孔板流量计、涡轮流量计、超声流量计、腰轮流量计和旋进旋涡流量计等；质量计量主要应用于压缩天然气（CNG）或液化天然气（LNG）领域，常用的计量仪表有科里奥利质量流量计等；能量计量是通过天然气的体积或质量乘以单位发热量获得，常用的计量仪表除天然气体积或质量计量流量计外，还需配备天然气组成分析或发热量测定设备。

“十三五”以来，中国石油攻克了系列天然气交接计量关键技术，优化完善了计量标准体系，明确了天然气贸易计量站的设计和运行维护等方面技术要求，提出了不同类型流量计的现场应用方法，以及不同计量系统分级和仪器仪表配置要求，规范指导了天然气能量计量实施过程，形成了 GB/T 18603—2023《天然气计量系统技术要求》（修订）、GB/T 18604—2023《用气体超声流量计测量天然气流量》（修订）、JJF 1993—2022《天然气能量计量技术规范》（制定）、Q/SY 06351—2020《输气管道计量导则》（修订）和 Q/SY 14018—2022《天然气能量计量实施规范》（制定）等国家、行业和企业标准规范，有效保障天然气贸易交接计量结果的准确可靠。计量系统分级和配置要求见表 3-1，计量系统配套仪表准确度要求见表 3-2。

表 3-1 计量系统分级和配置要求

配置项目	设计能力 q_n（标准参比条件）/（m^3/h）			
	$100<q_n\leq1000$①	$1000<q_n\leq10000$	$10000<q_n\leq100000$	$q_n>100000$
流量计的曲线误差校正	—	√	—	√
在线核查（校对）系统	—	—	—	√
温度转换	√	√	—	√
压力转换	√	√	—	√
压缩因子转换	—	√	—	√
在线发热量和气质测量	—	—	—	√②
离线或赋值发热量值测定	√	√	—	—

续表

配置项目	设计能力 q_n（标准参比条件）/（m^3/h）			
	$100<q_n\leqslant1000$①	$1000<q_n\leqslant10000$	$10000<q_n\leqslant100000$	$q_n>100000$
每一时间周期的流量记录	—	—	—	√
密度测量（代替 p、T、Z）	—	—	—	√
准确度等级	C③（3%）	B（2%）	B（2%）或 A④（1%）	A（1%）

① 依据 GB/T 18603—2023 的范围，仅对设计通过能力不小于 $100m^3/h$ 的贸易计量系统进行分类。

② 在计量周期内如果发热量变化小，且按 GB/T 35186 方法评定的赋值发热量不确定度符合表 3-2 的要求，可使用赋值方法。

③ 发热量赋值。

④ 根据计量系统重要性选择属于 A 级或 B 级计量系统。

表 3-2　计量系统配套仪表准确度

测量参数	最大允许误差		
	A 级	B 级	C 级
温度	± 0.5℃①	± 0.5℃	± 1.0℃
压力	± 0.2%	± 0.5%	± 1.0%
密度	± 0.35%	± 0.7%	± 1.0%
压缩因子	± 0.3%	± 0.3%	± 0.5%
在线发热量	± 0.5%	± 1.0%	± 1.0%
离线或赋值发热量	± 0.6%	± 1.25%	± 2.0%
工作条件下体积 / 质量流量	± 0.7%	± 1.2%	± 1.5%
计量结果	± 1.0 %	± 2.0 %	± 3.0 %

① 当使用超声流量计并计划开展使用中检验时，温度测量不确定度应优于 0.3℃。

二、计量新技术应用

1. 槽道式流量计的应用

为进一步满足天然气多场景交接计量的需求，我国自主研制了一种新型差压式流量计——槽道式流量计，槽道式流量计因其节流件采用独特的纺锤体样式设计，在天然气流量计量方面具有较好的性能表现，其准确度优于 0.5 级，重复性优于 0.1%；相比其他差压式流量计，其量程比较宽，可达到 500∶1；无须直管段和整流器，拥有较强的复杂工况适应能力；压力损失小，压力损失约为同 β 值[1]孔板流量计的 25%～35%；流线型的外形

[1] β 值表示孔板流量计的孔板孔径比，就是内径与外径的比。

具备自清洗功能，具有防脏污和颗粒效果。当前，槽道式流量计已在大庆、长庆、新疆、吉林、大港、吐哈、西南等油气田天然气井口、储气库和集输管线，以及LNG交接计量领域开展应用，并逐步扩大至常规天然气交接计量领域。槽道式流量计的成功研制和应用，为部分传统流量计不适用的复杂计量工况场景提供了一种合理的解决方案。

2. 流量计远程性能核查及智能诊断技术的应用

超声流量计和孔板流量计作为天然气贸易交接计量中最为常用的流量计量仪表，其运行状态直接关系到计量结果的准确可靠。为解决计量仪表使用过程中的性能监测和故障预警处理等问题，基于超声流量计声速核查原理，并对压力、差压、温度等关键计量参数及其信号回路进行核验等方式，同时结合贸易交接计量历史数据，通过大数据分析处理，实现对天然气贸易交接计量系统运行状态参数的实时监控，以及对可能出现的问题进行快速诊断、实时预警和维护处理，有效保障贸易交接计量系统运行的稳定可靠。流量计远程性能核查及智能诊断技术已在西南、大庆、新疆、长庆等油气田应用，为降低流量计故障发生率和系统运营维护成本提供支撑。

三、计量研究成果

1. 气体超声流量计声速检验法应用研究

依托中国石油科研项目“油气计量关键技术及应用研究”，对声速检验法的工作原理和影响因素进行分析研究，明确了声速检验法的使用范围，以及测量介质组分、温度、压力等参数的技术要求，开展气体超声流量计声速测量性能试验研究，确认了超声流量计在不同压力、不同介质工况下的性能差异，分析了不同工况条件下声速测量数据和变化趋势，并对声速检验指标的普遍适用性及技术指标的合理性进行试验验证，实现了气体超声流量计在线实时诊断和使用中检验，为保障气体超声流量计性能的准确可靠、延长超声流量计的检定周期提供技术保障。该成果获得国家发明和实用新型专利各1项、软件著作权2项。

2. 天然气城镇燃气贸易交接计量仪表应用研究

城镇燃气主要采用涡轮流量计、腰轮流量计、旋进旋涡流量计等进行贸易交接计量，依托中国石油科研项目“燃气终端用智能流量计安装工艺影响现场试验”，针对天然气城镇燃气贸易交接现场橇装流量计安装工艺多种扰流件并存、计量工况复杂对不同类型流量计性能影响的难题，通过流量计原理分析和国内外标准比对，分析了不同类型流量计的性能特点和安装工艺技术要求差异，结合现场安装工艺设计搭建了流量计扰流测试平台，定量测试评价流量计在10种不同扰流安装工艺下的计量性能偏差，形成流量计最佳安装工艺推荐方案，有效支撑天然气贸易交接计量工艺的设计和流量计的安装使用，主导修订了相关方法标准，形成了GB/T 21391—2022《用气体涡轮流量计测量天然气流量》、SY/T 6658—2021《用旋进旋涡流量计测量天然气流量》和SY/T 6660—2021《用旋转容积式气体流量计测量天然气流量》、Q/SY 14263—2020《城镇燃气交接计量管理规范》等标准。

3. 天然气贸易交接计量检验标准研究

依托中国石油科研项目“中俄天然气贸易谈判相关质量和计量标准对比及技术方案研究”与“天然气贸易交接计量检验标准研究”，围绕天然气国际贸易的气质、组成、物性参数、天然气流量、工作条件下压缩因子和密度等 11 项指标开展研究，全面分析 ISO 标准、中国国家标准和俄罗斯国家标准三者之间关于天然气组成分析、计量系统分级、流量计配置、系统运行和维护等方面的技术差异，明确不同标准对交接计量关键参数的影响程度，形成天然气国际贸易计量交接技术指标和中国石油天然气国际贸易交接计量检验标准体系，为中俄东线管道项目的谈判，中俄东线购销协议、技术协议及计量协议的签订提供了强有力的技术支撑，对进口天然气业务、管线建设运营和监管及贸易交接计量站验收，进口天然气的技术服务、检定校准工作程序的优化提供了技术支撑。该成果发布国家标准 3 项。

第三节　能 量 计 量

一、天然气能量计量现状

2019 年，国家发展改革委、市场监督管理总局等四部委联合发布《油气管网设施公平开放监管办法》，提出我国将建立天然气能量计量计价体系。2022 年，中共中央、国务院印发《关于加快建设全国统一大市场的意见》，强调要“稳妥推进天然气市场化改革，加快建立统一的天然气能量计量计价体系”。

为贯彻落实国家关于建立能量计量计价体系的要求，中国石油依托资源市场和技术实力，积极开展能量计量技术及标准化研究，相继进行了天然气计量系统改造，编写了《能量计量 50 问》，系统开展天然气发热量测定、标准物质研制、发热量溯源等能量计量关键技术研究，构建了以 GB/T 18603《天然气计量系统技术要求》、GB/T 22723《天然气能量测定》为核心的能量计量标准体系，组织制定了中国石油企业标准 Q/SY 14018《天然气能量计量实施规范》，为能量计量系统建设和运行、能量计量系统性能评价和能量计量推广应用提供标准支撑，同时建成了国内首个能量计量示范基地，并在中国石油国际管道公司中缅天然气管道上载天然气采用能量计量计价，上载天然气监测计量站也实施能量计量。中国石油主要天然气生产、运输和销售企业，如长庆、塔里木、西南等油气田，都开展了能量计量政策标准宣贯、实施效益评估、升级需求调查、试点示范推进等工作。

当前，中国石油已建立了较为完善的贸易交接计量体系，现有 1400 余个计量站，配备 6000 余台流量计、在线色谱分析仪和配套仪表，全面覆盖天然气“产供储销”各个贸易环节，在机构、标准、科研、管理等方面，具备支撑能量计量实施的基本条件。

二、能量计量示范站建设

为了支撑天然气能量计量计价体系的建立，根据国家、企业对天然气能量计量工作的部署，2019 年 6 月，中国石油所属企业制订了《实施能量计量计价一年行动方案》，并于

2020年完成了12个重点贸易计量站的能量计量系统改造和试运行，同时启动能量计量示范基地建设。至2023年底，中国石油建成了“天然气能量计量示范系统”，示范系统集成了能量计量研究成果，通过天然气能量计量的方法示范、运行示范、溯源示范，展示能量计量方法及可能的运行效果，解读如何开展能量计量的量值溯源，并制作知识题库和培训课件，为从事天然气能量计量的相关人员提供基本知识原理教学、深度技术培训、技术难题探索的综合性平台。该系统的成功建成，打造了天然气能量计量业务“实例应用、示范引领、赋能培训”的新型能力，支撑中国石油重点实验室的科技基础条件平台建设，为我国能量计量的实施和天然气国际国内贸易提供技术支撑。

三、天然气能量计量研究成果

1. 天然气能量计量对中国石油的影响及对策研究

“十三五”以来，中国石油天然气贸易交接仍普遍采用体积计量方式，为贯彻落实国家关于建立天然气能量计量计价体系的要求，评估实施能量计量对天然气业务产生的影响，依托中国石油科研项目“天然气能量计量对集团公司的影响及对策研究”，对国内外天然气能量计量的政策法规、技术标准进行了系统研究，同时结合天然气贸易交接计量实施现状开展研究分析。研究结果表明，中国石油已建立达到国际先进水平的能量计量技术、标准和量值溯源体系，计量管理体制较为完善，基本具备实施能量计量计价的基础条件。天然气计量计价方式的转变对中国石油天然气生产运行影响较小，现场贸易交接计量基本可适应由体积计量向能量计量平稳转换，但仍有部分基础设施和运行管理制度待完善，计量计价方式转化后中国石油经济效益总体稳定。下一步，中国石油将进一步优化天然气生产投资与运行，升级改造贸易交接用计量系统，开展能量计量交接试点工作，持续优化提升技术体系、标准体系和量值溯源体系，完善计量和营销人才队伍。该成果获中国石油软科学研究优秀成果二等奖。

2. 天然气能量计量标准体系研究

依托中国石油科研项目“天然气能量计量标准体系优化研究”，围绕天然气体积计量尽快向天然气能量计量方式转变的目标，开展了国内外标准对标研究、试验验证和国内标准走向国际等方面的研究，研究形成优化的天然气能量计量标准体系和分阶段规划，覆盖天然气“产供储销用”全产业链，满足常规天然气、非常规天然气、LNG和新能源实施能量计量要求，有效支撑国家、行业和中国石油的天然气能量计量计价体系建立和完善。形成能量计量相关标准规范，参与制定JJF 1993—2022《天然气能量计量技术规范》，主导制定Q/SY 14018《天然气能量计量实施技术规范》，从能量计量系统的建设、验收、运行、性能评价和管理等方面提出要求，并按分级原则规定了能量计量的实施方法，保障中国石油按照国家要求、对标国际水平、经济实用地实施天然气能量计量。研制形成天然气流量计算机性能评价和组成不确定度计算系统，实现了天然气能量计量关键标准的数字化，并保障了标准的统一有效实施。该成果获软件著作权2项，发布国家标准和企业标准4项。

第四节 计量溯源

一、天然气计量溯源体系现状

1. 天然气流量量值溯源

天然气流量量值溯源主要遵循国家计量检定系统表 JJG 2064《气体流量计量器具》，具体如图 3-1 所示。在 2017 年以前，我国天然气流量原级标准装置测量不确定度技术水平为 0.1%（k=2）。天然气流量原级标准装置通过质量、时间分别溯源至基本物理量，同时利用传递标准，通过与国家计量基准间的比对来验证不确定度。

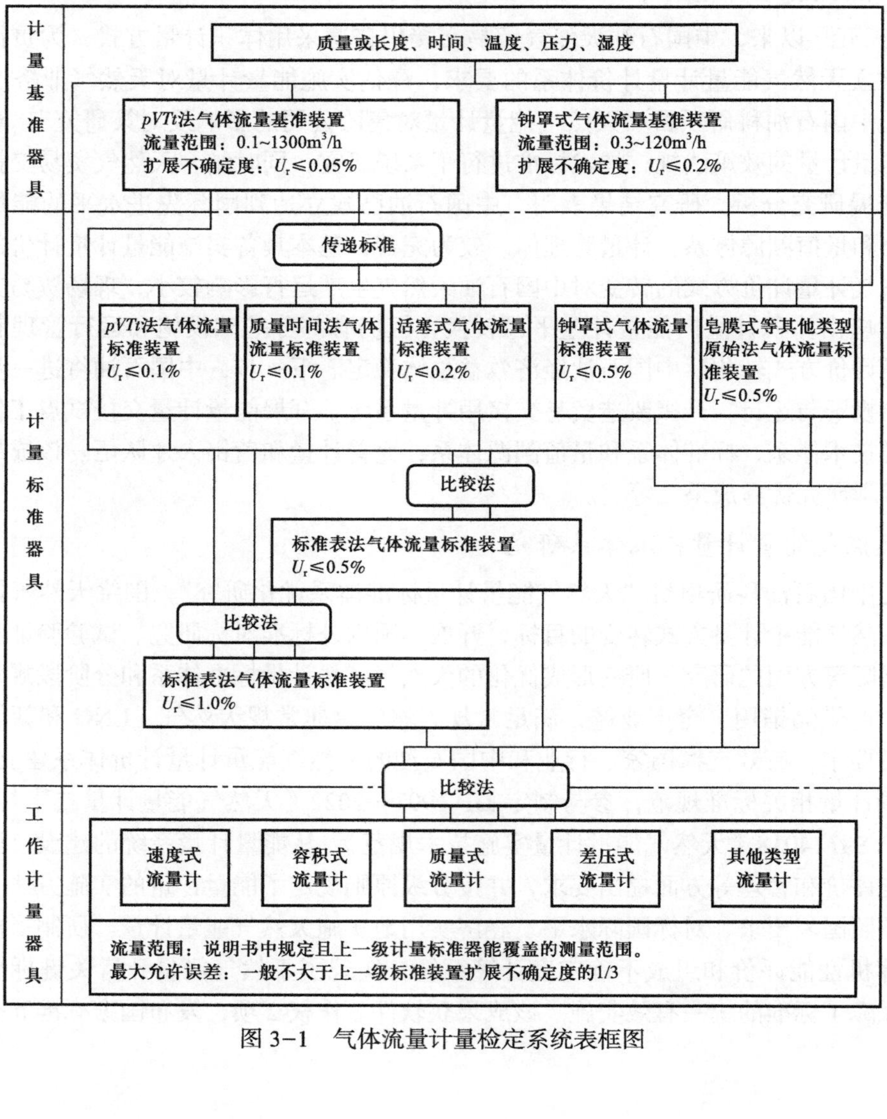

图 3-1 气体流量计量检定系统表框图

中国石油于 1998 年在成都分站建立了国内首套天然气流量量值传递体系，包括原级标准和次级标准（也作为工作标准使用）。“十三五”以来，中国石油在成都和南京建成两套不确定度达到 0.05%（k=2）、不同压力范围的质量时间法天然气原级标准装置，同时在成都、南京、大庆、榆林等地建设了多套不同压力和流量的次级标准和工作标准，形成了覆盖全国的高、中、低压的天然气流量量值传递体系，达到了国内领先、国际先进水平，较好地满足了本企业和国内天然气贸易计量用流量计的检定 / 校准需求。

2. 天然气组成分析量值溯源

我国当前并未发布天然气分析的量值溯源准则，实际上是采用 GB/T 13610《天然气的组成分析气相色谱法》所规定的气相色谱分析法作为比较方法，通过对不同级别标准气混合物（RGM）进行比较测量的方式来进行天然气组成的分析量值溯源，并最终溯源至国际单位制（SI）基本单位质量（kg）。天然气组成分析量值溯源链如图 3–2 所示。

3. 天然气发热量测定量值溯源

天然气发热量可以通过气相色谱法测定天然气的组成，然后由组成计算其发热量，通常称为间接测量法，其溯源方式与天然气组成分析量值溯源相同。

天然气发热量也可利用各种类型的热量计或装置直接测定天然气发热量，热量计或装置按照测定精度可以分为 0 级、1 级、2 级和 3 级，不同等级反映测定装置的准确度水平，由于直接测量装置的原理特点，通常在现场使用。0 级热量计或装置可以通过电学校准的方法最终将发热量值溯源至国际单位制（SI）单位焦耳（J）。天然气发热量直接测定量值溯源链如图 3–3 所示。

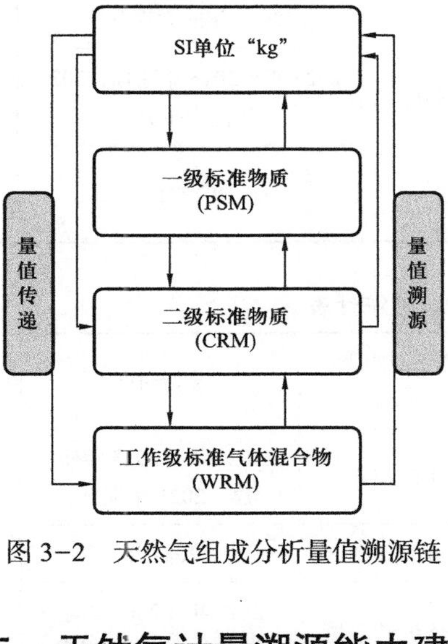

图 3–2　天然气组成分析量值溯源链

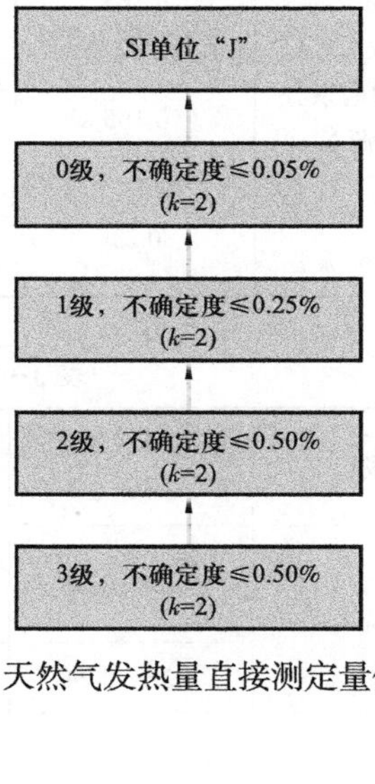

图 3–3　天然气发热量直接测定量值溯源链

二、天然气计量溯源能力建设

1. 天然气流量溯源能力建设

“十三五”以来，中国石油将成都分站和南京分站的天然气流量原级标准装置测量不确定度从0.1%（k=2）降低至0.05%（k=2），并建立了广州分站、乌鲁木齐分站、塔里木分站和榆林分站，成都分站还建立了国内首套环道式天然气流量工作标准装置，天然气流量量值溯源的能力和水平得到大幅提升。中国石油"十三五"以来建设或性能提升的天然气流量原级（质量时间法，简称 *mt* 法）、次级和工作级标准统计表分别见表3-3、表3-4和表3-5。

表3-3 天然气流量原级标准装置统计表

机构名称	流量标准名称	工作压力范围/MPa	流量范围/（kg/s）	扩展不确定度/%（k=2）	建标时间	工艺特点
成都分站	*mt* 法原级标准	0.4～6.0	0.002～5.4	0.05（≥2.0MPa），0.07（<2.0MPa）	2017年（始建于1998年，2017年异地重建）	直排
南京分站	*mt* 法原级标准	5.5～8.0	0.1～8.0	0.05	2019年（始建于2012年，2019年能力提升）	直排

表3-4 天然气流量次级标准装置统计表

机构名称	扩展不确定度/%（k=2）	流量范围/（m^3/h）	工作压力范围/MPa	建标时间	工艺特点
成都分站	0.16～0.19	5～5115	0.4～6.0	2019年（始建于1997年，2016年异地扩建，2019年能力提升）	直排
南京分站	0.165	8～3160	5.0～8.0	2023年（始建于2008年，2023年能力提升）	直排
广州分站（向南京分站原级溯源）	0.165	7～3129	5.5～9.0	2023年（2015年建标，2023年能力提升）	直排
乌鲁木齐分站（向南京分站原级溯源）	0.23	14～2500	5.0～9.5	2017年	直排

表3-5 天然气工作级标准装置统计表

机构名称	扩展不确定度/%（k=2）	工况流量范围/（m^3/h）	工作压力范围/MPa	建标时间	工艺特点
成都分站	0.21～0.23	32～8000	1.5～5.0	2021年（2013年新建，2021年提升）	直排
	0.22～0.24	32～4000	0.3～6.0	2021年	环道
南京分站	0.23	15～12000	5.0～7.0	2023年（2008年建标，2023年能力提升）	直排
广州分站	0.29	7～15000	5.0～9.0	2019年	直排
乌鲁木齐分站	0.29	25～10000	5.0～9.5	2017年	直排

续表

机构名称	扩展不确定度 / %（k=2）	工况流量范围 / （m^3/h）	工作压力范围 / MPa	建标时间	工艺特点
榆林分站（向成都分站次级溯源）	0.31	10～8000	4.2～4.6	2020 年	直排
塔里木分站（向乌鲁木齐分站次级溯源）	0.33	25～8000	3.7～6.5	2017 年	直排

1）天然气流量原级标准装置

mt 法天然气流量原级标准主要用于检定 / 校准以临界流文丘里喷嘴为主的传递标准。其测量原理是气体首先流过上游的临界流文丘里喷嘴，进入旁通管路系统，当喷嘴背压比不大于 85% 左右时（气流达到滞止状态），流经临界流文丘里喷嘴的质量流量达到稳定状态（不受下游压力波动的影响，仅与喷嘴几何尺寸、喷嘴上游滞止压力和温度有关）。此时通过快速换向阀（球阀）的切换，在一定时间 t 内让气体进入称重容器内，通过对气体的质量和补偿段中的质量变化进行测量，得到气体质量 Δm，从而得到质量流量：

$$q_m = \frac{\Delta m}{t} = \frac{\Delta m_{罐} + \Delta m_{补}}{t}$$

式中 q_m——质量流量，kg/s；

t——测量时间（即充气时间），s；

$\Delta m_{罐}$——测量起始、结束时刻称量罐内的气体质量变化量，kg；

$\Delta m_{补}$——测量起始、结束时刻补偿段内的气体质量变化量，kg。

“十三五”期间，中国石油分别在成都分站和南京分站建立了两套天然气流量原级标准，技术特点及适用范围如下。

（1）成都分站 ***mt*** 法天然气流量原级标准。

1998 年，成都分站在国内率先建立了基于不等臂天平的 ***mt*** 法天然气原级标准装置，测量不确定度为 0.1%（k=2）。为提升天然气量值溯源整体技术水平和能力，进一步满足高准确度流量计量值传递的要求，与国际领先水平接轨，利用国内先进的电磁天平称量技术和快速换向技术，研发了一套基于双罐等臂电磁天平（图 3-4）和液压驱动快速换向阀技术的 ***mt*** 法天然气流量标准装置，主要覆盖中低压范围，运行压力为 0.3～6.0MPa，流量范围为 0.004～5.4kg/s，测量不确定度为 0.05%～0.07%（k=2），2017 年 9 月获得国家市场监督管理总局授权。

图 3-4 电磁天平称量系统

成都分站 *mt* 法天然气原级标准装置核心计量单元是影响装置测量不确定度的主要因素，构成部分包括电磁天平、称量罐、补偿段（即临界流文丘里喷嘴与换向阀、称量罐间的封闭容积）、快速换向阀组（一般为球阀，通过执行机构驱动，并实现快速开关，开关时间可达到 30ms 左右），如图 3–5 所示。核心计量单元中的关键设备电磁天平称量系统和液压驱动快速换向阀技术达到国际领先水平，其中 3t 电磁天平称量系统出厂测试和现场安装后重复性均达到 0.5g，测量不确定度为 ±1.0g。液压驱动快速换向阀开关时间为 30ms±3ms。

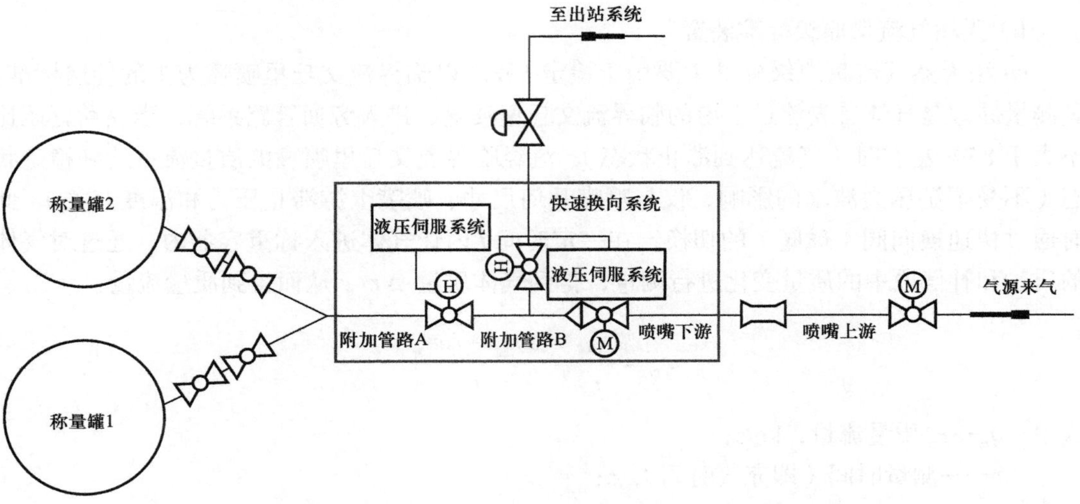

图 3–5　成都分站 *mt* 法天然气流量原级标准核心计量单元示意图

（2）南京分站 *mt* 法天然气原级标准。

南京分站中高压 *mt* 法天然气原级标准为美国成套引进，采用进口陀螺仪进行天然气质量称量，2012 年首次建标，测量不确定度为 0.1%（k=2）。2018 年以来，为进一步提升天然气量值溯源整体技术水平，促进技术国产化，对质量称量系统进行了升级改造，同时采用国内快速换向技术，测量不确定度由 0.1% 降低到 0.05%（k=2），2019 年 3 月获得国家市场监督管理总局授权。

2）天然气环道式标准表法气体流量标准装置

天然气流量标准装置需要高低压天然气管网提供其运行条件，运行能力受管网运行条件的制约。欧美国家从 20 世纪 90 年代开始研制了环道流量检测技术，建成了检测系统，使得天然气流量标准装置可以不依赖外部气源管网而独立运行，拓宽了天然气流量标准装置的运行能力，已成为欧洲国家的主要发展趋势。

环道式标准表法气体流量标准装置是利用循环动力设备将检测区排出的天然气进行增压、冷却后重新返回流量计检测区，使整个检测管路形成一个环形通道，并在此环形通道中控制天然气温度、压力和流量，进行特定条件下的天然气流量计检定或校准。

成都分站环道式标准表法气体流量标准装置工艺主要包括四大模块，即环道压缩机系统、环道温度控制系统、检测系统和增压补气及抽气系统（图 3–6）。

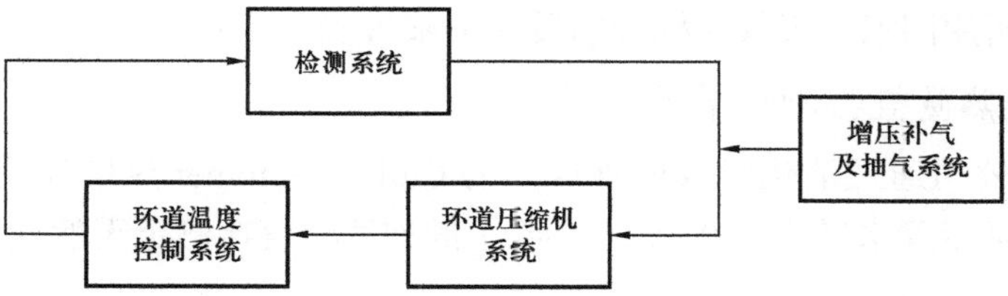

图 3-6 环道式标准表法气体流量标准装置工艺模块示意图

环道压缩机系统主要是为环道天然气循环提供动力，通过变频器控制转速，实现流量变化；环道温度控制系统包括循环冷却水系统和 PLC 控制系统，冷却流经环道压缩机的天然气，对环道内天然气温度稳定性进行控制；检测系统由计量标准装置、检测段等组成，实现计量标准装置对被检流量计的量值传递；补气系统可根据检定压力需求对环道系统进行补气。成都分站环道检测系统如图 3-7 所示。成都分站环道检测系统包括一套标准表法气体流量标准装置，2021 年 5 月获得国家市场监督管理总局授权，压力范围为 1.5～4.5MPa，流量范围为 32～4000m^3/h，测量不确定度为 0.22%～0.24%（k=2）。

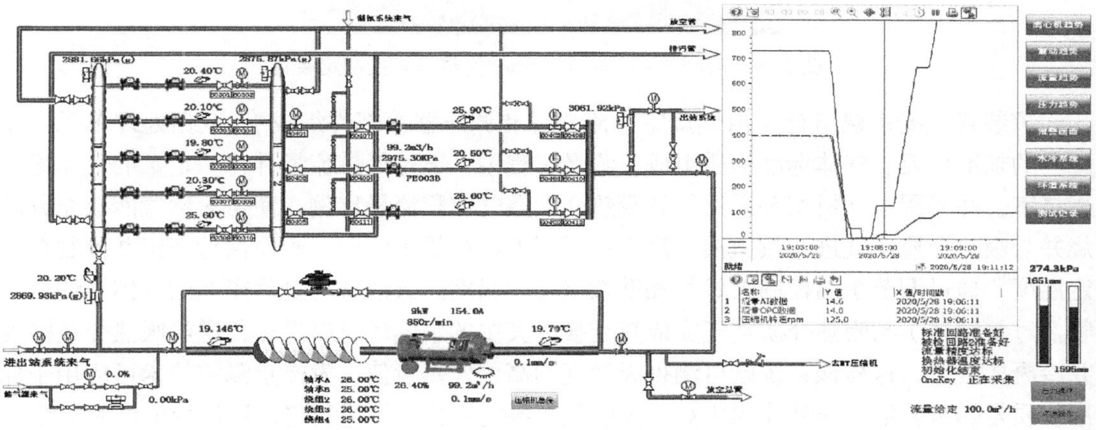

图 3-7 成都分站环道检测系统示意图

2. 天然气分析在线气相色谱仪

西南油气田公司联合中国测试技术研究院等单位，成功研制了国产化率达 95% 的天然气在线色谱仪，发热量重复性（RSD7）<0.1%，测量误差为 ±（0.2%～0.5%），主要由膜阀、高精度电子压力控制（EPC）和双丝热导检测器（TCD）等组成，其中双丝热寻检测器的基线噪声≤0.1mV、基线漂移≤0.2mV/30min，整体技术处于国际先进水平，实现天然气发热量在线测定关键核心装备的国产化替代，研制的在线气相色谱仪如图 3-8 所示。此外，还配套完成发热量测试所需的国家一级气体标准物质（编号 GBW 06340），并以此为依托开展了国

图 3-8 研制的在线气相色谱仪

内天然气组成分析用国家二级气体标准物质的国家 A 类计量比对。

3. 天然气发热量直接测定装置

西南油气田公司通过消化吸收国外成熟的 Cutler−Hammer 热量计的测量技术，最终建立相对扩展不确定度水平优于 0.25%（k=2）的连续法直接测定天然气发热量标准装置，如图 3−9 所示。

图 3−9 研制的 Cutler−Hammer 发热量直接测定装置

该装置主要由热量计（由燃烧室、流量计和调压器等部件组成）、数据处理单元以及配套的辅助单元、气体标准物质组成。测量过程中，通过气体流量计将一定量的气体通入燃烧室，并采用电动机调节天然气和吸热介质空气体积流量比例，使得天然气能够充分燃烧并与吸热介质空气进行热交换。流量计置于外箱测量水池中，水面保持稳定并控制在一定温度，通过调节水温控制天然气和助燃空气的温度。天然气燃烧后得到的气体（燃烧产物及过量空气）与吸热介质空气完成热交换，其中的水蒸气也将潜热传递给吸热介质空气并冷凝成液态，这样该系统就可测得天然气的高位发热量值。发热量测定技术可应用于标准物质发热量验证、样品检测比对、天然气中各纯组分发热量测定、发热量争议仲裁等。

三、计量溯源研究成果

1. 天然气流量原级标准装置关键技术

“十三五”初期，最高水平国际天然气流量标准装置测量不确定度已达到 0.065%（k=2），而国内仅达到 0.1%（k=2）。由于原级标准装置是天然气流量量值传递体系的首要环节，其技术水平和能力制约了天然气流量量值溯源体系的整体发展。

mt 法天然气流量原级标准装置直接溯源到质量和时间两个基本物理量，具有影响因素少、技术水平高的特点，是国内外气体流量原级标准装置广泛采用的技术方案。高精度的天然气质量称量和基于快速换向的时间测量技术是提升 *mt* 法天然气原级标准装置技术水平的核心。通过科研攻关，研制了基于随遇平衡原理的双罐等臂电磁天平称量系统，实现 3t 载荷下 1g 气体质量的准确称量，形成了基于双罐等臂电磁天平技术的充气减码自动称量系统，大大降低了环境条件变化带来的空气浮力影响和臂差变化带来的测量不确定

度，解决了“大皮重、小称量”的技术难题，质量称量不确定度从 2g（k=2）提升至 1g（k=2）；研发了液压驱动快速换向系统，建立了快速换向逻辑控制理论模型，发明了异步智能控制快速换向时间测量系统，换向时间由 50ms ± 5ms 降低至 30ms ± 3ms；同时优化了快速换向过程附加管路压力和温度测量方式，显著降低了快速换向带来的非计量漏失，解决了附加管路压力和温度准确测量的难题。*mt* 法天然气原级标准测量不确定度从 0.1%（k=2）降低到 0.05%～0.076%（k=2）。授权国际发明专利 2 件，国家发明专利 18 件，培育国际标准 1 项，获得中国石油科技进步奖一等奖 1 项。

2. 天然气流量量值传递测量不确定度优化技术

天然气流量原级标准装置的量值从次级标准装置、工作级标准装置依次传递，最终传递到工作计量器具。对标国际领先水平，工作级标准装置测量不确定度已达到 0.13%～0.16%（k=2），而国内为 0.33%（k=2），存在显著差距。

通过研究天然气组分波动对次级和工作级标准流量测量的影响机理，量化分析组分变化对测量结果的影响，动态监控天然气组分变化影响，建立了 C_2H_6、C_3H_8 等组分变化影响测量重复性的定量评价模型和定量控制技术，有效降低了次级和工作级标准流出系数的离散性，校准结果重复性由 0.05%（k=2）降低至 0.02%（k=2）。次级标准不确定度由 0.20%（k=2）降低至 0.16%（k=2），工作级标准不确定度由 0.33%（k=2）降低至 0.21%（k=2），在国内率先解决了贸易交接用 0.5 级流量计国内无法量值溯源的难题。授权发明专利 2 件。

3. 天然气流量环道检测技术

环道检测系统对于进一步提升天然气流量量值传递能力、消除外部气源条件对检定校准能力的制约具有显著效果。环道检测系统中，大范围压力和流量调节下，气流脉动及温升等复杂干扰因素，导致压力、温度和流量难以精准控制和准确测量。通过科技攻关，建立环形管路流场分析模型，研制了变径异形汇管、大曲率弯管等流体脉动削减工艺，实现管道内脉动错相叠加削减，气流脉动幅值减少 20% 以上，确保环道测量结果准确和运行安全。建立气体温度预测模型，形成多级气体分流调节的温度控制技术，实现环道大流量、高温差气体温度的自动快速精确调节和稳定控制，实现 125：1 流量量程比条件下，温度波动小于 ±0.1℃ /min。建成最高压力为 6MPa、工况流量范围为 32～4000m^3/h、测量不确定度为 0.22%（k=2）的环道标准装置，填补了国内技术空白。授权发明专利 3 件。

4. 天然气品质指标一体化检测设备及技术

针对现有天然气品质检测技术需要多种设备多次检测、效率低的问题，依托中国石油西南油气田公司科研项目“天然气产品质量检测一体化方法研究”，开展微常量组分完全分离、多检测器协同运行和一体化工作站开发的技术攻关，基于塔板理论和烃类与硫化合物等组分在双丝热导检测器（TCD）、氢火焰离子化检测器（FID）和火焰光度检测器（SCD）中的特征响应，研发五阀九柱及分区精准控温色谱系统，采用不同级别的检测器集成技术，创新性地开发出国内外首台一次进样产品质量指标全检测设备。同时，针对天然气品质检测时存在 28 个组分难以分离、常量和痕量组分无法同步准确测定、多个检测器数据采集处理软件兼容难题，建立了5通道阀柱切换程序独特分析流程，TCD、FID和SCD检测通道分别采用恒温和程序升温精准控制模式、多种检测器信号同步采集处理集成方法，并与发热量等物性参数计算软件实时兼容，研究出微量的硫化合物与天然气常规组分同时测定的新方法，方法的重复性不大于3%，检出限优于0.1mg/m³，单个样品检测时间由1d缩短至1h内。该成果大幅提升了天然气检测效率，有效提高了天然气分析量值溯源的整体水平，推动了天然气检测设备国产化的进程。依托该研究成果，申报国家发明专利10件，其中专利合作条约（PCT）专利1件，形成国际标准1项、国家标准2项，获得省级科技进步奖1项。

第四章　石油专用计量技术

石油专用计量聚焦油气勘探开发过程，使用石油专用计量器具进行生产参数测量、作业过程控制及量值溯源传递等活动。石油专用计量作为油气勘探开发的“眼睛”，其科学性与准确性直接关系到物探、钻井、录井、测井以及对油气井运行监测与评估等石油工程技术领域的工作质量。围绕石油勘探开发实际需求和计量管理的要求，中国石油始终坚持以企业高质量发展为目标，结合生产作业现状，不断推进计量方式改进、计量方法完善、计量技术突破，计量技术水平和能力明显提高，量值溯源能力不断增强，量值溯源体系和计量标准体系日趋完善，持续为中国石油增储上产、建设世界一流能源企业提供计量基础保障。本章从生产测试、量值溯源两方面介绍了“十三五”以来，中国石油在石油物探计量、石油钻井计量、石油录井计量、石油测井计量及石油专用螺纹计量方面关键技术突破和新技术应用情况。

第一节　物 探 计 量

一、生产测试

1. 计量现状

石油物探是通过利用地壳中不同岩石或地质构造的物理性质差异，如密度、磁性、电性、弹性等，来探测地下是否埋藏有石油或天然气。这些物理性质差异会导致地面上的物理仪器接收到不同的信号，从而可以推断地下的地质构造特点。石油物探主要有地震勘探和非地震勘探两种方式。地震勘探主要依据地震波在地下岩层中的传播特性，通过接收和分析反射回来的地震波信号，推断出地下岩层的结构和性质，进而找到潜在的油气资源，其特点是能够接收到微弱的地震波信号，通过高精度的数据采集和处理，得到准确的地下岩层信息；非地震勘探是利用地下岩层变化引起的重力、磁力、电性差异变化进行勘探。东方物探公司是中国石油全资的物探专业化子公司，承担中国石油全部物探业务，是以地球物理方法勘探油气资源为核心业务，集陆地、海洋地震和非地震采集，处理解释，软件研发，装备制造，光纤油藏等业务于一体，全球物探行业唯一的全产业链技术服务公司。

石油物探专用计量器具是物探采集的主要手段，物探生产过程中信号的定位、激发、采集过程中所用到的设备基本都属于工作计量器具，大多是成熟技术在本领域的创新应用。物探专用计量器具由中国石油统一规范范围和测试能力建设，根据用途，有导航定位装备、激发装备、石油地震检波器、地震接收仪器、重磁电仪器等（表 4–1）。

表 4-1 石油物探专用计量器具

序号	产品名称	用途	产品类型
1	导航定位装备	获取基于某个基准下的三维坐标值、地面成像，以及海洋水文测量	差分定位系统（RGNSS）、多波束、潮汐仪、综合导航系统、横向控制鸟、罗经鸟、温盐声深仪、流速仪、回声测深仪、声学定位系统等
2	激发装备	用于产生人工地震波，实现地震波输出可控	常规可控震源、低频可控震源、高精度可控震源、横波可控震源、气枪震源、震源箱体、振动性能测试仪、气枪同步控制器、炸药震源同步控制器（编码器、译码器）、独立激发系统等
3	石油地震检波器	主要用于地震信号的采集和转换	动圈式速度型检波器、陆地 / 海洋压电检波器、双检检波器、MEMS 检波器、数字检波器等
4	地震接收仪器	通过地面设备对采集的地震波进行命令、状态、数据传输	陆地有线仪器、节点仪器；海洋拖缆采集仪器（OBC）、海底节点（OBN）及相关配套辅助设备等
5	重磁电仪器	利用地下岩层变化引起的重力、磁力、电性差异变化进行勘探	重力仪：金属弹簧重力仪、石英重力仪。 磁力仪：质子磁力仪、光泵磁力仪。 电法仪器：直流电法仪、大地电磁仪、可控源声频大地电磁仪、时频电磁仪、海洋电磁仪、瞬变电磁仪、激电仪、高密度电法仪等
6	井中地震勘探仪器	在地层中直接布置地震传感器接收地震信号	地面仪器、井中检波器、uDas 光纤地震仪器、各类井下传感器等
7	工程地震仪	主要用于探测地下浅层地质结构	一体式工程地震仪、分体式过程地震仪，24 道、48 道、96 道工程地震仪

为了确保物探计量器具的测量结果具有可靠性和可比性，东方物探公司从计量器具的设计、制造、校准、使用和维护等各个环节制定并执行严格的标准化和规范化测试要求，从而实现物探计量器具、物探装备的功能延伸和发展进步。在物探专用计量器具的溯源管理方面，主要依据相关行业校准规范和企业测试标准，通过物探专用计量器具校准方法的研究和装置研制，逐步完善了校准、测试、比对、核查方法，形成了现行的量值溯源体系，涵盖陆地、海洋地震和非地震等计量器具的计量测试能力，开展量值传递、溯源工作，为物探装备研发、国产化提供计量测试保障，为物探采集质量提供计量测试技术支撑。部分计量测试设备情况见表 4-2。

表 4-2 部分计量测试设备情况

序号	计量器具名称	主要测试内容
1	检波器测试仪	检波器芯体测试
2	永磁特性自动测试仪	磁性能测试
3	动态信号分析仪	幅度及频率特性
4	阻抗分析仪	振动、倍频、阻抗测量等

续表

序号	计量器具名称	主要测试内容
5	姿态校准、声学测试	海洋设备姿态校准测试
6	高精度信号源	地震仪器测试
7	磁力仪校准装置	磁力仪校准测试刻度
8	高精度数字频率计	激发系统同步测试
9	震源综合测试仪	震源振动性能测试
10	声速仪	海洋定位设备测试
11	光谱仪、光功率计	分布式光纤传感地震仪测试

2. 计量技术应用

“十三五”以来，中国石油加大勘探开发力度，突出高效勘探、规模增储和效益动用，实现地下区带透明化、地下目标精准化。东方物探公司针对深层、超深层、深海，以及页岩油气、致密油气、煤层气等物探技术难题，从理念方法、高端装备等方面开展原始创新，取得大批技术成果。其中，高灵敏度检波器、高精度可控震源、百万道级有线仪器、节点仪器等新物探装备的开发应用有力保障了“两宽一高”（宽频、宽方位、高密度）全新一代陆地地震勘探技术全面实施，实现深地目标“测得全、探得准”。其中，宽频大吨位可控震源，实现了 1.5～160Hz 激发，频宽拓展到 6 个倍频程以上，探测深度从 5000m 延伸到万米；横波可控震源突破了横波资料品质低这一长期制约横波地震勘探技术发展的瓶颈，实现了横波分辨率是纵波 2 倍的理论目标；G3iHD 超大道数地震仪，具备百万道级地震数据采集能力，首次实现全球 30 万道级施工；创新多级并行时钟同步等方法，实现了地震数据采集精确同步误差由毫秒级降至微秒级；海量地震数据下载与存储、地震数据高速传输、超大排列智能管理等关键技术解决了海量数据精准、实时接收难题；任意道节点同步采集、节点 + 有线精准同步采集、多主机联合同步采集、卫星授时连续同步采集等关键技术填补了高端接收装备行业的空白。高精度可控震源性能参数见表 4–3。

表 4–3 高精度可控震源性能参数

工作计量器具名称	计量参数	参数范围	最大允许误差
可控震源	出力	0～400kN	± 10%@ 设定值
	相位	−180°～180°	−7°～7°
	畸变	0～100%	＜10%（震源间相对值）
	互相关包络	—	正半轴＜−50dB，负半轴＜−40dB
	频率范围	0～250Hz	± 10%
	重锤行程	＜250mm	± 1%

在陆地油气重磁勘探技术方面进步明显，三维重磁勘探技术在地表复杂区、山前构造带、深层目标、特殊岩性体等勘探领域获得了广泛应用。面向深层、超深层油气勘探需求，重磁勘探技术在高精度、高密度重磁数据采集、深层重磁异常精细分离、重磁电震联合勘探与协同创新方面进一步发展，满足深层油气勘探在复杂山前带、裂陷（裂谷）、深层结构、走滑断裂（碳酸盐岩断溶体）、火成岩及基岩岩性等研究方面的新需要。尤其是深层、超深层油气的勘探步伐大大加快，为重力、磁法勘探技术的发展提供了新的进步空间，在塔里木、四川、准噶尔、华北、鄂尔多斯等地的勘探中取得较好的效果。油气重磁勘探技术发展对比见表4-4。

表4-4 油气重磁勘探技术发展对比

对比项目	1990—2014年应用技术	2015—2023年应用技术
测网密度	2km×1km	0.5km×0.5km～0.5km×0.25km
异常总精度	0.3×10^{-5}m/s^2、5nT	0.05×10^{-5}m/s^2、2nT
仪器	石英重力仪、经纬仪	L&R、CG6、RTK、GNSS卫星导航
地形改正	地形改正不完全	实测+卫片/航测数据地形改正
表层密度	忽略表层密度变化	变密度改正
异常分离	简单方法分离	分离、剥离、弱信息提取
正反演	简单2D/2.5D正演	3D正演、3D反演
联合反演	无	重磁—井震约束/联合反演
综合解释	简单对比，以研究构造为主	重、磁、电、震、井系统平台，以及综合解释研究、研究构造、岩性、油气监测

为了满足复杂地质条件下的勘探需求，物探专用计量器具不断追求更高的测量精度和更广泛的测量参数范围。物探技术的进步对于物探计量设备的技术要求越来越高，物探作业方法的复杂性及用户的特性需求，对于设备的类型、特点、技术解决方案都提出了更加多样化、更高适应性的要求。例如，高精度重力仪、高分辨率电磁仪器等设备的开发，使得在微弱信号环境下也能快速获得准确的地质信息。同时，多参数测量技术也得到了广泛应用，如同时测量地震波速、电阻率、自然电位等多个参数，为地质解释提供了更全面的数据支持。计量测试技术不断跟进计量器具快速发展的步伐，为更多先进国产化的物探专用计量器具提供强大的计量保障，支持了勘探生产的顺利进行，也保障了国产化装备的质量，进一步提升了物探作业的效率与精度，展现了计量测试技术在物探领域的重要应用价值。

1）iEdot时频电磁仪器研究与应用

针对非常规储层改造压裂波及范围实时高精度追踪难题，东方物探公司成功研制了基于5G通信技术的iEdot时频电磁采集节点仪器，具有4G/5G网络下的实时高速数据传输能力、实现网络控制测试、质量监控，配套云端处理软件实现了油井压裂数据的实时动态监测，仪器部署方式更加灵活，实时性更高。该设备应用以来，从原来 2～3d 出压裂监测结果，提升到 10min 内出结果。2023 年以来，规模化应用于新疆油田重油公司等多个水平井压裂监测项目，是国际首款将 5G 通信技术、鸿蒙系统成功应用于电磁勘探的采集节点仪器。该设备填补了无线数据实时传输时频电磁节点采集站的国际空白，申请专利 2 项。

2）海洋地震勘探导航定位设备动态校验应用

2016 年以来，全球 OBN 业务以年均 50% 的速度快速增长，大量导航定位设备投入使用，传统校验方法是采取船舶靠港静态校验的方式，既影响生产效率，又增加了作业成本。东方物探公司海洋作业团队基于动力学机理和测量原理，搭建导航设备动态测量理论模型，在船舶非静止条件下，对变化中的 DGNSS 定位数据和罗经方位数据进行对比，将校验设备与待校验设备的记录时间统一起来，校验精度上能满足实际生产需要。相对于静态校验，动态校验对位置几乎没有特殊要求，校验上没有空间的限制，不涉及人员下船上岸，这在一些特殊时期或者安保高风险区域，可有效地减少人员的风险。实现了同一方向的计算船艏向与罗经值差值的标准偏差不大于 0.2°，两个方向的计算船艏向与罗经平均值之差的绝对值不大于 0.5°。降本增效成效显著，市场认可度大幅提升。2018 年，全球最大合同额阿联酋阿布扎比国家石油公司（ADNOC）海上 OBN 项目中首次实施，为优质高效推进项目运作、打造中阿“一带一路”油气合作示范工程提供了有力计量保障。

3. 计量研究成果

为适应新时代计量工作的需求，国内各石油企业建立了量值溯源体系和计量管理体系，在装备研发制造过程中开展测量装备、测试技术、测试方法、测试条件等一系列计量测试技术研究与服务活动，来实现装备国产化过程中的质量控制。中国石油大力推进行业核心技术攻关和高新技术产品的应用，不断提升石油装备国产化水平，东方物探公司贯彻“精益化 + 自动化”双引擎发展战略，强化节点仪器等生产线建设工作，物探仪器、可控震源、导航定位装备国产化技术取得重大突破。

1）eSeis 陆地节点地震采集仪器

eSeis 节点地震仪器是东方物探公司于 2020 年推出的具有完全自主知识产权的最新一代陆地节点地震仪器系统，具备稳定性高、适应性强、操作简单、价格低廉等突出性能优势。主要技术特点是创新设计了高精度时钟同步技术，增强节点时钟的同步精度与功耗的平衡，采用高精度地震采集技术，提高了地震采集数据的保真度。同时利用立体化节点质控技术，实现现场节点单元质量控制的全方位、立体化，测试柜可以实现现场测试。利用海量节点数据下载合成技术，奠定了百万道级采集规模的技术基础，可以满足全部地质条件、地貌情况的单分量地震勘探项目的设备需求。

2）EV56 高精度可控震源及动态震源一致性测试方法应用

宽频高精度可控震源，突破了低频地震激发技术瓶颈，创新了一套全新的宽频高精度可控震源设计、制造及应用技术，实现了激发频率从常规的 6～100Hz 拓展到 1.5～160Hz，为提高储层分辨率、全波场地震反演、深部成像等提供了可靠的信号源。为了保证施工中的震源震动输出信号的起震时间、波形、相位、畸变、出力等一系列参数准确、一致，采用施工过程中进行一致性测试这一开创性测试技术，使用GPS同步，可以实现不需要停工、不需要与排列静态物理连接，保证了与常规的震源有限一致性测试相同效果，拥有更高的时间精度，并且可以使用任意时刻的箱体数据进行分析，分析结果更加贴近可控震源生产时的真实工况。

3）海洋勘探仪器BPS声学定位系统研发与应用

自主知识产权产品BPS声学定位系统持续优化产品性能与质量。其测试距离可达800m，定位精度为 ±2m，性能与国外的同类产品相当，且已在阿联酋ADNOC项目及沙特阿拉伯海洋OBN项目中实现批量应用，拉动市场成效颇为显著。超短基线系统经过海试，已达成超短基线系统的功能设计，测试距离达500m，定位精度为斜距 ±5%，正逐步缩小与国际同类产品的差距。

二、量值溯源

1. 计量溯源技术现状

1）量值溯源

石油物探专用计量技术涉及力学、电磁、无线电、时间频率、声学、光学等领域，主要是对地层数据采集过程中用到的地震激发装置（激发源或控制器）、采集设备（地震检波器和地震仪器）及其他配套设备等装置进行计量测试，溯源到国家基准，确保采集数据的质量。石油物探专用计量器具量值溯源体系涵盖物探采集全部环节。

东方物探公司根据物探专用计量器具的配备、使用、测试需求，不断完善量值溯源体系，通过自主研发校准装置、研究测试方法、制定计量测试标准，提升计量溯源能力。物探专用计量因其专业的特殊性，参数多为复合参数，校准装置需要自主研发，把复合参数通过算法模型转换为法定计量单位，溯源到国家基准，确保采集数据的质量。

根据Q/SY 17459.1《工程技术业务计量器具配备规范　第一部分：物探》要求，物探（含地震、非地震）作业数据采集工作所涉及的计量器具有测量工序的测绘仪器，采集工序的激发、采集仪器，海洋勘探的定位、激发采集设备，井间勘探仪器、重磁电仪器等。东方物探公司建立了专用计量标准装置、通用计量标准装置、专用测试设备及配套计量校准/测试/比对方法共同组成的量值溯源体系，通过检定/校准/测试/核查/比对等方式实现计量器具的量值传递。图4-1为石油物探专用计量测试标准体系示意图，图4-2为石油物探专用计量器具量值传递和溯源结构示意图。

2）计量标准器具

石油物探专用计量标准器是实现采集底层原始信号准确的关键环节，主要计量标准装置基本依靠自主研发，涵盖陆地核心采集设备的校准测试，主要计量标准器具见表4-5。

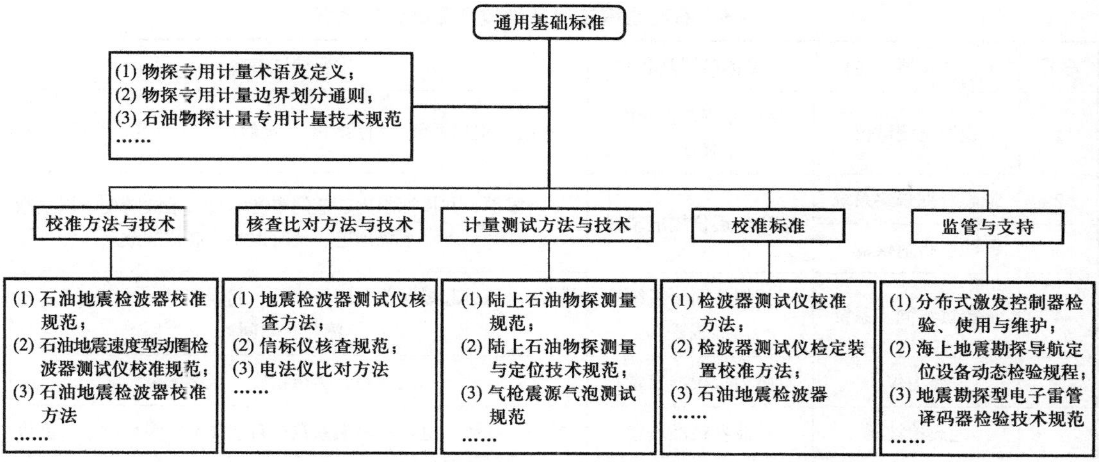

图 4-1　石油物探专用计量测试标准体系示意图

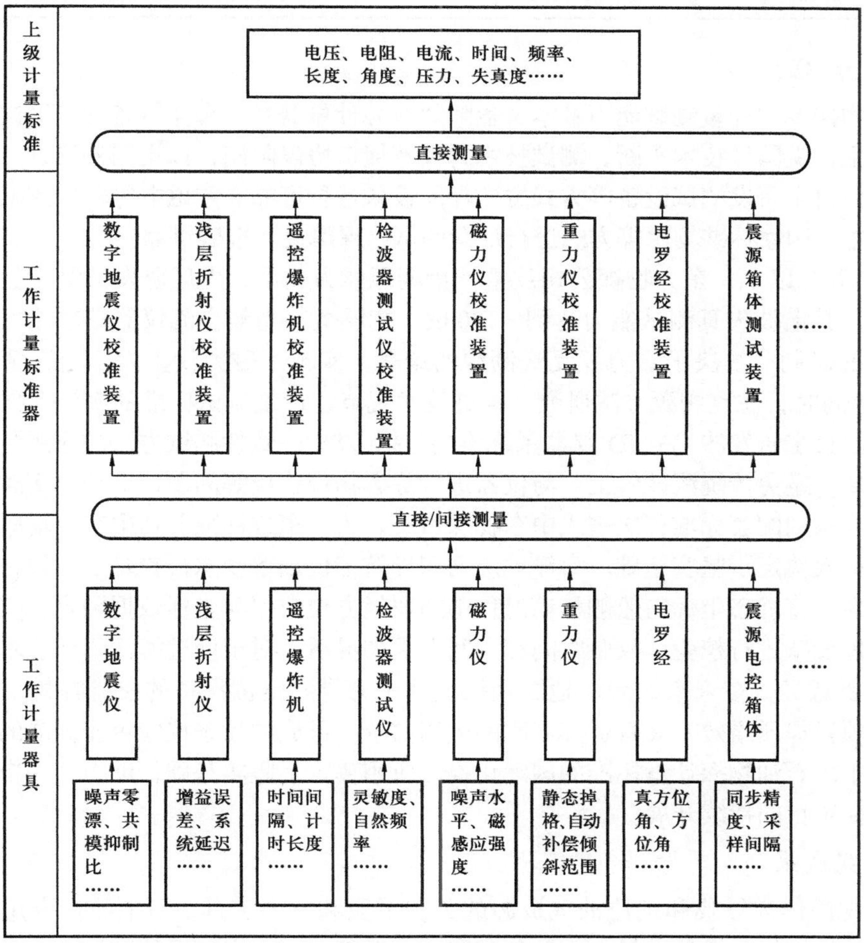

图 4-2　石油物探专用计量器具量值溯源结构示意图

表 4-5 石油物探专用计量校准测试设备情况

序号	工作计量器具名称	计量标准器具名称	主要测试参数
1	检波器测试仪	检波器测试仪校准装置	电阻、阻尼系数、自然频率、灵敏度、失真度、绝缘电阻
2	地震数据采集系统	数字地震仪校准装置	噪声零漂、共模抑制比、道间串音隔离、谐波畸变、增益精度、系统延迟、计时误差、高截滤波
3	浅层折射仪器		
4	遥控爆炸同步系统	遥控爆炸同步系统校准装置	输出电压、起爆误差、同步误差、起爆能量、输出电流、电流截止时间
5	磁力仪	磁力仪校准装置	示值误差、噪声精度、观测精度
6	地震检波器	检波器校准装置	幅频、相频、电阻、阻尼系数、自然频率、灵敏度、失真度
7	电缆及插接件	电缆测试装置	电阻率、共模、特性阻抗、串音、传输延迟
8	震源箱体	震源综合测试仪	相位、出力、畸变、频率、加速度

2. 能力建设

石油物探专用计量测试能力基本覆盖陆地核心计量器具。海洋装备计量测试基本以进口设备为主，受国外技术垄断、测试技术封锁及接口协议限制，以送国外测试、核查、比对以及部分自主研发测试设备等方式方法保障设备运行可靠。重磁电等非地震勘探仪器通过校准装置、国家标准场源等方式进行计量测试，保障设备准确可靠。

“十三五”以来，东方物探公司注重计量溯源能力建设，先后研发升级了数字地震仪校准装置，其谐波失真测试能力达到 −120dB，能够覆盖当前主流仪器校准能力。磁力仪校准装置的研制，解决了磁力仪无法溯源的难题，实现了磁力仪室内标定，精度可以达到 0.4nT。同时，注重溯源方法研究，推进技术规范、计量测试标准的实施，推动其进入国外市场。自主研发的 G3iHD 仪器系统连同包括 VSS 一致性测试方法的应用是传统测试方法的革新，避免传统测试停工、与仪器进行静态物理连接等问题，更符合实时工况的测试，同时一系列配套标准首次进入中东物探市场，为“东方标准”在中东市场顺利应用和项目稳产提效奠定了坚实基础。海洋地震勘探导航定位设备动态校验是定位设备校验方法的一个创新，将静态坐标与船舶移动过程中的罗经方位数据与坐标数据融合，实现对不同的导航定位设备进行校验，校验时间和空间上更加灵活，对于促进海洋物探技术高质量发展具有重要意义，在未来的海洋地震勘探项目中为导航定位设备的校验提供了更优的选择，助力项目提质增效，具有极其广阔的应用前景。形成的动态校验企业标准的推广和运用，也为中国石油物探计量标准的国际化推广应用奠定了坚实基础，助力“一带一路”海洋石油物探项目的持续开展。

3. 研究成果

石油物探作为寻找和定位油气资源的关键手段和重要工具，石油物探专用计量测试是提升石油物探行业发展质量的重要基础和技术保障，对于突破石油物探产业关键核心技术、解决“卡脖子”和“瓶颈”问题起着至关重要的“基石”和“标尺”作用。东方物探公司积极组织开展计量技术、溯源方法和标准装置研发，研制适用的专用计量标准装置、专用计量器具及其辅助设备测试 / 校准方法。“十三五”以来，完成了压电检波器校准方法研究，补充完善了压电检波器量值溯源体系；室内磁力仪检测系统，解决了室内磁力仪校准问题；地震勘探仪器校准方法研究，解决了节点仪器的校准难题。

1）磁力仪器室内校准装置

磁法勘探在非地震勘探中起着非常重要的作用，随着科学技术的不断进步，磁法勘探中使用的磁力仪器也在不断地更新、升级。常规的比对测试方法存在着许多弊端：野外磁场环境复杂，各种固定干扰及随机出现的各种磁干扰均会影响测试精度，因此比对测试结果往往不太理想，超出技术要求时就需要进行多次比对；野外试验场地的磁场值不稳定，不能提供标准信号，磁力仪器无法进行溯源；恶劣天气导致不能按时比对，试验过程对自然环境的破坏等。每年磁力仪器的野外比对测试需要耗费大量的人力、物力和财力等，比对效率低。

2016 年，东方物探公司自主研发了磁力仪校准装置，其工作原理是在磁场强度近似为零的磁屏蔽筒内产生均稳的磁场，使用高精度光泵磁力仪测定该磁场值，将该测定值作为约定真值，使用替代法对被检测的磁力仪进行检测。标准线圈设计为巴克六线圈，其更大的磁场均匀区域和更高的均匀度，可满足磁力仪校准测试需求。标准装置电流源需要具有相关的续流泄放模块来提供负载保护能力、良好的自动控制能力，具有相关计算机接口及配套的软硬件设施等。

磁力仪校准装置可以完全代替野外测试比对工作，室内磁力仪检测系统解决了野外磁力仪比对测试的各种弊端。室内即可完成磁力仪器的各项功能检测，如磁力仪噪声、观测误差、一致性、系统误差等检测。检测方法方便快捷，检测结果完全满足相关技术要求。磁力仪测试图如图 4–3 所示。取得的主要成果及创新如下：

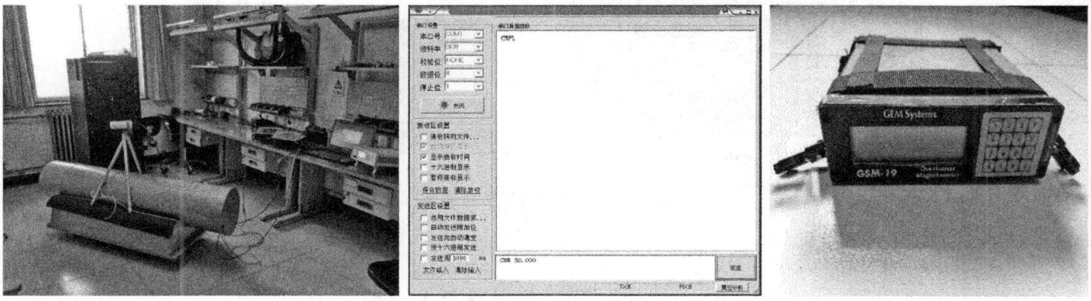

图 4–3　磁力仪测试图

（1）标准线圈产生均稳磁场，磁场稳定度达到 99.99%；

（2）数字式精密电流源输出稳定度达到 1×10^{-6}，步进分辨率为 1μA；

（3）实现磁力仪器室内标定功能；

（4）磁屏蔽相关技术，系统对背景电磁场屏蔽达到 99.91%；

（5）磁场均稳，均匀区域大，磁场稳定度高；

（6）行业内第一套专用于室内的磁力仪校准装置。

2）地震勘探仪器校准方法研究。

地震勘探仪器是实现地震勘探的关键核心设备，由于国内外制造厂家设计理念、执行标准的不同，地震勘探仪器在技术指标、输入输出数据格式以及检验方法和手段等方面都不尽相同，对计量测试造成一定的影响，用户无法对不同种地震勘探仪器技术水平做出准确评价，缺乏客观、公正的地震勘探仪器校准方法和校准装置。

通过对地震勘探仪器校准方法的研究，形成能够适用于各种地震勘探仪器的校准方法、计量校准装置和相应技术标准，为今后地震勘探仪器的量值统一、校准、溯源、使用和管理奠定良好的技术基础。形成适用于当前高精度地震勘探仪器的校准模型、软件算法及软硬件系统，准确、合理评价地震勘探仪器的技术性能。

地震仪校准平台总体架构设计：校准平台上位机程序功能，用户接口、校准数据管理，校准数据处理算法，实现系统的软硬件联合测试。

地震勘探仪器溯源方案设计：以计算机为中心，通过自行研制的可编程高精度脉冲与正弦波等信号发生器以及科学的信号分配板，在特定的操作和处理软件支持下，构成智能化、自动化的检测控制和处理系统。

高精度信号源的原理图设计：完成高精度信号源的硬件设计并实施，校准电路功能模块设计包括卫星授时、高精度测试信号生成与输出、工作参数、输出信息本地存储等功能，与上位机使用网络接口连接。形成畸变不大于0.0001%、信噪比不低于60dB（通频带内）、频段覆盖浅层折射仪的地震勘探仪器测试信号。高精度信号源如图4-4所示。

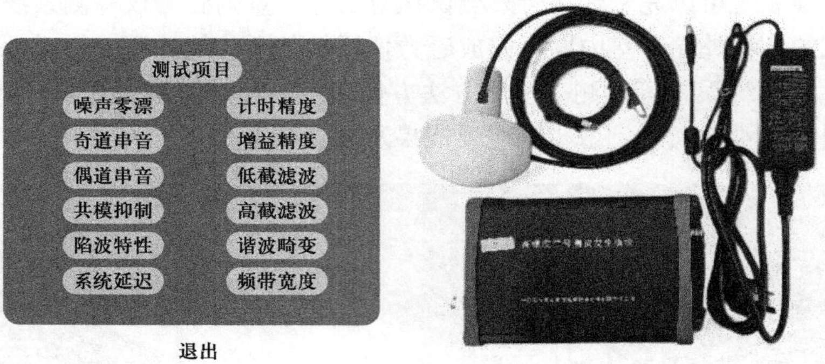

图4-4 高精度信号源图

第二节 钻井计量

一、生产测试

1. 计量现状

石油钻井的主要目的是钻到目的层位，形成油气采出或注入流体通道。在建井过程中，准确测量和监测地质参数、工程参数，以及工程技术装备的性能与状态参数，是实现钻进作业、钻井液作业、固井作业、完井作业等工序预期目标的重要技术支撑。随着国内勘探开发领域由浅层向深层/特深层、由常规油气向非常规油气、由中高渗透整装向低渗透低品位等资源拓展，非常规井、深井、超深井得到规模开发，中国石油所属企业研发的适应复杂多变地质构造、高温高压环境等作业需求的测量分析技术和测量仪器层出不穷，如各类配备近钻头工程信息测量和储层信息测量的钻井系统、测量工具，极大地提升了我国油气田勘探开发水平。此外，中国石油积极推动井场现代化变革，大量数字化仪器仪表得到规模化应用，在线计量、远程计量等新兴技术蓬勃发展，提升了井场数据的采集和远传质量，支撑了地质、钻井、定向、钻井液、固井等多专业协同，助推了钻井方式由经验钻井向科学钻井的重大转变，为高效快速安全钻井提供了技术保障。

钻井专用计量主要包括使用工作计量器具对钻井过程各项参数进行测量和使用标准计量装置对工作计量器具进行检定校准两部分。“十三五”以来，中国石油持续完善钻井业务计量器具配备规范，对钻井业务相关的专用计量器具范围进行了界定；各地区公司按相关要求对计量器具进行配置，满足了钻井业务的需求，促进了钻井工程质量提升。其中，钻井专用工作计量器具按其计量对象划分为地质参数测量仪器、工程参数测量仪器、工具参数测量仪器、工作液参数测量仪器等，详见表 4-6。

表 4-6 钻井专用工作计量器具

序号	类别	用途	计量参数	工作计量器具名称	最大允许误差（常规配置）
1	地质参数测量仪器	测量钻井井眼周围地层的天然伽马射线强度等	伽马值	自然伽马测井仪	±7%
2	工程参数测量仪器	测量钻井井斜、方位及地质导向	井斜角	测斜仪	±0.20°
			方位角		±2.0°
			工具面角		±2.0°
		测量大钩悬重	悬重	钻井指重表	1.5 级及以下
		测量井底压力	压力	井下压力计	0.1 级
3	工具参数测量仪器	测量钻具、工具几何尺寸	外径	钻头规	±0.5mm
		测量钻具等上扣扭矩	扭矩	套管（油管）钳扭矩仪	±0.1%
4	工作液参数测量仪器	测量钻井液处理剂、钻井液等性能	密度	钻井液密度计	±0.01g/cm^3
			黏度	钻井液黏度计	±1mPa·s
			含砂量	钻井液含砂量测定仪	0.1%
			固相含量	钻井液固相含量测定仪	±0.1mL
			摩擦系数	滤饼摩擦系数测定仪	±0.5°
			滤失量	钻井液滤失量测试仪	±0.1mL
			膨胀量	页岩膨胀测试仪	±0.1mm

2. 计量新技术应用

“十三五”以来，西南油气田、新疆油田、塔里木油田和长庆油田仍然是国内勘探开发的主力油气田，深井、水平井数量进一步增加，页岩油气开发力度进一步加大。中国石油围绕国内勘探开发重点和高温高压、窄密度窗口等钻井提速难点，通过持续攻关，取得了一大批技术成果。其中，比较有代表性的测量分析设备如旋转地质导向钻井系统、垂直钻井系统、无源磁导向钻井系统、电磁波传输随钻测量系统等，通过规模化应用，支撑了深层、超深层、非常规油气资源高效勘探开发。

1）CG-STEER 旋转地质导向钻井系统及应用

旋转导向钻井系统主要由地面监控、井下测量、井下工具、双向通信和短程通信等子系统组成，井下测量子系统作为旋转导向钻井系统主体，主要采用测量短节实现井斜角、方位角和工具面角等工程参数，以及伽马、电阻率、孔隙度、岩石密度等地质参数的测量，支撑了整个系统的精准制导、深远探测、闭环调控和智能决策。中国石油川庆钻探工程有限公司（简称川庆钻探公司）历经十余年潜心攻关，突破高造斜系统设计、电能和信号共载传输、轨迹精准测控等六大技术瓶颈，研制出具有完全自主可控的 CG STEER 旋转地质导向系统商业化产品，其设计、制造、维保全部自主可控，国产化率达到 100%、自产化率 92.8%，可实现井斜误差 ±0.1°、方位误差 ±1°、导向控制精度误差 ±1.5°、近钻头方位伽马误差 5% @80API，入选“十三五”中国石油十大科技创新成果、中国石油 2021 年十大科技进展、中央企业科技创新成果推荐目录（2022 年版）。

2023 年，CG-STEER 旋转地质导向钻井系统实现了国产旋转导向系统首次对俄罗斯批量出口，成功进入国际高端服务市场。该成果在国内外已完成工业化应用 300 余口井，形成了水平井旋转导向“一趟钻”高效作业模式，累计进尺超 40×10^4m，创造了“一趟钻”3570m 进尺等指标，优质储层钻遇率高达 98% 以上，作业绩效达到国外同类产品水平，自研旋转导向达到国内领先水平。

2）BH-VDT6000 垂直钻井系统及应用

垂直钻井系统是集机、电、液一体的智能闭环钻井工具，采用井斜传感器测量井斜参数，反馈给执行机构实现主动防斜，是钻井防斜打直的核心装备。中国石油渤海钻探工程有限公司（简称渤海钻探公司）研发的 BH-VDT6000 垂直钻井系统，适用于 20～26in[1] 大尺寸井眼，有效解决了山前高陡构造等大倾角地层的防斜打直技术难题。其中，垂直钻井系统复杂机械结构设计和加工制造、液压系统核心部件实现了国产化，解决了液压核心件“卡脖子”问题。该系统的井斜控制精度为 ±0.1°，整体处于国际先进水平。

目前，BH-VDT6000 垂直钻井系统先后在塔里木、新疆、西南等油气田进行了 25 井次的应用，累计进尺 23276m，累计入井时间 4649h，平均钻速为 5.01m/h。其中，在克深 10-4 井填补了国产垂直钻井工具在 26in 井眼现场应用的空白，创克深区块一开完钻时间最短 49h、单日进尺最高 258.6m、平均机械钻速最快 13.28m/h 三个区块技术指标；在东秋 7 井二开 22.5in 井眼，创东秋区块二开大井眼最快完钻、单趟最高进尺 1383m 的区块

[1] 1in=25.4mm。

纪录，刷新 22in 井眼国产垂钻工具最长入井时间 344h 纪录。

3）无源磁导向钻井系统及应用

中国石油集团工程技术研究院有限公司（简称工程技术研究院）研发的无源磁导向钻井系统，主要用于救援井的钻探，通过与目标井连通，提供压井通道，实施压井并控制工程复杂问题。该系统采用无源磁导向测量工艺、核心放电电极与测量系统、抗高温高压仪器串等关键技术，实现最大探测距离 70m、精度 0.05nT，方位误差为 ±3°，距离误差小于 10%（探测距离小于 1.5m 时），总体达到国际先进水平，部分达到领先水平。

无源磁导向钻井系统在 2021—2022 年进行了 18 井次的试验，老井眼重入一次成功率达 100%，满足了吉林、冀东、辽河、大庆等油田套管型、落鱼型、水泥塞型老井封堵及处置的需要，同时可应用于环保治理井连通作业、井口沉降寻踪定位、事故井重入处置、小井距井簇防碰等技术领域，支撑了老油田储气库建设、老井废弃处置和环保治理、井口沉降寻踪定位及井喷失控井救援等重点项目，保障了能源安全。

4）电磁波传输随钻测量系统及应用

工程技术研究院研发的电磁波传输随钻测量系统，适用于常规钻井液、充气或泡沫钻井液、气体等循环介质的油气常规钻井、欠平衡钻井和气体钻井的随钻作业，最高传输速率为 11bit/s，无接力传输井深达到 2876m，为随钻测量与控制提供了先进的技术装备和手段。该系统测量的井斜角范围为 0°～180°、方位角范围为 0°～360°、工具面角范围为 0°～360°，数据上传速率范围为 3.5～11bit/s，无接力传输深度（垂深）大于 2000m，适用地层电阻率范围为 3～1000Ω·m，总体达到国外同类产品的先进水平，2019 年发布了行业标准。

2017 年 6 月至 9 月，在青海油田花土沟区块连续服务 11 口井，累计随钻时间 388h，随钻进尺 5077m。电磁波传输随钻测量系统先后在钻井液、充气或气体循环介质的油气和煤层气井进行了 20 余口井的现场应用和技术服务，可有效节约钻时，提高储层钻遇率。

3. 计量研究成果

1）井下随钻工程参数测量仪

钻井工程是石油工程勘探开发中的关键环节，随着油气勘探开发向着“低、深、海、非”领域发展，井身质量控制难度大、施工风险高、钻井周期长等钻井难题严重制约着油气资源的高效勘探开发。目前常规的钻井提速技术和方法主要依靠基于地面录井数据的计算分析软件和专家经验，缺少井下实时工程参数的数据支持。中国石油长城钻探工程公司（简称长城钻探公司）依托自筹课题“井下随钻工程参数测量仪研制与应用”开展了井下随钻工程参数测量仪（IDD）技术研究，形成了井下随钻工程参数测量短节、无线磁感应通信短节、快速脉冲主控短节、随钻水力学和钻柱力学分析软件及司钻辅助监控终端等成果，实现了近钻头处井下钻压、扭矩、弯矩、转速、钻具内压力、外环空压力、三轴振动、温度等 13 个关键工程参数的准确测量与实时上传，测量误差小于 5%。建立了钻井风险知识库与钻井优化参数样本，完成井眼清洁监测、钻具扭振风险监测、井壁坍塌分析、井漏风险分析、卡钻风险预测，能够降低钻井现场事故复杂的发生率。该项目已获发明专利 8 项，实用新型专利 5 项，软件著作权 1 项，发布所属企业标准 1 项。

2）钻井液性能在线实时监测及现场评价仪器

为提升钻井液性能测量效率与数据准确度，提前预判钻井液处理，避免钻井液处理的滞后，满足油田对钻井液性能自动监测的需求，渤海钻探公司开展了钻井液性能在线实时监测及现场评价技术研究，形成了钻井液性能在线监测系统及配套软件，实现了自动连续测量密度（精度 ±0.5% FS）、流变参数（分辨率 2% FS）、离子含量（Ca^{2+} 精度 ±2.5%，Cl^- 精度 ±2.5%）、pH 值（精度 ±0.2）等性能参数，有效缩短了钻井液综合参数测量时间，满足了水基钻井液在线监测的需求。

3）固井工作液计量系统

为解决固井工作液在高压、高密度、复杂固相工况下高精度、高可靠的连续准确测量问题，工程技术研究院依托中国石油课题“石油天然气量值溯源和传递技术研究”开展了固井工作液准确计量技术研究。建立了科氏力测量固井工作液复杂流体计量数理模型，形成了高压力、高密度、大排量的固井工作液的准确计量方法；研发了固井工作液计量装置及配套软件，实现流量测量误差小于 0.5%、压力测量误差小于 0.1MPa，解决了固井工作液在线测量的稳定性、可靠性等系列应用问题。

4）无线智能压力监测系统

为解决高压作业区压力监测和数据远程传输等问题，渤海钻探公司依托自筹课题“无线智能压力监测系统的研制”开展了无线智能压力监测系统研究，形成了适用于钻井液等黏稠介质的测量由壬型无线压力变送器，高速无线压力变送器发送间隔 250ms，电池更换大于 12 个月，压力测量范围为 0～110MPa，基本误差为 ±0.5% FS，具有数据记录、曲线及列表显示等功能，接收装置具有防爆性能，安装于司钻房，便于及时观察压力数值变化。替代了高压管线连接的机械压力表，实现了钻井作业立管压力实时监控，提升了钻井作业的读数便捷性。该系统发表论文 1 篇，申请发明专利 1 项。

二、量值溯源

1. 计量溯源技术现状

1）量值传递方法和过程

钻井专用计量器具量值溯源主要有三种途径，分别是直接或通过社会公用计量标准和自建企业计量标准溯源到国家计量基准或次基准。根据中国石油钻井业务计量器具配备要求，用于钻井工程技术生产准备、钻井液技术服务、钻井过程等配备的 119 种各类规格仪器仪表以通用计量器具为主，其中 13 类专用计量器具主要采用溯源到社会公用计量标准的方式，实现计量器具的量值传递。钻井专用计量器具量值溯源如图 4–5 所示。

2）计量标准器具

中国石油开展钻井专用计量器具量值溯源的计量站或实验室，业务范围涵盖了钻井、定向、钻井液、固完井等专业用计量器具。钻井专业相关专用计量标准装置详见表 4–7。

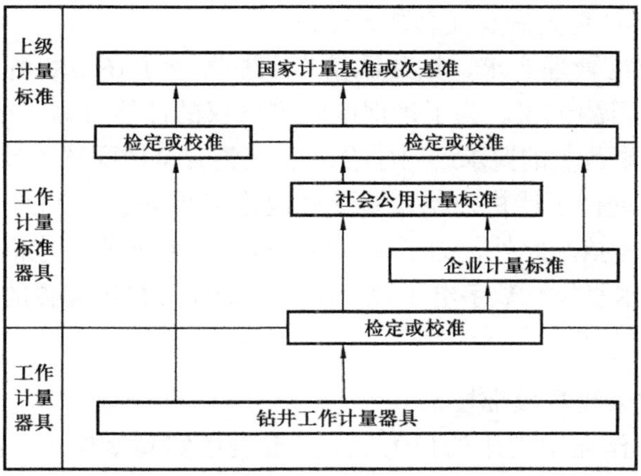

图 4-5 钻井专用计量器具量值溯源示意图

表 4-7 钻井专业相关专用计量标准装置

序号	类别	计量标准装置
1	地质参数测量仪器	工作标准井、刻度装置
2	工程参数测量仪器	测斜仪校准装置、石油钻井指重表校准装置、井下压力计校准装置
3	工具参数测量仪器	钻头规校准装置、扭矩仪校准装置
4	工作液参数测量仪器	钻井液密度计校准装置、钻井液旋转黏度计检定装置、钻井液马氏漏斗黏度计校准装置、钻井液含砂量测定仪校准装置、钻井液固相含量测定仪校准装置、钻井液滤失量仪校准装置

2. 能力建设

1）测斜仪计量方法及配套装置建设

渤海钻探公司测斜仪校准装置于 2004 年 8 月首次通过国家质量监督检验检疫总局（现国家市场监督管理总局）计量标准考核，截至 2023 年底，已通过四次计量标准装置复评考核。2005 年，测斜仪校准系统被中国石油批准为工作计量标准装置。“十三五”以来，渤海钻探公司测斜仪校准实验室升级改造测斜仪校准主要配套设备使用功能，着重测斜仪的测斜参数（井斜角、磁方位角和工具面角）校准的计量检测技术能力提升，测斜仪校准装置通过建立中间环节，将测斜仪的井斜角和工具面角溯源至平面角国家计量基准，通过建立磁方位角溯源标准，完成测斜仪的磁方位角溯源。同时，对测斜仪校准方法进行规范，全面满足测斜仪校准的质量要求。计量标准器及其主要配套设备见表 4-8。

表 4-8 计量标准器及其主要配套设备

序号	计量标准器名称	主要配套设备
1	光学象限仪	平行光管、标准圆棒、数显式测斜仪校验架、标准磁方位仪、磁力仪
2	磁方位仪校验架	

2）通用计量器具计量方法及配套装置建设

根据钻井作业现场管理要求，钻井队基本上都配置了在不断电的情况下实现接地电阻测量的钳形接地电阻测试仪。为了确保电阻测试仪的性能可靠，渤海钻探公司按照 JJF 1033《计量标准考核规范》的要求，科学合理、完整齐全地配置了计量标准器和主要配套设备，并对测试环境进行了严格控制，钳形接地检定装置于 2023 年通过了天津市市场监督管理局的计量标准考核。此外，为了确保现场作业质量水平，渤海钻探公司、川庆钻探公司还申请并通过了水平尺、数字电子秤、压力变送器等检定装置的计量标准考核。

3. 研究成果

1）拉力表 / 指重表现场校准技术

针对油田钻修井作业中使用的拉力表 / 指重表送实验室检定，拆卸、安装及搬运不便，送检周期长，影响钻修井作业进度的问题，同时解决部分拉力表、指重表无法拆卸送检及影响安全生产等问题，大庆油田公司依托公司科研课题“石油专用计量器具量值溯源技术研究”，研制开发了拉力表 / 指重表现场校准装置，实现了拉力表、液压式指重表、传感器式指重表现场校准，并起草发布了 Q/SY 14004—2018《拉力表 / 指重表现场测试方法》，申报发明专利 1 项，发表论文 1 篇。

2）压裂用流量和密度计量检定方法及配套装置研究

为了解决压裂作业计量仪表长期在恶劣环境条件下使用，缺乏有效周期性检定校准手段的问题，川庆钻探公司依托中国石油课题“低渗透油气田勘探开发国家工程实验室试验方法研究与运行维护”，开展压裂用流量计量仪表、密度计量仪表周期性检定技术研究，建立了静态质量法流量检定系统、标准表法流量检定系统和在线式密度计检定校准系统。该系统可开展 DN15～250mm 各类电磁流量计、涡轮流量计、质量流量计，0～3000kg/m^3 各类在线式密度计检定和校准，对压裂施工各类流量、密度计量仪表开展周期检定。其中，流量检定系统最高监测精度为 0.05%，流量稳定性为 0.18%，压力稳定性为 0.18%，于 2021 年通过陕西省市场监督管理局计量标准考核；密度计量检定系统最大允许误差为 0.2kg/m^3，计量重复性为 0.05kg/m^3。上述计量检定系统的建立，全面提升了压裂作业现场计量仪表的精度，保证了计量仪表监测数据的可靠性，提升了压裂施工质量。截至 2023 年底，压裂用流量和密度计量检定方法及配套装置已获实用新型专利 2 项，申报发明专利 3 项，发布标准 1 项，发表论文 1 篇。

第三节 录井计量

一、生产测试

1. 计量现状

录井是用地球物理和地球化学方法，采集、分析钻井过程中的信息，以此来建立录井剖面、发现油气显示、评价油气层，是发现、评价油气藏最及时、最直接的手段。中国石油围绕复杂地层与关键层位岩性识别、储层物性评价、复杂地质条件下储层流体性质判别、钻井风险评估与预报和现场快速决策等开展技术研究，形成了长城、德玛、雪狼等知名录井仪器品牌，在资料采集、处理、解释评价和信息化建设方面取得长足进步。资料采集作为处理、解释评价和信息化的基础，主要是采用地质、气测、工程、地化、成像、元素、定量荧光、核磁共振、同位素等录井技术获取井筒信息，使用的计量器具包括综合录井仪、地化录井仪、定量荧光分析仪、核磁共振录井仪等，总体呈现从宏观向微观、从矿物向元素、从气体向流体采集的发展趋势。“十三五”以来，中国石油各录井企业在应用常规录井技术采集井筒信息的同时，加大了三维定量荧光、地化、元素、伽马、岩心岩屑成像等特色录井技术应用，且录井信息采集开始趋于在线化，丰富了油气解释评价资料，极大地提高了岩性和层位识别、油气显示发现和储层评价能力，为提升油气发现率、储层钻遇率、油气采收率、钻井工程异常判断准确率等奠定了良好基础。

石油专用录井计量主要包括使用工作计量器具对井筒信息进行采集和使用标准计量装置对工作计量器具进行检定校准两部分。中国石油持续完善录井业务计量器具配备规范，对录井业务相关的专用计量器具范围进行了界定。其中，录井专用的工作计量器具作为录井专业专用计量器具的一部分，按其计量对象划分为地质参数测量仪器、工程参数测量仪器、气体参数测量仪器和钻井液参数测量仪器，详见表 4–9。

表 4–9　录井专业专用工作计量器具

序号	类别	用途	计量参数	工作计量器具名称	最大允许误差（常规配置）
1	地质参数测量仪器	用于油气显示分析	孔隙度	核磁共振录井仪	±5%
			渗透率、含油饱和度、含水饱和度、束缚流体饱和度、可动流体饱和度		—
			碳酸盐含量	岩石碳酸盐分析仪	±2% FS
			泥岩、页岩密度	页（泥）岩密度计	±0.01g/cm^3
			烃含量	岩石热解综合评价仪	±10%
			温度		±1℃
			岩心油水饱和度		—
			荧光波长	定量荧光分析仪	±4nm
			油含量		±5%
			荧光级别		±5%
			孔隙度	岩石气体孔隙度测定仪	±0.001%
			渗透率	气体渗透率测定仪	±0.01×10^{-3}mD

续表

序号	类别	用途	计量参数	工作计量器具名称	最大允许误差（常规配置）
2	工程参数测量仪器	用于卡钻、井漏等各类异常发现和预警，井下工况分析和决策支持	冲次	综合录井仪	±1 脉冲
			扭矩		±2.5% FS
			转速		±1 脉冲
			立管、套管压力		±2% FS
			悬重		±2% FS
			井深		±1 脉冲
3	气体参数测量仪器	用于油气显示分析	烃类气体总含量	综合录井仪	±5%
			烃组分气体含量		±5%
			二氧化碳含量		±5%
		用于井况监测	硫化氢含量		$\pm 5\times10^{-6}$
4	钻井液参数测量仪器	用于钻井液性能等分析	钻井液池体积	综合录井仪	±0.5% FS
			钻井液温度		±1% FS
			钻井液密度		±1% FS
			钻井液电导率		±2% FS
			钻井液出口流量		±5% FS

2. 计量技术应用

“十三五”以来，中国石油录井业务紧紧围绕油气勘探开发的需求，积极推进科学技术进步，突出发展录井特色技术，油气层识别与评价、钻井风险评估与预警等方面的能力和水平大幅提高。其中，比较有代表性的采集分析技术（如元素录井技术、综合录井技术、钻井溢流漏失监测技术等），通过规模化应用，支撑了复杂地层岩性、物性和油气性的检测分析，满足了日益复杂条件下的安全钻井需求。

1）元素录井技术及应用

长城钻探公司研发的元素录井技术，是利用X射线荧光光谱仪对随钻岩屑、岩心、井壁取心开展元素分析，获取岩石中14种常量元素及20种微量元素的相对含量。元素录井技术解决了细碎岩屑岩性识别、复杂岩性落实、水平井优势储层识别与追踪、地层划分与对比及辅助储层评价等技术难题；实现了“岩屑表征数字化，地层判识模型化”；满足了风险探井、区域探井及非常规储层水平井勘探开发地质需求。

元素录井技术在国内主要油田得到了广泛应用，是非常规油气藏地质导向的重要辅助手段，成为复杂油气藏和特殊钻井工艺条件下油田开发中的必备录井技术。该技术在辽河、长庆、西南等国内油气田，哈萨克斯坦、古巴、乍得等国家共应用了1500余口井；

岩性识别准确率在 95%以上，地层卡取准确率达到 100%，页岩油气等非常规水平井平均优质储层钻遇率达到 93.5%以上，应用效果显著；为优化钻井施工、压裂选层及提高油气层钻遇率提供了强有力的技术支撑。

2）地录一体化无线综合录井仪及应用

中国石油集团西部钻探工程有限公司（简称西部钻探公司）研发的地录一体化无线综合录井仪，具有钻井实时监测、异常预报、随钻地层压力分析、有机烃连续分析等常规综合录井仪全部功能，同时具有综合录井、地化录井、岩屑录井、地质导向、井场网络通信和远程数据传输等功能。采集系统和软件系统全新升级后，直接采集参数 42 项，可扩展至 192 项，快速气相色谱分析周期 30s，理论上 1 台仪器可配置 16 套采集系统，采集参数 3000 余项，总体达到国际先进水平。

截至 2023 年底，地录一体化无线综合录井仪在新疆、塔里木、青海、长庆、西南等油气田规模化应用超过 500 井次，产品性能稳定、安装便捷，目前已经在重点探井上广泛使用。

3）钻井溢流漏失早期快速监测技术及应用

长城钻探公司研发的钻井溢流漏失早期快速监测技术，是针对深井、超深井传统池体积法监测早期溢流漏失滞后发现的不足，以科里奥利质量流量计、电磁流量计、超声波时差法流量计作为核心传感器的流量监测装置，基于标准偏差算法的多参数智能井控风险预警模型，实现了早期溢流漏失风险的快速、精准预警。该技术可实现溢漏识别敏感度小于 $0.1m^3$，总体达到国际先进水平。

截至 2023 年底，钻井溢流漏失早期快速监测技术在国内应用累计 40 余井次，精准识别各类井控风险 83 次，较常规方法提前 3～9min 发现异常，有效提升了井控风险早期、快速、精准识别能力，避免了溢流漏失的进一步扩大，减少了事故造成的成本投入，为安全高效钻井创造了重大的经济效益。

3. 计量研究成果

1）连续轻烃录井技术研究

为解决油气田勘探过程中低电阻率油层识别、复杂油气水关系储层识别的难题，提高油田开发中后期油层水淹水洗程度认识，长城钻探公司依托自筹课题“录井实时流体分析系统研制”，开展了连续轻烃检测与评价系统研究，形成了钻井液定量采样、恒温脱气、负压保温传输、快速氢火焰气相色谱（FID）等多项技术，创新提出谱图形态数字化分析技术，实现 60s 周期在线 C_1—C_8 共 15 种烃组分定性定量分析、实时监测，测量误差不大于 5%。该系统已获实用新型专利 5 项，软件著作权 1 项。

2）DML3.0 智能综合录井仪研制

为有效解决薄层和快速钻进油气难发现、远程控制效果不突出、设备运维成本高、劳动强度大等诸多难题，渤海钻探公司依托自筹课题“DML3.0 智能综合录井仪研发”开展了 DML3.0 智能综合录井仪研制。该录井仪集成了多井对比、综合解释、井眼轨迹跟踪等 15 种工程应用模块，整合 8 种小型分析化验设备数据，覆盖钻井、钻井液、定向井、固井等多专业256道采集数据，推进工程地质一体化的深度融合；可实现无线化安装和数据采集，并可“一机多井”采集信号；快速色谱实现15s的快速色谱分析和光谱0.001%的最小检测精度。DML3.0智能综合录井仪现已申报发明专利5项，软件著作登记权3件，获得外观专利授权1项。

二、量值溯源

1. 计量溯源技术现状

1）量值传递方法和过程

录井专用计量器具量值溯源主要有三种方式，分别是直接或通过社会公用计量标准和自建企业计量标准等溯源到国家计量基准或次基准。另外，部分仪器通过有证标准物质溯源到一级标准物质。根据中国石油录井业务计量器具配备要求，配备用于综合录井、气测录井、地质录井、录井分析化验等的52种计量器具，包括8种专用计量器具，基本上都是通用计量方法在本专业的集成或创新应用，量值溯源主要是通过溯源到社会公用计量标准，实现计量器具的量值传递。录井计量器具量值溯源如图4-6所示。

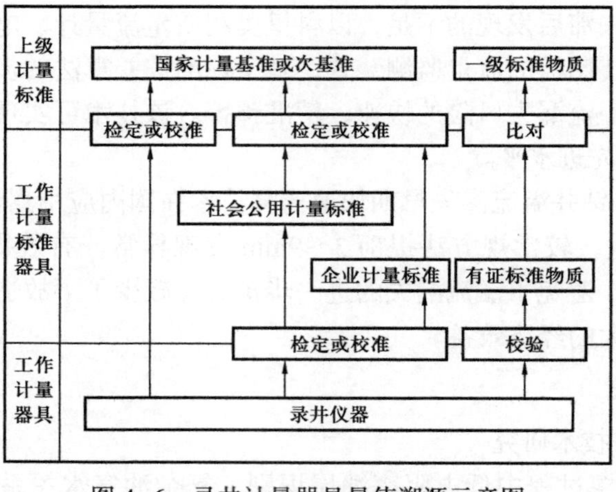

图4-6 录井计量器具量值溯源示意图

2）计量标准器具

中国石油开展录井专用计量器具量值溯源的计量站或实验室，业务范围以综合录井相关的工程参数测量仪器、气体参数测量仪器和钻井液参数测量仪器检定或校准为主，计量标准器的分布详见表4-10。

表4-10 录井专业相关专用计量标准器及其分布

序号	类别	计量标准器及其配套设备	分布
1	工程参数测量仪器	综合录井仪校准装置	大庆钻探工程公司、渤海钻探公司、西部钻探公司、工程技术研究院
2	气体参数测量仪器		
3	钻井液参数测量仪器		

2. 能力建设

大庆钻探工程公司根据综合录井传感器的不同测量原理研制出了多台传感器检定校准，在大庆油田内部进行了推广使用。“十三五”以来，大庆钻探工程公司持续完善资质建设，相关传感器检定校准陆续通过油田公司计量标准考核，能够对在用的综合录井传感器进行校准，实现了各传感器检定的量值溯源与传递，各项技术指标达到技术要求。在室内传感器校准装置技术成熟的同时，为满足现场测试的需要，大庆钻探工程公司进行了传感器检定设备的智能化、小型化、便携化研究，建立了基于物联网技术的专用网络，引入二维码标签技术，实现被检设备信息追溯，建立检测管理云平台，实现检测数据、检测全过程智能化、可监控化管理。

3. 研究成果

1）综合录井仪现场计量技术研究

为解决综合录井仪现场传感器校准问题，大庆钻探工程公司依托自筹课题“DQJ-I 仪器仪表智能检定系统研制”开展了现场智能型传感器检定系统研究工作，形成了一套现场传感器检定装置移动端及配套软件系统，可测量钻井液测量参数温度、密度，工程测量参数悬重，大钩高度等 9 种参数，技术指标满足中国石油企业标准 Q/SY 01226—2021《综合录井仪质量评定要求与方法》的要求，进一步保障录井数据的准确性、可溯源性。

2）一体式可移动综合录井仪检测评定技术及装置

为了解决综合录井仪现场测试不方便、不及时、精度差、效率低等问题，工程技术研究院依托课题“一体可移动综合录井仪检测评定技术及装置研究”开展了一体可移动综合录井仪检测评定技术及装置研究，主要研制了 3 台核心仪器，开发了传感器检测系统，形成了一体可移动综合录井仪检测评定系统，具备全部 14 类录井传感器和录井仪信号通道的现场检测能力，精度等级达到 0.03 级，对提升录井数据质量、保障钻井施工安全、助力安全高效钻井和油气评价等发挥了重要作用。已申请发明专利 3 项，登记软件著作权 1 项，形成标准草案 2 项。

第四节 测井计量

一、生产测试

1. 计量现状

石油测井是指在油气田勘探、开发阶段，用专门的测井仪器测量钻井剖面的电化学特性、导电特性、声学特性、放射性等地球物理参数，并对这些参数进行分析处理，用于确定地层特征、储层状况、井内工程参数等的一门地球物理方法。石油测井量值是判断油气藏的地层位置和含量的依据，其计量性能的准确可靠，直接关系到油气田勘探开发的质量和安全。随着全球油气勘探正在经历由浅层向超深层、由浅海向深海、由常规向非常规进军的历程，地质条件越来越复杂，中国石油所属企业围绕制约油气勘探开发的测井技术难题，针对超深层、超长水平井、页岩油气、致密气、煤层气等复杂对象，强化测井计量器具及测井技术攻关，在提高石油测井仪器耐温耐压性能、超长水平井测井稳定可靠性、复杂地质条件和井眼条件适应能力、测量精度、径向探测能力等方面，加大工作力度，自主研发制造了具有完全自主知识产权的以快速与成像测井系列、地层成像测井系列、随钻测量与导向系列等为主的测井计量成套装备，成为国内技术系列最全、指标最先进、应用规模最广的主力测井装备和解决复杂油气评价难题的"利器"，结束了我国先进测井装备长期依赖进口的历史。该成套装备成为国内最主要的石油测井专用计量装备，在满足自身需求的同时远销海外，在乌兹别克斯坦、印度尼西亚、伊拉克等市场获得新份额。

"十三五"以来，中国石油持续完善测井业务计量器具配备规范，对测井业务相关的专用计量器具范围进行了界定。测井专用工作计量器具按其测量方法可分为电阻率、放射性、核磁共振、声波等类型，部分测井专用工作计量器具见表 4-11。

表 4-11　部分测井专用工作计量器具

序号	类别	工作计量器具名称	计量参数	测量范围	最大允许误差
1	电阻率测量仪器	侧向测井仪	电阻率	0.2～40000Ω·m	0.2～1.0Ω·m 时，最大允许误差为 ±20%； 1～2000Ω·m 时，最大允许误差为 ±5%； 2000～5000Ω·m 时，最大允许误差为 ±10%； 5000～40000Ω·m 时，最大允许误差为 ±20%
2	放射性测量仪器	自然伽马测井仪	API	0～1500API	±7%
		补偿中子测井仪	孔隙度	0～100p.u.	$\phi \leq 7$p.u. 时，最大允许误差为 ±0.5p.u.； $\phi > 7$p.u.时，最大允许误差为 ±7%
3	核磁共振测量仪器	核磁共振成像测井仪	孔隙度	0～100p.u.	$\phi < 15$p.u.，最大允许误差为 ±1.5 p.u.； $\phi \geq 15$p.u.，最大允许误差为 ±10%
4	声波测量仪器	声波测井仪	声波时差	130～650μs/m	130～200μs/m，最大允许误差为 ±3μs/m； 200～650μs/m，最大允许误差为 ±1.5%

2. 计量新技术应用

"十三五"以来，中油测井公司相继研制的 FITS 过钻具测井系统、175℃ @20h 快速测井系统、多维高精度成像测井系统等系列装备投入使用，其中以多维高精度成像测井系统为代表的中国石油测井技术最新进展的第三代测井系统，推动了测井装备由数字时代跨入成像时代，实现了从井筒到井旁、从传统采集向多维多域的技术跨越，声波探测深度 80m、微电阻率成像特征精度 2.5mm、核磁共振微孔精度 10nm，实现了复杂储层"望远镜"和"显微镜"精细测量，满足了复杂、非常规油藏勘探开发的技术需求。

1）FITS 过钻具测井系统及应用

为满足疑难井、复杂井、大斜度井、水平井及超小尺寸井筒等复杂井况下测井的需要，中油测井公司自主研发了能够通过钻具（钻杆、保护套、钻头等）水眼下入井底的小直径 FITS 过钻具成套测井系统。该系统包括测斜、三参数、阵列声波、阵列感应、四臂独立井径、岩性密度、补偿中子、双侧向等测井系列测井仪器。一次下井能获取张力、井径、温度、电导率、声波时差、钻井液电阻率、岩性、密度、地层孔隙度等测井计量参数，该系统 2022 年通过中国石油自主创新产品认定，2023 年获中油技服科技进步一等奖，并入选 2023 年中国石油十大科技进展。

FITS−57/55 过钻具测井系统自 2020 年推广应用以来，累计制造 35 串，2022 年外售哈里伯顿公司，整体达到国际先进水平，替代了同类进口装备。在长庆、大庆、川渝、新疆、辽河等油气田测井超 1100 口，测井项目可满足复杂砂岩、页岩、碳酸盐岩等非常规油气地质、工程评价需求，下井一次成功率在 95% 以上、“甜点”识别符合率在 90% 以上，测井时效提高 53% 以上。

2）175℃ @20h 快速测井系统及应用

为适应“高效益、低成本”要求，中油测井公司通过仪器结构优化、模块复用、电路集成等先进设计和制造技术，将常规测井仪器的组合长度减少到 15m 以内，该系统包含有三参数、遥传、自然伽马、井径、连斜、补偿中子、岩性密度、数字声波（含固井质量）、双侧向、阵列感应、阵列侧向和阵列声波等常规及成像测井仪器，主要用于划分层位、测量地层物性参数、求取地层含油饱和度，满足不同类型测井计量需要。该系统在提高钻井适应能力、减少占井时间、降低作业风险等方面具有十分明显的优势，获得中国石油自主创新重要产品奖、中国石油专利银奖、陕西省职工十大创新创业项目奖，中油测井公司科学进步奖一等奖。

175℃ @20h 快速测井系统累计推广 40 套 / 串，在国内新疆、川渝、青海、辽河等油气田和国外尼日尔、乍得等油气田测井近 1000 井次，创直接经济效益 7.79 亿元，逐步成为深井、深层水平井及非常规油气勘探开发的测井“精品”，取得了显著的市场应用效果。2019 年 7 月，在塔里木油田轮探 1 井完成 8882m 超深井测量，创自主装备最大深井测井纪录，其中最高井温 171℃ /135MPa，连续作业时间 23h。

3. 研究成果

1）三维感应成像测井仪

复杂和非常规油气藏作为我国油气增储上产的战略接替领域，其油气精准探测和准确评价是测井技术面临的重要挑战。中油测井公司在中国石油多个项目支持下，历经 15 年持续攻关，突破了三维阵列探测器设计、微弱信号高精度采集、复杂环境校正及高保真反演等多项核心技术，实现了从原型、样机到产品的蝶变，形成了一套具有完全自主知识产权的三维感应成像测井技术及装备，建立了工业化生产线，实现了规模应用。作为国内首套投产应用的三维高端测井技术，一次测量可提供水平电阻率、垂直电阻率、倾角和方位角等计量参数信息，实现了感应测井技术从均质测量到非均质各向异性地层评价的跨越，成为解决复杂、非常规油气测井评价难题的新的技术利器。该成果填补了国内空白，整体达到国际领先水平。

该项技术在大庆、长庆、西南、青海等 10 个油气田规模应用，测井 220 余口，在解决页岩油储层精确划分、火山岩气水层准确识别、混积岩储层流体判识等复杂非均质储层饱和度准确求取，大斜度井、水平井计量参数有效评价等方面具有独特优势，成为复杂油气藏勘探开发新的测井利器。成果获得授权发明专利16件，登记软件著作权2件，发表论文30余篇（EI/SCI7篇），发布企业标准1项；获2020年度中国石油十大科技进展、陕西省石油学会科技进步奖一等奖、中油测井公司科技进步一等奖等奖项；产品荣获中国石油“自主创新重要产品”、陕西省“重点新产品”称号。

2）ALT方位阵列侧向测井仪

ALT方位阵列侧向测井仪是中油测井公司拥有完全自主知识产权的高端电阻率成像测井仪，作为行业首创，仪器采用贴井壁方位极板与阵列电极测量技术相结合的手段，实现井周6个方位5种探测深度电阻率测量（30条电阻率曲线）、5条井周合成电阻率曲线。探测信息丰富，在多维剖面描述地层非均质性和各向异性、识别薄互层等方面具有独特优势，具有0.25m高精度纵向分辨率。攻克了方位电阻率测量方法、方位极板耐高温高压，以及密封、多频微弱信号测量等技术难题，并解决了仪器的可靠性、稳定性、适应性等技术瓶颈。该项目获授权国家发明专利《方位阵列侧向用均质地层残余电位差和主屏流比测试方法》《一种覆瓷极板及其装配方法》等5项，制定行业标准1项。

3）MCI微电阻率成像测井仪

MCI微电阻率成像测井仪是中油测井公司自主研制的电成像测井仪器，突破高信噪比阵列电极纳安级信号采集、6A大功率信号源发射、阵列电极极板探测器设计制作、多臂自适应推靠等8个关键技术，获得《高温高压微电阻率扫描成像测井仪极板》《一种微电阻率成像测井仪极板电扣信号校正方法》等国家授权专利8项，形成具有宽动态范围、高测速、强适用性、高可靠、灵活组合等特点电成像系列产品6种。该仪器可提供类井壁高清图像，直接识别孔洞裂缝，可视化精细描述储层内地质特征，是解决复杂岩性准确识别、裂缝孔洞定量评价、区域沉积和构造分析、沉积环境判断、区域应力分析等最有效的探测手段，在复杂油气勘探开发中发挥着地质“显微镜”的关键作用。能满足饱和盐水钻井液、大斜度井 / 水平井等复杂井况勘探需求。该测井仪推广应用130余套，销售海外12套，获得中国石油、陕西省等省部级科技进步奖3项；同时获得陕西省重点新产品和中国石油自主创新重要产品认证，发布行业标准和企业标准各1项。

4）iMRT偏心核磁共振测井仪

iMRT偏心核磁共振测井仪是中油测井公司自主研制的新一代核磁共振测井仪器，突破抑制钻井液噪声信号的扰流天线制作、基于0.3ms短回波信号采集的脉冲序列控制设计、RD+RSVD的二维核磁共振数据快速处理等5个关键技术，获得《一种用于核磁共振测井的信号检测算法》《一种便携式核磁共振测井仪多点刻度装置及快速刻度方法》等国家授权专利6项。仪器采用贴井壁测量设计，不受钻井液电导率的限制，可在6in以上井眼中对非常规储层进行更精细的地层孔隙结构评价，并支持二维核磁共振测井进行油气识别，是非常规页岩油气勘探的必要技术。仪器推广应用40余套，销售海外1套，获得中国石油、陕西省等省部级科技进步奖3项，同时获得中国石油自主创新重要产品认证，发布行业标准和企业标准各1项。

5）MPAL 阵列声波测井仪

MPAL 阵列声波测井仪是中油测井公司自主研制的声波成像测井仪器，提出了 1 项原创性远探测声波测井理论，创新了反射波场分离成像、高信噪比数据采集、低频偶极远探测 3 项核心技术，攻克了耐高温高压井下声波测井仪器、弱反射信号成像与降噪处理等关键技术，获得《一种数字声波测井的纵波井下增益自适应控制系统及方法》《一种随钻声波远探测低频发射换能器》等国家授权专利 8 项。该测井仪可提供解释评价所需的各向异性、地应力、井筒裂缝井外延伸、井旁缝洞、断层等参数，打破了国际同类技术在复杂油气储层评价的垄断局面，推动我国阵列声波远探测测井技术迈入新的发展阶段，为我国油气勘探开发提供了高效解决方案。仪器推广应用 59 余套，海外销售 6 套，获得中国石油科技进步奖二等奖，中油测井公司科技进步奖一等奖，发表论文 3 篇，发布行业标准和企业标准各 1 项。

二、量值溯源

1. 计量量值溯源体系现状

1）量值溯源体系

石油测井仪器量值溯源体系包含行业最高标准井、工作标准井、刻度器和测井仪器这四个不同层次的基本要素。测井仪器量值溯源如图 4−7 所示。行业最高标准井、工作标准井和刻度器为不同准确度等级的计量标准器具，测井仪器为工作计量器具。

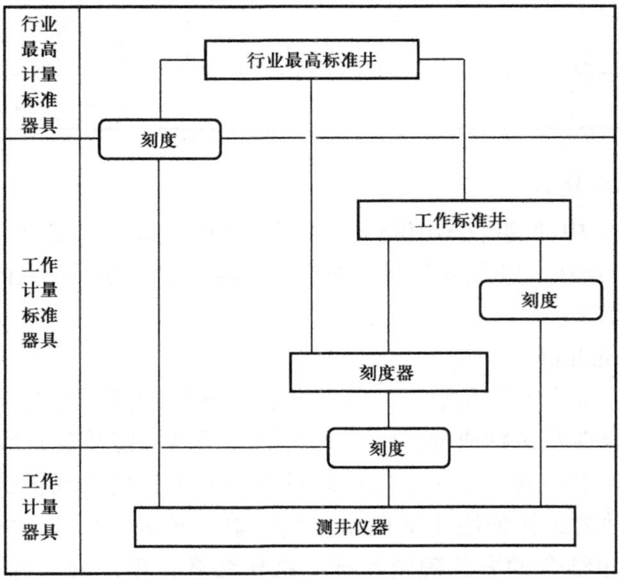

图 4−7　测井仪器量值溯源示意图

2）计量标准器具

石油测井仪器测得的原始测量值，需要通过精确的转换才能成为反映地层物理参数的工程值，测井仪器计量刻度是实现测井仪器井下测量原始信号（如计数率、电压等）

向地层参数准确转换的关键环节，用于测井仪器刻度的石油测井专用计量标准器具见表 4-12。

表 4-12 石油测井专用计量标准器具统计 单位：套

序号	类别	最高标准井	工作标准井（层位）/ 刻度装置									合计
		西安	西安	重庆	大庆	盘锦	天津	松原	克拉玛依	哈密	小计	
1	自然伽马	1	1	1	1	1	1				5	6
2	中子孔隙度	9	17	5	15	8	10				55	64
3	密度 / 岩性密度	11	7	4		8	8				27	38
4	自然伽马能谱	6	18		18						36	42
5	碳氧比		14	2	52						68	68
6	中子寿命		10								10	10
7	地层元素		13									13
8	固井质量				7	7	6		9		29	29
9	声速		2								2	2
10	电声成像			1		4					4	4
11	电磁波电阻率		1								1	1
12	三相流							1	1	1	3	3

2. 计量溯源能力建设

“十三五”以来，中油测井公司聚焦测井产业发展计量刻度需求，开展石油测井计量标准装置建设工作，解决石油测井量值“测不出、测不全、测不准”的问题，持续强化石油测井量值溯源能力。

1）地层元素标准井群

随着复杂岩性、页岩油气和致密油气等非常规油气勘探开发的深入，石油公司迫切需要准确了解地层岩性及矿物成分，地层元素测井是唯一能从岩石成分角度解决岩性识别问题的测井方法。中油测井公司依托中国石油重大工程技术现场试验项目建成了地层元素标准井群，其井群结构如图 4-8 所示。其中单一元素井 9 口，采用蒙特卡洛数值模拟技术及现场试验相结合的方式确定标准井结构参数，单一元素井参数见表 4-13；花岗岩、石灰岩、页岩、玄武岩等天然岩石井 4 口，用于元素含量测量结果检测、方法试验、解释模型研究，标准井参数见表 4-14。地层元素标准井群为复杂岩性勘探提供计量支撑。

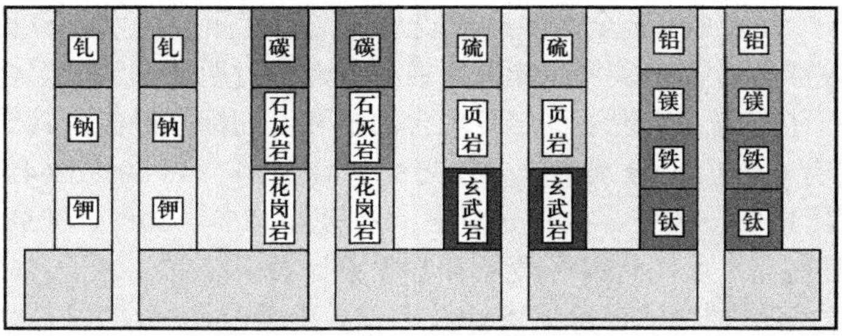

图 4-8　地层元素标准井群结构图

表 4-13　地层元素标准井群单一元素井参数

序号	井名	主测量元素		剔出元素	
		俘获	非弹	俘获	非弹
1	碳井		碳		氧
2	铁井	铁	铁	氢	氧
3	铝井	铝	铝	氢	氧
4	镁井	镁	镁	氢	氧
5	钛井	钛		氢	
6	钆井	钆		氢	
7	钾井	钾		氢	
8	钠井	钠		氢	
9	硫井	硫	硫	氢	氧

表 4-14　地层元素标准井群天然岩石井参数

序号	井名	元素含量 /%										
		硅	铝	铁	镁	钆	钠	钾	磷	硫	锰	钛
1	花岗岩井	32.92	6.71	1.10	0.29	0.86	2.02	2.07	0.07	0.01	0.03	0.18
2	石灰岩井	11.31	0.30	0.21	10.24	13.62	0.03	0.15	0.05	0.02	0.01	0.02
3	玄武岩井	22.27	5.82	6.66	1.91	3.52	1.09	0.55	0.21	0.11	0.09	2.02
4	页岩井	21.25	6.12	1.08	1.50	5.97	0.19	1.69	0.04	0.51	0.02	0.27

2）中子寿命标准井群和碳氧比能谱标准井群

油田注水开发后地下油气层物性、含油性、含水性都发生了较大的变化，因此进行水淹层评价、确定剩余油饱和度及其分布十分迫切。中子寿命和碳氧比能谱是两种常用剩余油评价核测井方法，具有各自的优点和局限性，将两种方法结合使用是剩余油储层评价的一种趋势，国内测井公司相继研制了相应的测井仪器，如 PNMS 脉冲中子伽马多谱测井仪、PNST 脉冲中子全谱饱和度测井仪等。中油测井公司建成了中子寿命标准井 10 口、碳氧比标准井 14 口，为脉冲中子全谱多参数剩余油饱和度测井技术的研发提供一站式、高准确度的计量刻度服务，其中碳氧比能谱标准井群建设对原油和水的混合液不能长期保持均匀稳定问题进行了研究，实现了稳定复现含油饱和度的标准量值，其饱和度设计范围为 0～100.00％，共有 6 个值，分别为 0、23.35％、47.87％、48.60%、64.87％、100.00％；孔隙度设计范围为 15%～30%，共有 3 个值，分别为 15%、20%、30%；岩性设计石灰岩、砂岩两种；还包括一套不同井径套管和井眼流体替换装置。中子寿命标准井群和碳氧比能谱标准井群为储层剩余油评价提供计量支撑。中子寿命标准井群参数见表 4-15，碳氧比能谱标准井群参数见表 4-16。

表 4-15 中子寿命标准井群参数

序号	1	2	3	4	5	6	7	8	9	10
材料	白云岩		石英砂 + 水		淡水		5%氯化钠		17%氯化钠	
俘获截面标称值 c.u.	6.4		11.4		22.2		40.1		84.8	
套管及水泥环	无	有	无	有	无	有	无	有	无	有

表 4-16 碳氧比能谱标准井群参数

序号	含油饱和度标称值 /%	井径 /mm	水泥环 /mm	孔隙度标称值 /%
1	0	125	有	29.99
2	0	125	无	29.98
3	23.35	125	有	29.91
4	23.35	125	无	29.96
5	47.87	125	有	29.82
6	47.87	125	无	29.83
7	64.87	125	有	29.85
8	64.87	125	无	29.85
9	100.00	125	有	29.87
10	100.00	125	无	29.87
11	47.87	125	有	14.91
12	47.87	125	有	19.90
13	48.60	125	有	16.20
14	100.00	125	有	30.20

3）声波标准井群

声波标准刻度井包括一口高声速井和一口低声速井。高声速井选用硬铝材料，采用管材加工制造；低声速井选用尼龙材料，采用棒材通过深孔加工、螺纹连接和黏结等工艺制造。两种井筒材料的纵波速度、密度由中国科学院声学研究所通过测量确定。声速标准井参数见表 4-17。

表 4-17　声速标准井参数

序号	板波时差 /（μs/m）	板波速度 /（m/s）	井径 / mm	井筒参数		
				纵波速度 /（m/s）	纵波时差 /（μs/m）	密度 /（g/cm³）
1	178	5618	200	6214	161	2.78
2	499	2004	200	2691	372	1.14

4）随钻自然伽马标准井

建成随钻自然伽马标准井 1 口，该井包括 2 种井眼直径、4 个标准层位，能够为随钻地质导向仪器伽马量值提供准确的计量刻度，解决随钻伽马仪器刻度不规范、不统一的问题。随钻自然伽马标准井结构如图 4-9 所示，标准井参数见表 4-18。

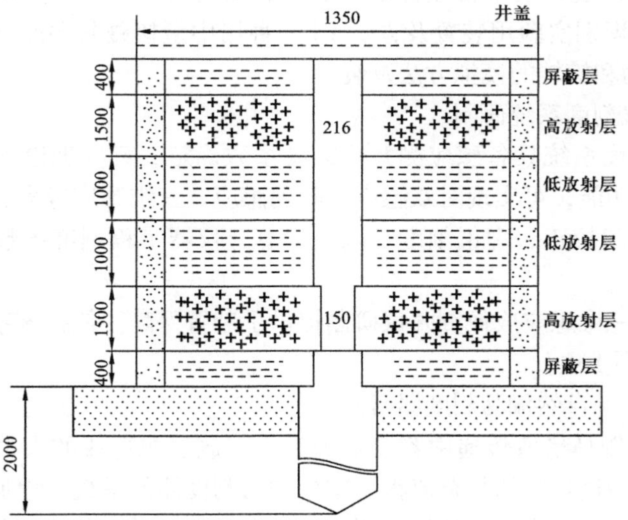

图 4-9　随钻自然伽马标准井结构图（单位：mm）

表 4-18　随钻自然伽马标准井参数

序号	层位	岩性	API 标称值 /API
1	第一层	屏蔽层	—
2	第二层	花岗岩（或合成块）	323.02
3	第三层	白云岩	12.75
4	第四层	白云岩	12.75
5	第五层	花岗岩（或合成块）	323.02
6	第六层	屏蔽层	—

3. 计量溯源研究成果

“十三五”期间，中油测井公司围绕解决测井仪器计量刻度方法不完善、设备功能不健全问题，研制计量标准，为测井技术研发提供计量刻度支撑。

1）核磁共振测井物理模拟与刻度系统研制。

核磁共振测井仪物理模拟与刻度系统可进行仪器扫频、功率确定、孔隙度转换、温度校正等测试，实现对居中型、偏心型和随钻核磁共振测井仪刻度计算，以及流体识别和孔隙度测量效果检验。该系统主要利用核磁共振回波首波幅度与不同孔隙度建立线性关系，实现孔隙度测量。在研究过程中，提出一种模块式可变流体刻度实验方法与装置，解决核磁共振测井不同流体识别验证问题；提出一种模拟随钻条件的刻度实验方法与装置，可实现对核磁共振测井仪器受震动下对测量效果的影响分析。

该研究成果为 MRT 居中核磁共振测井仪、iMRT 偏心核磁共振测井仪研制，提供了装置保障。依托该系统，起草行业标准 2 项，形成发明专利 3 项，即《二维核磁测井仪刻度器刻度及流体识别实验用装置及方法》《一种居中型核磁共振测井仪刻度井装置》和《随钻核磁共振振动和旋转的模拟方法及装置》。

2）感应测井仪刻度系统研制

感应测井仪刻度系统具备感应测井仪刻度系数确定、刻度理论计算、刻度曲线验证和刻度曲线显示等功能，可实现对双感应、阵列感应、三维感应等多类仪器的逐点拟合归零温度校正、半空间校正、理论刻度环响应计算、仪器工程刻度系数计算、刻度图版计算等。

该研究成果为三维感应成像测井仪研制提供了装置保障。依托该系统，起草行业标准 1 项，形成发明专利 1 项。

3）轻便绿色环保自然伽马刻度器研制

为了减少自然伽马量值传递中刻度器因为含有放射源造成的人员和环境照射、避免自然伽马刻度器使用过程中的复杂流程、减少伽马刻度器的重量、增加伽马刻度器的适配性，中油测井公司通过更换传统的伽马刻度器填充材料、设计独特的包布外形，研制出了一种绿色环保轻便的自然伽马刻度器。该刻度器具有材料豁免、轻便易携带、操作方便、适配性强的特点，有利于伽马刻度器的标准化。经从自然伽马最高标准井量值传递，该伽马刻度器稳定性、标称值与测量不确定度均满足行业标准对自然伽马刻度器的计量特性要求。该成果获得中油测井公司创新创效成果二等奖。

4）可控源中子（氘—氚中子源）孔隙度量值传递装置研制

为解决中子孔隙度量值传递工作的放射源使用安全环保风险问题，依托中国石油“油气计量技术研究”项目，中油测井公司研制了可控源中子（氘—氚中子源）孔隙度量值传递装置。该装置的研制解决了放射源使用所带来的一系列安全环保问题，同时该仪器具有孔隙度灵敏度高等诸多优点，通过脉冲时序优化设计，在业内首次使用氘—氚源中子孔隙度量值传递装置，可同时进行孔隙度与中子寿命传递与监测，已在标准井中进行验证，取得了预期效果。基于上述成果，形成 SCI 论文 1 篇、申报专利 1 项。

第五节　专用螺纹计量

一、生产测试

1. 计量现状

石油专用螺纹包括石油专用管材螺纹和抽油杆螺纹两类。石油专用管材螺纹是带有一定锥度的管螺纹，抽油杆螺纹是具有特殊直径的统一螺纹，是不带锥度的直螺纹。石油专用螺纹主要用于钻具（钻杆、钻铤、方钻杆等）、油管及套管、管线管等石油管、抽油杆螺纹连接。螺纹连接部位是最薄弱的环节，约80%的失效事故发生于螺纹连接部位。作为复杂的空间三维体，石油专用螺纹参数众多，为保证石油专用螺纹的形状尺寸质量，必须对其进行准确计量，确保量值统一可靠。石油专用螺纹计量主要包括使用工作计量器具对产品螺纹各项参数进行检测和使用标准计量装置对工作计量器具的校准两部分内容。石油专用螺纹计量按照计量学的范畴划分属于几何量计量。

目前，主要使用螺纹工作量规对石油专用螺纹的综合参数进行检测，使用石油螺纹单项参数检查仪对诸如锥度、螺距、牙型高度、顶径等螺纹单项参数进行检测。中国石油所属各油井管装备制造企业、钻探工程公司、检验检测机构基本都具备石油专用螺纹的产品检测能力，能够按照参数进行覆盖API相关标准石油专用螺纹的检测。常规石油专用螺纹参数检测能力成熟，中国石油所属国家石油管材质量检验检测中心是国内石油专用螺纹各项参数进行检测的权威机构。石油工业专用螺纹量规计量站（简称螺纹计量站）是专业从事石油螺纹专用计量器具校准的石油天然气行业技术机构，已建成中国石油最高计量标准装置和工作计量标准装置，具有较高的技术水平和较高的市场占有率。

“十三五”以来，中国石油持续完善石油专用螺纹计量器具配备规范，对其专用计量器具范围进行了界定，石油专用螺纹计量器具详见表4-19。

表4-19　石油专用螺纹计量器具

序号	计量器具名称	计量参数
1	油管螺纹工作量规	紧密距
		螺纹单项参数
		几何尺寸
2	圆螺纹套管螺纹工作量规	紧密距
		螺纹单项参数
		几何尺寸

续表

序号	计量器具名称	计量参数
3	偏梯形套管螺纹工作量规	紧密距
		螺纹单项参数
		几何尺寸
4	管线管螺纹工作量规	紧密距
		螺纹单项参数
		几何尺寸
5	旋转台肩式连接螺纹工作量规	紧密距
		螺纹单项参数
		几何尺寸
6	抽油杆螺纹工作量规	螺纹单项参数
		几何尺寸
7	石油螺纹单项参数检查仪	示值误差的最大差
		重复性
8	石油螺纹单项参数标准样板	标准样板几何尺寸

2. 计量新技术应用

传统的石油专用螺纹检测技术起源于 20 世纪 30 年代，以人工使用机械指针式测量仪器的方法，逐项对螺纹参数进行检测。经多次测量并依靠测量人员肉眼识别测量极值，存在检测效率低、主观识别偏差较大、容易受到主观影响等问题。近年来，石油专用螺纹检测领域出现了一些新的方法，主要是采用高精度电容测量技术和无线数据传输技术进行石油螺纹的数字化检测。另外，非接触式检测的测量系统多为光学测量系统。该检测技术的关键是获得螺纹轴截面牙型轮廓数据值，按照定义经数据处理获得相应螺纹参数。目前研究的热点是影像测量法和激光三角测量法。

1）数字化石油螺纹检测系统及应用

中国石油集团工程材料研究院有限公司（简称工程材料研究院）综合应用光电测量、无线数据传输、数据统计分析和可靠性分析等质量评价技术，研发出具有自主知识产权的数字化石油螺纹检测系统。该系统工作温度范围为 −20～40℃，在无障碍的情况下无线通信范围为 8m，硬件达到 IP65 防护等级，最小分度值为 0.001mm，最大允许误差不大于 0.013mm，重复精度不大于 0.003mm。该系统能实现油管、套管、钻具等石油螺纹的全参数高精度测量，具有检测数据实时无线传输、检验结果智能评价及远程监督等功能，操作简便，综合检测效率提高 30%。系统软件可与 MES 系统、ERP 系统实现数据融合共享。

数字化石油螺纹检测系统荣获中国石油“自主创新重要产品”和陕西省“重点新产品”称号。该系统已在宝鸡钢管有限公司天津专用管分公司、烟台鲁宝钢管有限责任公司、宝山钢铁股份有限公司、天津钢管制造有限公司等企业推广应用，实现了检测模式的跨越，大幅提高了工作效率与数据准确性。

2）套管和油管螺纹非接触自动化测量系统及应用

随着石油专用管材螺纹加工效率显著提高，受制于检验效率的影响，只能采取抽检方式控制产品质量。为解决以上问题，工程材料研究院采用光学非接触测量技术开发出的套管和油管螺纹非接触全自动测量系统，实现了全面自动化，可以全面检验每根管子外螺纹的所有参数。该测量系统由测头、机器手、工业计算机、可编程逻辑控制器、人机接口、测量软件构成。测头传感器分辨率达 0.001mm，配合机器手，测量软件可将成千上万的数据点转化为清晰、易理解的螺纹测量结果，完成重复、高精度的测量任务。该系统不仅大幅提高了石油螺纹产品的加工与检验效率，还有效保障了产品质量的持续稳定，是推动石油管材螺纹加工高质量发展的关键技术创新之一。

3. 计量研究成果

“十三五”以来，螺纹计量站承担了国家重点研发计划课题“高负载、高密封 13Cr/110SS 特殊螺纹接头测量、计量与认证技术”和“高精度三维螺纹综合测量仪在锥管螺纹和石油螺纹领域的应用开发”，中国石油项目“石油天然气量值溯源和传递技术研究”，中国石油基础研究和战略储备技术研究基金项目“石油专用螺纹量值智能检测及传递技术研究”等科研项目。

螺纹计量站发展了基于机器视觉的螺纹轴线空间定位技术，通过二维轮廓比对修正螺纹接头位置，引入了亚像素角点检测技术，提升图像边缘像素精度；建立了基于轮廓的螺纹参数计算方法，揭示了石油专用螺纹紧密距与中径的关联模型；构建了石油专用螺纹虚拟紧密距检测数学模型，提出了复合中径线螺纹单参数精确算法及三维重构法虚拟装配实现紧密距等效测量的新方法；开发了集产品检测设计、检测实施、质量分析一体化的石油专用管材螺纹数字化检测系统以及套管和油管螺纹非接触自动化测量系统，构建了石油专用螺纹智能检测系统，推动了石油管材螺纹测量技术的整体进步。

二、量值溯源

1. 计量技术现状

1）量值传递方法和过程

石油专用螺纹通过计量校准的方式进行量值溯源，现行有效的石油螺纹专用计量器具校准依据标准见表 4-20。使用螺纹校对量规对工作量规的紧密距进行校准，使用三坐标测量机、轮廓测量仪等高精度计量设备对石油螺纹量规的中径、锥度、螺距等单项参数进行校准。

石油专用螺纹的量值溯源路径如图 4-10 所示。

表 4-20　石油螺纹专用计量器具校准依据标准

标准代号	标准名称	适用范围
JJF 1108—2012	《石油螺纹工作量规校准规范》	适用于旋转台肩式连接螺纹工作量规，以及圆螺纹套管、偏梯形螺纹套管、油管、管线管螺纹工作量规的校准
JJF 1063—2000	《石油螺纹单项参数检查仪》	适用于石油螺纹单项参数检查仪的校准
SY/T 6860—2012	《石油专用锥度螺纹校对量规校准方法》	适用于旋转台肩式连接螺纹校对量规，以及圆螺纹套管、偏梯形螺纹套管、油管、管线管螺纹校对量规的校准
SY/T 7418—2018	《抽油杆螺纹量规校准方法》	适用于抽油杆螺纹工作量规、校对量规的校准

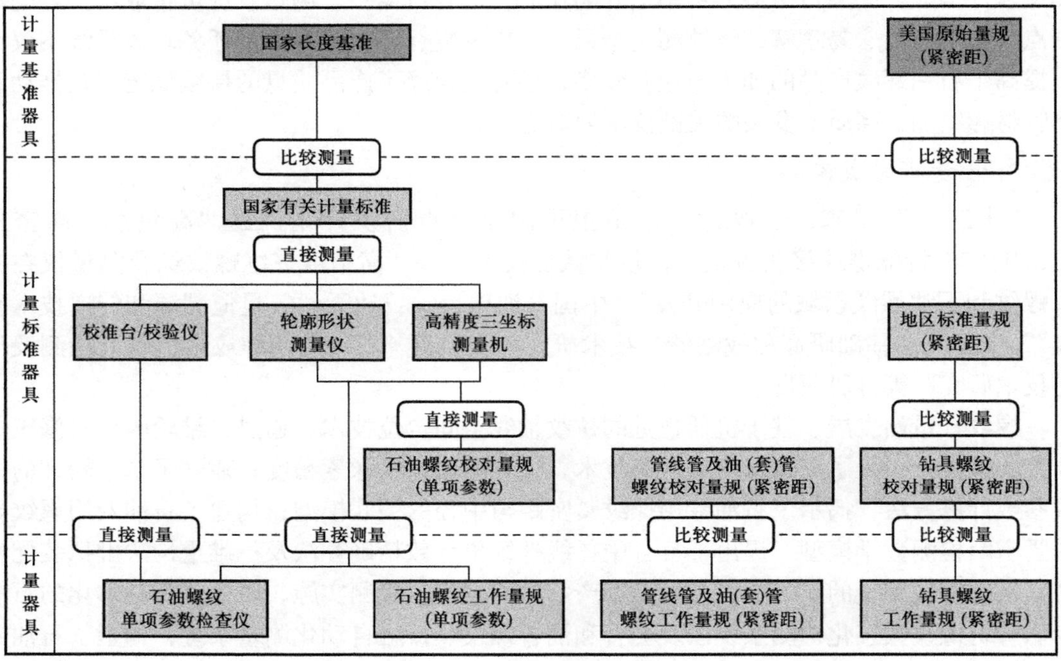

图 4-10　石油专用螺纹量值溯源路径

2）计量标准器具

螺纹计量站共计建成 3 套石油专用螺纹计量标准器具，见表 4-21。

表 4-21　石油专用螺纹计量标准器具

标准器名称	测量范围	不确定度或准确度等级或最大允许误差
石油抽油杆螺纹量规校准装置	抽油杆螺纹量规 P1—P8：16～29mm（$^5/_8$～$1^1/_8$in）。 抽油杆螺纹量规 B1—B6：16～29mm（$^5/_8$～$1^1/_8$in）	三坐标测量机：MPE=±（0.9+*L*/350）μm。 螺纹扫描仪：大径、小径 ±（3.0+*L*/200）μm；螺距 ±（0.75+*L*/200）mm；牙侧角 3′

续表

标准器名称	测量范围	不确定度或准确度等级或最大允许误差
石油螺纹单项参数检查仪校准装置	校验仪：0～60mm。 数显高度仪：0～350mm。 轮廓测量仪：0～100mm。 三坐标测量机：1000mm × 700mm × 600mm	校验仪最大允许误差：± 5mm。 数显高度仪最大允许误差：±（2.0+3*L*/1000）μm。 轮廓测量仪最大允许误差：*X* 轴 ± 2.0μm，*Y* 轴 ±（1.0+*L*/50）μm。 三坐标测量机：MPE=±（0.9+*L*/350）μm
石油螺纹量规校准装置	油管、套管、管线管、旋转台肩式连接螺纹校对量规：2.540～15.875mm。 三坐标测量机：1000mm × 700mm × 600mm。 轮廓测量仪：100mm × 50mm。 数显测高仪：0～600mm	油管、套管、管线管、旋转台肩式连接螺纹校对量规：*U*=6～10μm（*k*=2）。 三坐标测量机：MPE=±（0.9+*L*/350）μm。 轮廓测量仪：*U*=0.8μm（*k*=2）。 数显高度仪：*U*=0.2～0.8μm（*k*=2）

注：MPE 表示最大允许测量误差；*L* 表示被测量长度，单位一般为毫米（mm）。

2. 能力建设

自 2006 年 6 月通过中国合格评定国家认可委员会（CNAS）校准实验室认可以来，螺纹计量站相继引进了美国 OGP ZIP−300 光学三坐标测量机，德国 Reference 1076 三坐标测量机、ULM 600−E 型测长机、UD 120 型轮廓粗糙度仪，美国 MT−3024 型螺纹校准台，荷兰 MSXP 10060 螺纹综合测量仪，英国 Agility 12129 五轴测量系统等精密仪器。螺纹计量站已建成超过 $1000m^2$ 的恒温恒湿实验室，拥有全套（41 套）的 API 钻具螺纹地区量规，260 余套钻具、油管、套管、抽油杆螺纹校对量规。校准能力全参数覆盖相关 API 标准、国家标准、行业标准中各规格的石油专用螺纹计量器具。螺纹计量站具有年均 14000 余套（件）的石油专用螺纹量规 / 量仪的校准能力。

3. 研究成果

突破了石油专用螺纹在线溯源的技术难关，创新性地研发出了一种高效的在线比对测量溯源技术方案，并据此构建了石油专用螺纹比对测量系统。该系统在测量精度上实现了重大飞跃，不确定度优于 5μm（*k*=2），相比原有的 8μm 标准，精度提升了 37.5%，显著强化了石油专用螺纹计量的综合能力。独创了虚拟紧密距算法，并深度融合实测数据的数字化模型重构技术，彻底颠覆了传统依赖螺纹环、塞规实体旋合的测量方式，开创性地引入了石油专用螺纹的虚拟量值传递技术。此外，还制定了一系列石油专用螺纹计量领域的校准方法标准，构建了包含 10 项石油螺纹量规的数字化螺纹标准子数据库，全面覆盖了石油螺纹的各项关键参数，为行业标准的统一与提升奠定了坚实基础。实现了石油专用螺纹测量与计量领域关键技术的重大突破与创新，为行业的发展提供了先进的技术支撑。

第五章　检验检测机构的资质认定与管理

检验检测机构资质认定制度起始于20世纪80年代，已经有近40年的发展历程，资质认定的标志是“CMA”（China Inspection Body and Laboratory Mandatory Approval的英文缩写）。中国石油紧紧围绕生产经营业务需求和资质认定管理要求，致力于提升检验检测机构的资质认定管理水平，通过完善管理体系、提升设备水平、加强技术交流等措施，不断提高检验检测机构的专业能力和服务质量，确保了检验检测活动的准确性和有效性，展示了中国石油在推动石油行业健康发展和建设世界一流能源企业方面的积极作为。随着石油石化行业检验检测机构资质认定工作的不断发展，中国石油获证机构在技术能力、设备水平、管理体系等方面均达到了行业领先水平，为社会提供高质量的检验检测服务，为保障国家能源安全和推动行业技术进步发挥了重要作用。本章介绍了“十三五”以来，中国石油在资质认定管理、监督检查、实验室间比对、技术交流、队伍建设等方面的工作。

第一节　资质认定

一、概述

1. 资质认定

资质认定是指市场监督管理部门依照法律、行政法规规定，对向社会出具具有证明作用的数据、结果的检验检测机构的基本条件和技术能力是否符合法定要求实施的评价许可，是一种行政许可行为。检验检测机构资质认定是确保检测数据准确、可靠和公正的重要措施。通过严格的资质认定，检验检测机构不仅提升了自身的技术能力和管理水平，也为企业和市场提供了强有力的质量保障。资质认定体系的完善和推广，对于提升产品质量、安全性和市场信任度都具有重要意义。

2. 我国检验检测机构资质管理情况简介

检验检测机构资质认定（CMA）起源于1985年，最初是依据《中华人民共和国计量法》及《中华人民共和国计量法实施细则》开展的对产品质量检验机构的计量认证制度。2015年，国家质量监督检验检疫总局发布了《检验检测机构资质认定管理办法》，明确资质认定包括计量认证，2016年发布《检验检测机构资质认定评审准则》统一了评审依据。2021年，国家市场监督管理总局修订发布《检验检测机构资质认定管理办法》，充分体现了简政放权的改革方向，放宽了检验检测机构的准入，规范了资质认定许可时限，加强了技术评审管理。2023年修订了《检验检测机构资质认定评审准则》，于2023年12月1日起施行。

近年来，我国资质认定制度不断优化和改革，国家市场监督管理总局根据《质量强国建设纲要》深化了检验检测机构资质审批制度改革，全面实施告知承诺和优化审批服务。此外，为贯彻落实国务院“放管服”的改革要求，国家认证认可监督管理委员会（简称国家认监委）推进了检验检测机构资质认定统一实施，简化规范了检验检测机构资质认定程序，加强了事中事后的监管。我国资质认定制度的发展体现了与国际接轨和适应国内市场需求的双重特点，旨在通过不断的改革和创新，提升我国认证认可工作的质量和效率，更好地服务于经济社会的高质量发展。

3. 中国石油对检验检测机构资质认定工作的要求

中国石油作为国家计量认证石油评审组的组长单位，对检验检测机构的资质认定工作有着严格要求，以确保检验检测活动的准确性和权威性，维护企业的质量安全。在资质认定申请阶段，遵循《检验检测机构资质认定管理办法》的相关规定，要求申请资质认定的检验检测机构必须建立有效运行并保证其检验检测活动独立、公正、科学、诚信的管理体系，符合相关法律法规或标准、技术规范规定的特殊要求。同时，检验检测机构应拥有满足其从事检验检测活动相适应的检验检测技术人员和管理人员，满足检验检测要求的工作场所和环境，具备检验检测活动必需的仪器设备设施等，经中国石油主管部门审批同意后，方可申请资质认定。

中国石油牵头建立石油石化检验检测机构监督检查制度，制定了《石油石化检验检测机构国家级资质认定监督检查管理办法》，通过现场考察、资料审查、座谈会等多种方式，对检验检测机构进行符合性审核，以确保其持续符合资质认定的要求。同时根据管理需求，适时组织开展实验室间比对工作以及检验检测技术、检验检测机构管理等方面的交流，不断提升获证机构技术能力和管理水平。

二、资质认定工作现状

在国家市场监督管理总局指导下，国家计量认证石油评审组（详见本书第八章第九节）负责石油石化行业（含中国石油、中国石化、中国海油、国家管网、石油院校等）检验检测机构的国家级资质认定评审与监督管理工作。截至2023年底，石油评审组负责评审与监管的现有国家级资质认定机构153家，包括三合一机构（资质认定、实验室认可、国家检验检测中心授权）7家，二合一（资质认定、实验室认可）机构44家，单一资质认定机构102家。其中，中国石油所属机构88家，中国石化所属机构48家，中国海油所属机构5家，国家管网所属机构2家，石油院校所属机构10家，机构的隶属关系如图5-1所示。

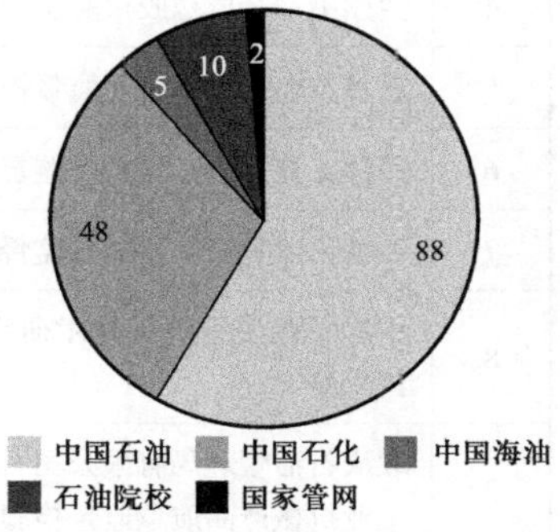

图5-1 检验检测机构隶属关系

资质认定获证机构检验检测项目涉及地质/开发试验、石油产品、油田化学、石油机械、环境监测、腐蚀与防护、仪器仪表等13个专业领域，各领域机构数量如图5-2所示。

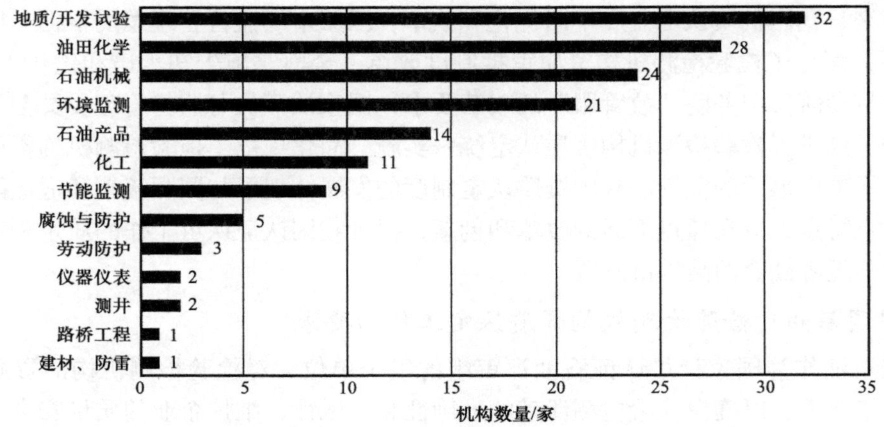

图 5-2 检验检测机构专业类别和数量

截至 2023 年底，中国石油所属的检验检测机构 88 家，其中三合一机构 4 家，二合一机构 23 家，单一资质认定机构 61 家。“十三五”期间，中国石油所属机构数量由 68 家增至 88 家，体现了中国石油在资质认定和检验检测领域的持续投入和能力建设，这一增长不仅彰显了中国石油对提升企业管理水平的重视，也反映了其在行业内的领导地位和对高质量发展的追求。

三、中国石油国家级资质认定的检验检测机构

中国石油共有 88 家检验检测机构及实验室通过了国家级检验检测机构资质认定，详见表 5-1。

表 5-1 中国石油国家级资质认定获证机构名单

序号	机构名称	获证资质	所在城市
1	中石油江汉机械研究所有限公司	三合一	湖北省荆州市
2	大庆油田有限责任公司采油工程研究院	三合一	黑龙江省大庆市
3	中国石油集团工程材料研究院有限公司	三合一	陕西省西安市
4	兰州中油合成橡胶检验实验室有限公司	三合一	甘肃省兰州市
5	石油工业天然气质量监督检验中心	二合一	四川省成都市
6	石油工业井下工具质量监督检验中心	二合一	河北省沧州市任丘市
7	石油工业井控装置质量监督检验中心 / 四川科特检测技术有限公司	二合一	四川省德阳市广汉市
8	中国石油安全环保技术研究院 QHSE 检测中心 / 中国石油环境监测总站	二合一	北京市
9	大庆石油管理局有限公司石油工业机械产品质量监督检验站 / 石油工业机械产品质量监督检验站	二合一	黑龙江省大庆市
10	中国石油勘探开发研究院廊坊分院油气藏改造实验中心	二合一	河北省廊坊市

续表

序号	机构名称	获证资质	所在城市
11	中国石油辽河油田公司勘探开发试验中心	二合一	辽宁省盘锦市
12	中国石油大港油田公司采油工艺研究院油田化学室	二合一	天津市
13	中国石油新疆油田公司实验检测研究院	二合一	新疆克拉玛依市
14	中国石油大港油田公司石油工程研究院中心实验室	二合一	天津市
15	中国石油钻井液质量监督检验中心 / 中国石油油气田高风险装置设施华北检测评价中心 / 中国石油大港油田公司检测监督评价中心	二合一	天津市
16	中国石油兰州石油产品和润滑剂检测站	二合一	甘肃省兰州市
17	中国石油天然气第一建设有限公司无损检测分公司 / 洛阳中油检测工程有限公司	二合一	河南省洛阳市
18	中国石油大庆石油管理局环境监测中心站	二合一	黑龙江省大庆市
19	中油国家石油天然气管材工程技术研究中心有限公司	二合一	陕西省宝鸡市
20	中国石油大连石油产品质量监督检验中心 / 中国石油大连石化分公司质检计量中心	二合一	辽宁省大连市
21	中国石油西南油气田公司工程技术研究院	二合一	四川省德阳市广汉市
22	中国石油北京石油产品质量监督检验中心 / 中国石油石油化工研究院有限公司石油产品质量监督检验中心	二合一	北京市
23	中国石油兰州化工研究中心化工产品质量检验中心	二合一	甘肃省兰州市
24	中国石油节能技术监测评价中心	二合一	黑龙江省大庆市
25	中油国家油气钻井装备工程技术研究中心有限公司检验检测分公司	二合一	陕西省宝鸡市
26	中国石油石油化工研究院有限公司合成树脂检验中心	二合一	北京市
27	东莞市中洲建兴仓储有限公司检测中心	二合一	广东省东莞市
28	石油工业原油及石油产品质量监督检验中心	单一 CMA	黑龙江省大庆市
29	石油工业油井水泥及外加剂质量监督检验中心 / 中国石油油井水泥及外加剂质量监督检验中心	单一 CMA	天津市
30	石油工业入井流体质量监督检验中心 / 中国石油入井流体质量监督检验中心	单一 CMA	辽宁省盘锦市
31	石油工业仪器仪表质量监督检验中心	单一 CMA	陕西省西安市
32	石油工业油田化学剂质量监督检验中心	单一 CMA	北京市
33	中国石油防腐保温产品质量监督检验中心 / 石油工业防腐保温产品质量监督检验中心	单一 CMA	天津市

续表

序号	机构名称	获证资质	所在城市
34	石油工业流量计量仪表质量监督检验中心 / 中国石油仪器仪表质量监督检验中心	单一 CMA	黑龙江省大庆市
35	石油工业合成纤维质量监督检验中心 / 中国石油合成纤维及原料质量监督检验中心	单一 CMA	辽宁省辽阳市
36	中国石油静电监测中心 / 大连中石油雷电静电监测有限公司	单一 CMA	辽宁省大连市
37	中国石油吉林化工产品质量监督检验中心	单一 CMA	吉林省吉林市
38	中国石油兰州石油产品质量监督检验中心	单一 CMA	甘肃省兰州市
39	中国石油勘探开发研究院石油地质实验研究中心	单一 CMA	北京市
40	中国石油工程建设有限公司酸性油气田材料评价与腐蚀控制中心	单一 CMA	四川省成都市
41	中国石油西南油气田公司勘探开发研究院分析实验中心	单一 CMA	四川省成都市
42	大庆油田有限责任公司勘探开发研究院有机地球化学实验室	单一 CMA	黑龙江省大庆市
43	中国石油西南油气田公司天然气研究院气田开发化学实验室	单一 CMA	四川省成都市
44	中国石油勘探开发研究院石油采收率研究所岩心实验室	单一 CMA	北京市
45	大庆油田有限责任公司勘探开发研究院地质试验室	单一 CMA	黑龙江省大庆市
46	大庆油田有限责任公司勘探开发研究院采收率实验室	单一 CMA	黑龙江省大庆市
47	大庆油田有限责任公司勘探开发研究院流体力学实验室	单一 CMA	黑龙江省大庆市
48	大庆油田有限责任公司勘探开发研究院中心化验室	单一 CMA	黑龙江省大庆市
49	中国石油吐哈油田公司勘探开发研究院试验中心	单一 CMA	新疆哈密市
50	中国石油西南油气田公司环境节能监测评价中心	单一 CMA	四川省成都市
51	中油测井公司测井实验室	单一 CMA	陕西省西安市
52	大庆石油管理局有限公司油水井封固材料性能检测实验中心	单一 CMA	黑龙江省大庆市
53	中国石油塔里木油田公司实验检测研究院	单一 CMA	新疆库尔勒市
54	中国石油华北油田公司勘探开发研究院地质实验与技术服务中心	单一 CMA	河北省任丘市
55	中国石油大庆油田管道设备检测评价中心	单一 CMA	黑龙江省大庆市
56	大庆油田化学剂及水处理质量检验中心	单一 CMA	黑龙江省大庆市
57	西部钻探公司钻井流体分析实验中心	单一 CMA	新疆克拉玛依市
58	中国石油劳动防护用品质量监督检验中心 / 大庆油田产品质量监督检验所	单一 CMA	黑龙江省大庆市
59	大庆油田腐蚀与防护检测中心	单一 CMA	黑龙江省大庆市
60	中国石油勘探开发研究院廊坊分院天然气成藏与开发实验室	单一 CMA	河北省廊坊市

续表

序号	机构名称	获证资质	所在城市
61	中国石油油田节能监测中心 / 中国石油东北油田节能监测中心	单一 CMA	辽宁省盘锦市
62	大庆石油测井试井技术检测实验中心	单一 CMA	黑龙江省大庆市
63	中国石油华北油田产品质量监督检验站	单一 CMA	河北省任丘市
64	中国石油大庆特种设备检验中心	单一 CMA	黑龙江省大庆市
65	大庆油田有限责任公司环境监测评价中心	单一 CMA	黑龙江省大庆市
66	中国石油吉林石化公司检测中心	单一 CMA	吉林省吉林市
67	成都国科检测技术有限公司	单一 CMA	四川省成都市
68	中国石油独山子石化公司节能监测站	单一 CMA	新疆克拉玛依市
69	中国石油独山子石化公司质量检验中心（环境监测与管理中心）	单一 CMA	新疆克拉玛依市
70	中联煤层气国家工程研究中心有限责任公司实验中心	单一 CMA	北京市
71	中国石油西南油气田公司重庆环境节能监测中心	单一 CMA	重庆市
72	大庆油田物资检测中心	单一 CMA	黑龙江省大庆市
73	大庆油田路桥工程有限责任公司试验检测中心	单一 CMA	黑龙江省大庆市
74	中国石油西南油气田公司川西北环境节能监测中心	单一 CMA	四川省江油市
75	中国石油辽河油田公司安全环保技术监督中心	单一 CMA	辽宁省盘锦市
76	中国石油大庆化工研究中心石化产品检验中心	单一 CMA	黑龙江省大庆市
77	新疆吐哈石油勘探开发有限公司技术监测中心	单一 CMA	新疆吐鲁番市
78	中国石油西南油气田公司天然气净化环境监测中心	单一 CMA	重庆市
79	中国石油四川石化公司分析测试中心	单一 CMA	四川省成都市
80	中国石油工程技术研究院检验测试中心	单一 CMA	北京市
81	中国石油长庆油田公司技术监测中心 / 中国石油长庆采油采气装备质量监督检验中心	单一 CMA	陕西省西安市
82	中国石油规划总院油气田节能检测实验室	单一 CMA	北京市
83	玉门石油管理局技术监督检测中心	单一 CMA	甘肃省酒泉市
84	中国石油集团西北地质研究所有限公司油气物联网检测中心	单一 CMA	甘肃省兰州市
85	中国石油昆仑润滑检测评定中心华东实验室	单一 CMA	江苏省太仓市
86	渤海钻探公司钻井液及材料质检站	单一 CMA	河北省任丘市
87	大庆石油管理局钻井用材料产品质量监督检验站	单一 CMA	黑龙江省大庆市
88	辽河石油勘探局有限公司物资分公司产品检验中心	单一 CMA	辽宁省盘锦市

第二节 国家级资质认定检验检测机构的管理

一、监督检查

1. 制度制定

2017 年，为加强资质认定检验检测机构管理，规范检验检测行为，保证通过国家资质认定的检验检测机构取证后能持续符合《检验检测机构资质认定管理办法》《检验检测机构监督管理办法》《检验检测机构资质认定评审准则》的要求，石油评审组发布实施了《石油石化检验检测机构国家资质认定监督检查管理办法》，明确了石油石化检验检测机构监督检查工作的适用范围、监督检查依据、监督检查内容、监督检查结果处理等内容，更好地满足了石油石化检验检测机构监督检查工作的实际需要，实现了监督管理工作的有效性和有序化。

2. 检查实施

《石油石化检验检测机构国家资质认定监督检查管理办法》确定监督检查的对象为：上一年度新取证的机构，资质认定证书有效期满 3 年的机构，复查换证采用文审方式的机构，上一年度市场监督管理总局下达的统计直报工作中未按时、按要求上报统计数据的机构，以及在市场监督管理总局组织的能力验证中结果不满意或者在上一年的国家“双随机一公开”监督检查中发现问题较多的机构，均被列入当年的监督检查计划中。

2018—2023 年，石油评审组共组织了资质认定评审员或技术专家开展了 6 次监督检查，共实施了 168 家检验检测机构，发现 2500 余项问题。监督检查中，检查组依据《检验检测机构资质认定管理办法》《检验检测机构监督管理办法》《石油石化检验检测机构国家资质认定监督检查管理办法》及相关法律法规要求，《检验检测机构资质认定评审准则》及机构管理体系文件要求，对机构资质认定工作开展了客观、系统、认真的检查。坚持以法律法规为准绳，突出监管重点，提升监管效能。

3. 检查结果及处理与信息反馈

通过对监督检查结果的分析显示，机构涉及的问题主要集中在文件管理、设备管理、检验检测方法、样品处置、用章管理不规范、记录不可追溯等方面。例如，有些机构对《检验检测机构资质认定管理办法》《检验检测机构监督管理办法》的要求掌握不全面，理解不准确；部分机构人员流动性较大，未对新入岗人员进行有效培训，新入岗人员检验检测能力存在欠缺；部分检验检测机构实验室仪器设备无状态标志，部分设备缺少期间核查、使用等相关记录，检验检测设备日常维护记录不全；部分机构未严格按照标准编制检验检测报告，报告信息填写不完整；原始记录信息填写不完整，缺少编号、仪器设备、样品处理条件等信息和数据，存在信息填写不准确、更改不规范等现象。

检查结论为责令整改的，检验检测机构应对检查发现的问题及时进行整改，并向石油评审组办公室提交整改报告，整改期限一般为 1 个月。检查结论为责令整改并暂停出具

CMA 报告的，检验检测机构应对检查发现的问题及时进行整改，并向石油评审组办公室提交整改报告，整改期间不得对外出具报告，整改期限一般为 3 个月。检查结论为通过、自行整改通过，检验检测机构无须提交整改报告。检查结果由石油评审组办公室如实向检验检测机构业务主管部门呈报。对存在严重违法违规行为的检验检测机构，提请石油评审组核议审定是否上报国家认监委建议撤销其资质。

二、实验室间比对

1. 比对依据

实验室间比对是一项重要的质量控制活动，它通过组织两个以上实验室对相同或类似的样品进行检测，来确定和监控实验室的检测能力，识别实验室存在的问题以及实验室间的技术差异，发现并纠正实验室中可能存在的检测误差或偏差，提高检测结果的准确性和可靠性，保障产品质量和安全。根据《检验检测机构资质认定管理办法》《检验检测机构监督管理办法》《检验检测机构能力验证管理办法》等有关规定，石油评审组针对行业内检验检测机构能力提升需求组织开展了实验室间比对工作。

2. 比对要求

石油评审组要求实验室间比对项目承担单位应当高度重视并配备足够的资源，保证实验室间比对项目及时、科学、有效实施，比对工作结束后应向石油评审组真实、客观、及时报送检测结果。同时，要求具备相关项目（参数）检验检测能力，资质认定证书归口石油评审组管理的检验检测机构必须参加；鼓励参数尚未取得资质认定但具有相关扩项需求或者工作需求的检验检测机构积极自愿参加。

3. 比对实施

“十三五”以来，石油评审组办公室先后组织了 4 次实验室间比对，包括“重晶石粉密度测定”“水中化学需氧量测定”“重晶石粉标准样品检测”“水中石油类测定（紫外法）”等项目。具体比对情况详见表 5-2。

表 5-2　“十三五”以来石油评审组办公室组织的实验室间比对情况汇总

年份	比对项目名称	参与的实验室数量 / 家	中国石油机构数量 / 家	不满意结果数及其占比	可疑结果数及其占比	满意结果数及其占比
2020	重晶石粉密度测定	24	15	0 家，占比 0	2 家，占比 8.33%	22 家，占比 91.67%
	水中化学需氧量测定	32	22	0 家，占比 0	2 家，占比 6.25%	30 家，占比 93.75%
2022	重晶石粉标准样品检测	29	17	5 家，占比 17.24%	2 家，占比 6.89%	22 家，占比 75.87%
2023	水中石油类测定（紫外法）	30	18	0 家，占比 0	4 家，占比 13.33%	26 家，占比 86.67%

4. 比对结果

石油评审组办公室组织对比对数据进行分析、总结，并在行业内公布比对结果。比对结果满意的机构，3 年内在资质认定评审中可免于该项目的现场考核。对比对结果可疑或者不满意的机构，认真分析原因，制定纠正措施，一个月内完成整改，并将整改报告提交石油评审组办公室，经确认后，方可恢复检验检测活动。对未按照要求参加实验室间比对的机构，将列入石油评审组下一年度监督检查对象。

三、技术交流

为深入理解检验检测机构资质认定相关法律法规、标准规范、评审准则要求，提升机构的管理水平和技术能力，充分发挥优秀典型示范引领作用，为石油石化检验检测机构提供相互学习及交流展示的平台，总结交流检验检测理念创新、模式创新、技术创新、管理创新方面的成功经验，分享机构管理、测量不确定度评定成功案例，“十三五”以来，石油评审组办公室共组织了 8 次技术交流。分享的主要成果与经验如下：

在检验检测人员授权方面，对人员开展上岗证培训和能力确认，包括基础理论、基本技能、样品分析检测等方面的培训考核等。对样品采集、前处理准备、分析检测、记录填写等全流程进行考核，整个过程原始记录清晰可溯源，考核结果以标准物质分析的准确性判定考核是否合格。考核合格后，上岗证授权考试合格的参数项目，检验检测人员不得超出上岗证授权的项目开展检验检测活动。

在仪器设备规范化使用方面，依据检测标准要求准确配备检验检测所需要的全流程设备，包括采样、前处理、分析检测、数据处理等，技术指标和功能应满足标准要求。逐级梳理仪器设备检定 / 校准的参数和范围并有计划地实施，根据检验检测标准和仪器说明书开展检定 / 校准结果的全标准确认。对不能检定 / 校准的关键设备进行仪器比对或功能确认，制定仪器比对或功能确认作业指导书，开展比对和功能确认实验，保存记录。对重点仪器定期开展仪器设备的期间核查，确保设备性能正常，每年对仪器设备中存储的电子数据进行统一存储和数据备份，防止数据丢失，确保溯源链的完整性。

在检验检测实验室环境管理方面，任何相邻区域的工作相互之间有不利影响时应采取有效隔离措施，确保不会产生交叉干扰。按照标准要求，环境条件控制措施精确，对不能满足条件的实验室加装相应的设备和条件控制措施，确保环境条件不会对检验检测结果产生不良影响。

在检验检测过程溯源方面，通过自查比对每个技术记录的完整性、关联性、逻辑性，确认过程质量控制的情况。不定时抽查发放的检验检测报告，逆推核查原始技术记录，建立检验检测报告—实验原始记录—质量控制记录—仪器存储数据—仪器运转记录—仪器出入库记录—仪器校准记录—药品领用记录八步核查法，进行整个实验分析链条的溯源，从逻辑顺序、时间顺序和全面性三方面确认整个检验检测过程质量要求完成的合规性。

各机构创新的成功经验为行业树立了标杆，行业内的从业者通过交流学习先进经验和技术，不断提高自身的专业水平和技术能力，推动了行业的健康、快速发展。

第三节　评审员队伍建设

一、评审员选拔、聘用与继续教育

国家级检验检测机构资质认定评审员是经过严格选拔和专业培训的技术人员，在确保检验检测机构资质认定评审工作质量和公正性方面发挥着重要作用。为提升检验检测机构资质认定技术评审工作质量，加强国家级检验检测机构资质认定评审员（简称国家级资质认定评审员）队伍建设，国家认监委定期组织开展国家级资质认定评审员的补充工作。

中国石油依据《检验检测机构资质认定管理办法》《检验检测机构资质认定评审人员管理办法（试行）》对申请人员进行严格选拔，要求申请人员须熟悉检验检测机构资质认定管理有关法律法规、政策制度、相关领域技术评审要求、评审补充要求及专业要求等。重点推荐50周岁以下的技术骨干（如机构的技术负责人、质量负责人、授权签字人等），在资质认定评审中担任过技术专家的优先推荐。申请通过并推荐的人员还需经过国家认监委组织的评审员考试，根据考试成绩，择优纳入国家级资质认定评审员库管理，并予公布。

为了提高国家级资质认定评审员综合素质进而提高评审工作质量，石油评审组办公室每年组织评审员按时参加国家认监委开展的网上测评工作，要求证书未到期的评审员在指定时间内使用带有摄像头的计算机参加网上答题测试，其成绩作为选用评审员的参考依据。并定期对评审员开展法律法规、政策制度的宣贯和技术评审要求培训，确保评审工作的高标准和严要求。

二、评审员队伍现状分析

截至2023年底，石油评审组共有国家级资质认定评审员106名，其中国家级主任评审员11名。评审员中教授级高级工程师7人，占6.6%；高级工程师91人，占85.8%；工程师8人，占7.6%（图5-3）。

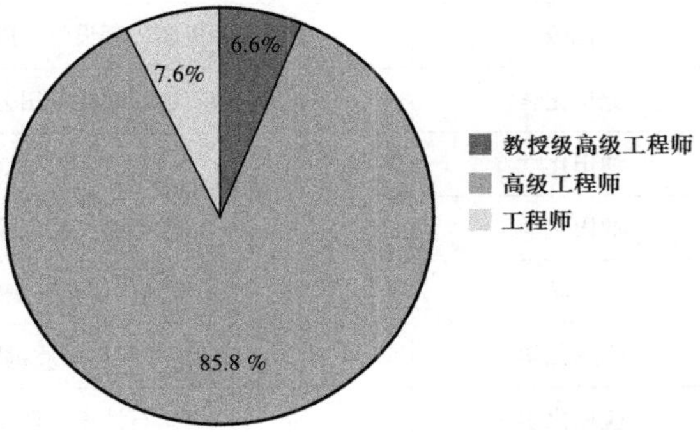

图5-3　石油评审组所属评审员职称分布情况

三、中国石油国家级资质认定评审员情况

截至2023年底，中国石油现有国家级检验检测机构资质认定评审员79名，名单详见表5-3。

表5-3 中国石油国家级资质认定评审员名单

序号	姓名	专业	工作单位
1	王秀萍	分析化学	中国石油吉林化工产品质检中心
2	白世龙	自动化及仪表	大庆油田有限责任公司质量安全环保部
3	赵　松	节能、环保	中国石油辽阳石化公司
4	侯学志	化学	石油工业原油及石油产品质量监督检验中心
5	李季成	化学	大庆油田工程有限公司
6	罗　忠	煤、地质、勘探	中国石油勘探开发研究院实验研究中心
7	赫连建峰	金属腐蚀与防护	石油工业防腐保温产品质量监督检验中心
8	沈晓红	环境、水质	大庆石油管理局有限公司环境监测中心站
9	马　哲	石油地质	中国石油新疆油田公司实验检测研究院
10	李　明	化学、机械	大庆油田技术监督中心
11	孙　宽	机械工程	大庆油田公司质量安全环保部
12	朱　斌	化学、机械	石油工业机械产品质量监督检验站
13	田　野	化工机械	石油工业机械产品质量监督检验站
14	季红新	石油、天然气	中国石油大港油田公司工程技术研究院
15	金　玉	油田化学	中国石油塔里木油田公司质量检测中心
16	文志雄	自动化仪表	石油工业机械产品质检中心
17	陈义龙	应用化学	中国石油安全环保技术研究院
18	田晓艳	机械、天然气	石油工业井下工具质量监督检验中心
19	姜　放	机械	中国石油集团工程设计有限责任公司西南分公司
20	罗　勤	分析化学	中国石油西南油气田公司天然气研究院
21	肖红章	油田化学	石油工业标准化研究所
22	杨俊贞	油田化学	渤海钻探公司泥浆分公司
23	葛树生	化学	大庆油田公司环境监测评价中心
24	刘金霞	应用化学	防腐保温产品质量监督检验中心
25	李巨峰	应用化学	中国石油安全环保技术研究院

续表

序号	姓名	专业	工作单位
26	李志生	地球化学	中国石油勘探开发研究院廊坊分院
27	王　东	热能工程	中国石油油田节能监测中心
28	武站国	油气勘探	中国石油大港油田公司勘探开发研究院实验中心
29	杨丽华	石油产品	哈尔滨石油产品质量监督检验中心
30	王建萍	油田化学	石油工业标准化研究所
31	杨继东	应用化学	大庆石油管理局有限公司环境监测中心站
32	周　怡	化学	大港油田检测监督评价中心
33	刘　芳	腐蚀与防护	大庆油田设计院有限公司防腐保温检测实验中心
34	鲍永革	应用化学	中国石油油田节能监测中心
35	何　川	电子仪器	石油工业入井流体质量监督检验中心
36	王金芬	自动化仪表	石油工业油田化学剂质量监督检验中心
37	刘翠微	油田化学	石油工业水泥及外加剂质量监督检验中心
38	王　丽	自动化仪表	中国石油西南油气田公司勘探开发研究院分析实验中心
39	高莉莉	油田化学	大庆石油管理局有限公司油水井封固材料性能检测实验中心
40	王贵江	油田化学	石油工业油田化学剂质量监督检验中心
41	谢　姝	化学工程	中国石油新疆油田公司实验检测研究院质量标准化研究所
42	赵增义	油田开发	中国石油新疆油田公司检测研究院
43	路　帅	环境工程	中国石油环境工程研究开发中心
44	李爱贵	材料、防腐保温	石油工业防腐保温产品质量监督检验中心
45	程　晶	环境、化工、机械	大庆油田有限责任公司质量节能部
46	甘　霖	化工	中国石油安全环保技术研究院质量技术研究所
47	刘　珥	机械、油田化学	中国石油西南油气田公司工程技术研究院
48	严小娟	环境	中国石油独山子石化公司环境监测中心
49	夏福军	环境、水质	大庆油田设计院有限公司水处理与油田化学研究室
50	胡金燕	环境、节能	中国石油西南油气田公司环境节能监测评价中心
51	张　灯	地质	中国石油西南油气田公司勘探开发研究院
52	李珍义	环境、节能	中国石油西南油气田公司重庆环境节能检测中心
53	刘长跃	矿物、化工	中国石油安全环保技术研究院质量技术研究所

续表

序号	姓名	专业	工作单位
54	祁国栋	化学	中国石油质量安全环保部
55	陈晓灵	材料	大港油田检测评价中心
56	张汉沛	能源	大庆油田设计院有限责任公司
57	周　理	能源	中国石油西南油气田公司天然气研究院
58	王晗阳	特种设备	石油工业井下工具质量监督检验中心
59	杜美美	水质、化工	华北油田产品质量监督检验站
60	李斌会	能源	大庆油田勘探开发研究院
61	秦　鹏	化工	中国石油石油化工研究院兰州化工研究中心
62	蒋怀远	化学	石油工业标准化研究所
63	刘玉娥	能源	石油工业标准化研究所
64	潘　敏	应用化学	川庆钻探公司安全环保质量监督检测研究院
65	申剑坤	油气田开发	川庆钻探公司安全环保质量监督检测研究院
66	孙联昌	工商管理硕士	石油管工程技术研究院
67	王永梅	工业分析	中国石油广东销售公司检测中心
68	袁海滨	石油工程	中国石油大庆油田技术监督中心
69	张　华	材料加工工程	石油管工程技术研究院
70	石佳明	化学	石油工业机械产品质量监督检验站
71	崔　磊	化学工程	中国石油工程建设有限公司西南分公司
72	王梦颖	应用化学	中国石油勘探开发研究院
73	陈立达	地质工程	中国石油油田节能监测中心
74	姚　源	材料科学与工程	石油工业机械产品质量监督检验站
75	杨小锋	石油机械	石油工业机械产品质量监督检验站
76	任　路	应用化学	石油工业井下工具质量监督检验中心
77	姚　亮	环境工程	中国石油长庆油田公司技术监测中心
78	于海波	有机化学	中国石油吉林化工产品质检中心
79	郑　贵	石油机械	大庆油田采油工程研究院

第六章　计量标准化建设

标准化是提升企业管理水平、增强企业核心竞争力的重要手段。中国石油高度重视标准化工作，先后印发了《关于加强标准化工作的意见》、标准化“十三五”“十四五”发展规划，明确了企业标准化发展的思路、原则、目标和重点任务。在石油石化计量领域，中国石油承担了国家、行业标准化委员会秘书处工作，组织或参与制定了油气计量、石油专用计量领域内的国家标准、行业标准，为我国石油石化计量标准体系建立健全提供了重要支撑。同时，基于企业生产实际，中国石油建立了企业计量标准化组织和计量标准体系，规范现场计量工作流程，为提升计量管理水平提供了标准保障。本章介绍了中国石油“十三五”以来，国际、国家、行业、企业四个层面的计量标准化工作情况。

第一节　国家和行业标准化工作

一、计量专业标准化组织

中国石油依托计量专业标准化组织，扎实推进国家和行业标准化工作，取得了显著成效：各计量标准化技术委员会持续完善相关制度、优化标准体系，油气计量领域标准主导地位持续巩固；积极推动国际标准间互认，促进计量服务“走出去”；创新国际标准化工作模式，提升中国石油国际标准话语权，使标准成为中国石油高质量发展的助推器。

1. 全国石油天然气标准化技术委员会油气计量及分析方法分技术委员会

全国石油天然气标准化技术委员会油气计量及分析方法分技术委员会（SAC/TC 355/SC 10），由国家标准化管理委员会批准成立并进行业务指导，主要负责石油、天然气、稳定轻烃计量方法，油气田及管道计量工艺，石油、稳定轻烃、油气田液化石油气分析测试方法等领域国家标准制修订工作，同时承担国际标准化组织石油动态测量分技术委员会（ISO/TC 28/SC 2）对口标准化技术工作，秘书处设立在中国石油计量测试研究所。

2. 石油工业标准化技术委员会油气计量及分析方法专业标准化技术委员会

石油工业标准化技术委员会（简称油标委）油气计量及分析方法专业标准化技术委员会（CPSC/TC 10），由国家能源局进行业务指导，秘书处设立在中国石油计量测试研究所，主要负责石油、天然气、稳定轻烃计量方法，油气田及管道计量工艺，石油、稳定轻烃、油气田液化石油气分析测试方法等领域行业标准制修订工作。

3. 全国天然气标准化技术委员会

全国天然气标准化技术委员会（SAC/TC 244），由国家标准化管理委员会批准成立并进行业务指导，秘书处设立在中国石油西南油气田公司天然气研究院，主要负责天然气专业领域内，从井口到用户全过程的天然气（包括井口天然气、管输天然气、车用压缩天然气、煤层气）及天然气代用品从生产（井口）到用户全过程的术语、质量、测量方法、取样、试验和分析方法的标准化，同时承担国际标准化组织天然气技术委员会（ISO/TC 193）对口的标准化技术工作，在计量领域设立了“天然气能量的测定”和“天然气上游领域”两个标准技术工作组，重点负责天然气能量的测定、上游领域湿气的计量等方面标准化工作。

4. 组织机构沿革

1）全国石油天然气标准化技术委员会油气计量及分析方法分技术委员会暨石油工业标准化技术委员会油气计量及分析方法专业标准化技术委员会

全国石油天然气标准化技术委员会油气计量及分析方法分技术委员会暨石油工业标准化技术委员会油气计量及分析方法专业标准化技术委员会（简称计量分析专标委）实行“一个机构，两块牌子”的工作模式，即两个委员会的委员相同，秘书处统一设置，有关标准化活动合并进行。委员由中国石油、中国石化、中国海油等石油企业的计量管理人员和技术人员组成。

2000 年 10 月，中国石油牵头联合中国石化和中国海油等重新组建了石油工业标准化技术委员会（国石化政发〔2000〕334 号文件），于 2002 年 9 月在北京重新组建第一届石油工业油气计量及分析方法专业标准化技术委员会。委员会由 32 名委员组成，杨果任主任委员，黄飞、沈琛、邢公任副主任委员，陈世杰任委员兼秘书长，王学文、尉忠友、周士科任委员兼副秘书长，王立东、王全华、石金成、孙笑非、张明、张锐、张洪珂、李金国、杨果、沈琛、肖素勤、陈琳、陈士杰、周士科、林炯、罗勤、罗东明、郑琦、侯学志、胡秀妮、赵德贵、郭绪明、高军、黄飞、董守平、靳辛、潘中印任委员，秘书处承担单位为大庆石油管理局标准计量处。

2006 年 1 月，根据油标委《关于油气计量及分析方法专业标准化技术委员会换届方案的批复》（油标委字〔2006〕7 号），第二届石油工业油气计量及分析方法专业标准化技术委员会由 32 名委员组成，杨果任主任委员，黄飞、沈琛、邢公任副主任委员，陈世杰任委员兼秘书长，王学文、尉忠友、周士科任委员兼副秘书长，陈琳、李荣光、张明、李金国、曲天煜、赵德贵、尚孟平、罗东明、任刚、王立东、郭绪明、郑琦、靳辛、高军、张锐、侯学志、王全华、石金成、熊兆洪、罗勤、魏进祥、沈麟书、董守平、潘中印任委员，秘书处承担单位为大庆石油管理局技术监督中心。

2013 年 12 月，根据国家标准化委员会办公室《关于成立全国石油天然气标准化技术委员会地球物理勘探分技术委员会等 10 个分技术委员会的批复》（标委办综合〔2013〕181 号），第一届全国石油天然气标准化技术委员会油气计量及分析方法分技术委员会由 59 名委员组成。杨果任主任委员，张益民、邢公任副主任委员，郑琦任委员兼秘书长，孙德刚、尉忠友和郑永建任委员兼副秘书长，秘书处承担单位为中国石油计量测试研究所。委员名单详见表 6−1。

2020 年 1 月，根据国家标准化管理委员会《关于批准全国信息技术标准化技术委员会等 11 个技术委员会换届的公告》（国标委 2020 年第 1 号），第二届全国石油天然气标准化技术委员会油气计量及分析方法分技术委员会由59名委员组成。由黄飞任主任委员，高飞、尉忠友、戴彤任副主任委员，焦学锋任委员兼秘书长，肖迪、毕海鹏、朱卫城任委员兼副秘书长。秘书处承担单位为中国石油计量测试研究所。

表 6–1 第一届全国石油天然气标准化技术委员会油气计量及分析方法分技术委员会委员名单

序号	姓名	委员会职务	工作单位
1	杨　果	主任委员	中国石油质量管理与节能部
2	张益民	副主任委员	中国石化科技开发部
3	邢　公	副主任委员	中国海洋石油总公司科技发展部
4	郑　琦	委员兼秘书长	国家石油天然气大流量计量站
5	孙德刚	委员兼副秘书长	中国石油质量管理与节能部标准计量处
6	尉忠友	委员兼副秘书长	中国石化科技开发部
7	郑永建	委员兼副秘书长	中国海洋石油湛江分公司生产部
8	高　军	委员	中国石油计量测试研究所
9	张福元	委员	中国石油西气东输管道公司南京计量测试中心
10	段继芹	委员	中国石油西南油气田公司安全环保与技术监督研究院
11	孙　宽	委员	大庆油田有限责任公司质量节能部
12	田文举	委员	中国石油辽河油田公司流量容器检测站
13	甘丛笑	委员	中国石油新疆油田公司质量安全环保处
14	李保中	委员	中国石油华北石油管理局计量站
15	吴德贵	委员	中国石油锦州石化公司计量处
16	张都辉	委员	中国石油乌鲁木齐石化公司
17	庞永夫	委员	中国石油管道公司运销处（廊坊）
18	李　韦	委员	中国石油管道公司沈阳调度中心
19	黄　和	委员	中国石油集团工程设计有限责任公司西南分公司
20	李国海	委员	中国石油北京天然气管道有限责任自控通讯分公司
21	白　岩	委员	中国石油长庆油田公司天然气计量站
22	何　敏	委员	中国石油西南油气田公司质量安全环保部
23	蔡浩晖	委员	中国石油西部管道公司生产运行处（乌鲁木齐）
24	韩宝龙	委员	中国石油大港油田公司企业管理处
25	康必勇	委员	中国石油销售公司西北销售分公司
26	谢富文	委员	中国石油天然气昆仑燃气有限责任公司

续表

序号	姓名	委员会职务	工作单位
27	靳　辛	委员	中国石化油田勘探开发事业部
28	魏进祥	委员	中国石化石油化工科学研究院
29	张进德	委员	中国石化河南石油勘探局质量技术监督处
30	王云岭	委员	中国石化江苏石油勘探局技术监督处
31	孙　旭	委员	中国石化管道储运分公司
32	朱成义	委员	中国石化胜利油田分公司技术检测中心
33	闫文灿	委员	中国石化天然气分公司
34	崔广伟	委员	中国石化天津分公司
35	郑德忠	委员	中国石化胜利石油管理局技术监督处计量科
36	洪　毅	委员	中海石油研究中心机电仪室
37	杨炳发	委员	中海石油工程建造公司计量调试中心
38	王力群	委员	中海石油天津分公司
39	张　锐	委员	中国石油石油工业原油及石油产品质量监督检验中心
40	侯学志	委员	中国石油石油工业原油及石油产品质量监督检验中心
41	张　明	委员	中国石油勘探与生产公司
42	李　明	委员	中国石油大庆石油管理局技术监督中心
43	潘竟军	委员	中国石油新疆采油院
44	周亚斌	委员	中国石油兰州润滑油研发中心分析检测中心
45	张双凤	委员	中国石油管道公司管道科技中心检测室
46	金　玉	委员	中国石油塔里木油田公司实验检测中心
47	吴良英	委员	中国石油大连石化公司质量环保检测中心
48	李文乐	委员	中国石油石油化工研究院
49	田松柏	委员	中国石化石油化工科学研究院
50	马冬晨	委员	中国石化西北分公司研究院
51	贾宗贤	委员	中国石化中原石油勘探局输油管理处
52	李瑞丽	委员	中国石油大学（北京）
53	黄咏梅	委员	中国计量学院
54	王金涛	委员	中国计量科学研究院容量室

续表

序号	姓名	委员会职务	工作单位
55	陈　坚	委员	中化集团公司兴中石油转运（舟山）有限公司
56	刘　艇	委员	太原太航流量工程有限公司
57	孙学军	委员	艾默生过程控制有限公司流量仪表部
58	仇　梁	委员	天信仪表集团有限公司
59	殷兴景	委员	浙江苍南仪表厂

2022年8月，根据《市场监管总局标准技术司关于调整全国风力发电标准化技术委员会等28个技术委员会委员的函》[市监标技（司）函〔2022〕205号]，第二届全国石油天然气标准化技术委员会油气计量及分析方法分技术委员会经调整后由60名委员组成。同意调整国家石油天然气大流量计量站肖迪为委员兼秘书长、调整国家管网西气东输分公司吴岩为委员兼副秘书长、调整中国石油质量安全环保部焦学锋为委员，增补中国石油质量健康安全环保部赵玉柱为主任委员，增补国家管网生产部祁国成、中海石油（中国）有限公司开发生产部潘亿勇为副主任委员，增补中海石油技术检测有限公司陈刚为委员兼副秘书长，增补中国石化北京燕山分公司检验计量中心赵兵、中国石化天然气分公司刘明亮、中国石化中原油田分公司马守锋、中国石油东北销售分公司刘闯、中国石油大庆石化公司计量检定测试中心于洋、中海油国际贸易（北京）有限责任公司侯丽艳、中海石油（中国）有限公司天津分公司傅晓军、中国石化西北油田分公司实验检测技术中心王丹、中油国际管道有限公司王华青、中国石油质量健康安全环保部王学文、中国石油工程建设有限公司西南分公司徐刚、中海石油气电集团有限责任公司陈海平为委员，解聘黄飞该分技术委员会主任委员职务，解聘高飞、戴彤该分技术委员会副主任委员职务，解聘朱卫城该分技术委员会委员兼副秘书长职务，解聘陈琳、刘立超、黄和、陈亮、曾雄飞、金涛、闫文灿、王双凤、杨炳发、赵德喜、洪毅委员职务。

2023年，第二届全国石油天然气标准化技术委员会油气计量及分析方法分技术委员会由60名委员组成，委员名单详见表6-2。

表6-2　第二届全国石油天然气标准化技术委员会油气计量及分析方法分技术委员会

序号	姓名	委员会职务	工作单位
1	赵玉柱	主任委员	中国石油质量健康安全环保部
2	尉忠友	副主任委员	中国石化科技部
3	潘亿勇	副主任委员	中海石油（中国）有限公司开发生产部
4	祁国成	副主任委员	国家管网生产部
5	肖　迪	委员兼秘书长	国家石油天然气大流量计量站
6	毕海鹏	委员兼副秘书长	中国石化科技部

续表

序号	姓名	委员会职务	工作单位
7	陈　刚	委员兼副秘书长	中海油能源发展股份有限公司中海石油技术检测有限公司
8	吴　岩	副秘书长	国家管网西气东输公司
9	王学文	委员	中国石油质量健康安全环保部
10	焦学锋	委员	中国石油质量健康安全环保部
11	马建国	委员	中国石油勘探与生产公司
12	刘　博	委员	大庆油田有限责任公司质量安全环保部
13	袁海滨	委员	大庆石油管理局有限公司技术监督中心
14	孙艳国	委员	中国石油辽河油田公司安全环保技术监督中心
15	宋晓峰	委员	中国石油长庆油田公司
16	王小强	委员	中国石油塔里木油田公司质量安全环保处
17	刘世疆	委员	中国石油新疆油田公司实验检测研究院计量监督检测中心
18	潘竞军	委员	中国石油新疆油田公司工程技术研究院
19	何　敏	委员	中国石油西南油气田公司质量安全环保处
20	韩宝龙	委员	中国石油大港油田公司质量安全环保处
21	田爱民	委员	中国石油华北油田公司
22	杨雪峰	委员	中国石油抚顺石化公司生产运行处
23	蒋建新	委员	中国石油乌鲁木齐石化公司
24	薛聚彦	委员	中国石油大连石化公司质检计量中心
25	刘　闯	委员	中国石油东北销售公司
26	康必勇	委员	中国石油西北销售公司
27	赵晨阳	委员	昆仑能源有限公司
28	徐　刚	委员	中国石油工程建设有限公司西南分公司
29	何　京	委员	中国石油石油化工研究院
30	赵成海	委员	中国石油计量测试研究所
31	杨学军	委员	石油工业原油及石油产品质量监督检验中心
32	于　洋	委员	中国石油大庆石化公司计量检定测试中心
33	任　佳	委员	国家石油天然气大流量计量站成都分站
34	王华青	委员	中油国际管道公司

续表

序号	姓名	委员会职务	工作单位
35	章群丹	委员	中国石化石油化工科学研究院
36	王　丹	委员	中国石化西北分公司
37	赵　兵	委员	中国石化北京燕山分公司
38	刘乔平	委员	中国石化江汉油田分公司
39	刘明亮	委员	中国石化天然气分公司
40	熊兆洪	委员	中国石化胜利油田分公司
41	马守锋	委员	中国石化中原油田分公司
42	张晓艳	委员	中国石化茂名分公司
43	肖国灿	委员	中国石化镇海炼化分公司
44	崔广伟	委员	中国石化天津分公司
45	郁　周	委员	中国石化金陵分公司
46	陈海平	委员	中海石油气电集团有限责任公司科技信息部
47	傅晓军	委员	中海石油（中国）有限公司天津分公司渤西作业公司
48	侯丽艳	委员	中海油国际贸易有限责任公司执行部
49	王志学	委员	国家管网北方管道有限责任公司
50	徐士敬	委员	国家管网东部原油储运有限公司
51	李婉婷	委员	国家管网北京管道有限公司
52	蔡浩晖	委员	国家管网西部管道有限责任公司
53	陈　坚	委员	中化中石化上海东方石化储运有限公司
54	李瑞丽	委员	中国石油大学（北京）
55	黄咏梅	委员	中国计量大学
56	李春辉	委员	中国计量科学研究院
57	贾文涛	委员	丹东意邦计量仪器仪表有限公司
58	周　宇	委员	艾默生过程控制有限公司
59	张建昌	委员	开封仪表有限公司
60	殷兴景	委员	浙江苍南仪表集团股份有限公司

2）全国天然气标准化技术委员会

全国天然气标准化技术委员会由中国石油、中国石化、中国海油、国家管网等石油企业，以及研究院所、高等院校、燃气公司的标准化管理人员和技术人员组成。

1999年9月，为适应高速发展的中国天然气工业，特别是国内外贸易对天然气产品和分析测试技术标准化的需求，支撑国家能源战略实施，根据《关于成立全国天然气标准化技术委员会的批复》(质技监局标函〔1999〕236号)，经原国家质量技术监督局批准，全国天然气标准化技术委员会SAC/TC244成立，第一届全国天然气标准化技术委员会由39名委员组成。李海元任主任委员，陈赓良、程绍志、邱健勇任副主任委员，原青民任秘书长，张勇、金芸明、张数球任副秘书长。秘书处设在四川石油管理局天然气研究院。委员名单详见表6-3。

表6-3 第一届全国天然气标准化技术委员会委员名单

序号	姓名	委员会职务	工作单位
1	李海元	主任委员	中国石油石油销售总公司
2	陈赓良	副主任委员	四川石油管理局天然气研究院
3	程绍志	副主任委员	中国石化油田勘探开发部
4	邱健勇	副主任委员	中国海洋石油总公司天然气办公室
5	原青民	秘书长	四川石油管理局天然气研究院
6	张　勇	副秘书长	中国石化油田勘探开发部
7	金芸明	副秘书长	中国海洋石油总公司科技办公室
8	张数球	副秘书长	中国新星石油公司开发部
9	李海平	委员	中国石油油气开发部
10	罗凤英	委员	中国石油销售总公司天然气处
11	祝宝利	委员	石油天然气管道研究院
12	叶学礼	委员	四川石油管理局勘察设计研究院
13	郭景洲	委员	胜利石油管理局油气集输公司
14	潘生秦	委员	中原石油勘探局
15	王春修	委员	中国海洋石油总公司勘探开发中心
16	关　德	委员	中国海洋石油总公司渤海采油公司
17	龚久和	委员	中国新星石油公司西南石油局
18	王晓娟	委员	建设部城建司
19	徐正康	委员	中国市政工程华北设计院
20	黄星亮	委员	石油大学（北京）
21	孙良田	委员	西南石油学院
22	韩　桥	委员	国家标准物质研究中心气体实验室

续表

序号	姓名	委员会职务	工作单位
23	刘光会	委员	西南化工研究院
24	郑　琦	委员	国家原油大计量站
25	郝耀武	委员	国家原油大流量计量站成都天然气流量分站
26	张秀敏	委员	中国石油规划设计总院
27	朱天寿	单位委员	中国石油长庆石油勘探局
28	王洪建	单位委员	中国石油吐哈开发第一事业部
29	孙国栋	单位委员	中国石油新疆石油管理局
30	崔天田	单位委员	中国石油辽河石油勘探局
31	董戎云	单位委员	中国石油大庆石油管理局
32	邱少林	单位委员	中国石油质量安全与环保部
33	李茂林	单位委员	中国海洋石油总公司销售公司
34	李　枫	单位委员	四川泸州天然气化工集团公司生产部
35	王平树	单位委员	中国石化四川维尼纶厂生产技术处
36	王建忠	单位委员	中国石油宁夏化工厂规划处
37	张海梁	单位委员	北京市天然气公司
38	陈　立	单位委员	重庆市燃气有限公司
39	刘汗宇	单位委员	云南云天化集团有限责任公司

2003 年 8 月，为推进天然气能量计量技术在我国的实施和应用，促进我国天然气计量方式与国际接轨，科学利用天然气资源，全国天然气标准化技术委员会成立“天然气能量的测定”标准技术工作组，负责天然气能量测定过程中天然气发热量测定及发热量与计量结果结合，进行能量测定的方法、程序、术语定义等相关标准化工作。

2003 年 10 月，根据《关于第二届全国天然气标准化技术委员会（SAC/TC244）换届及组成方案的批复》（标委办计划〔2003〕154 号），国家标准化管理委员会批准了全国天然气标委会的委员换届及组成方案。第二届全国天然气标准化技术委员会由 63 名委员组成。黄维和任主任委员，焦方正、邱健勇、黄黎明任副主任委员，常宏岗任秘书长，黄飞、李广月、徐晓明任副秘书长，秘书处设在中国石油西南油气田公司天然气研究院。委员名单详见表 6–4。

2008 年 9 月，根据《关于同意第三届全国天然气标准化技术委员会（SAC/TC244）换届及组成方案的批复》（标委办工〔2008〕262 号），国家标准化管理委员会批准了全国天然气标委会的委员换届及组成方案。第三届全国天然气标准化技术委员会由 2 名顾问和 71 名委员组成。黄维和任主任委员，石兴春、邱健勇、黄黎明任副主任委员，李海元、陈赓良任顾问，常宏岗任委员兼秘书长，陈效红、李广月、徐晓明任委员兼副秘书长，秘书处设在中国石油西南油气田公司天然气研究院。委员名单详见表 6-5。

表 6-4 第二届全国天然气标准化技术委员会委员名单

序号	姓名	委员会职务	工作单位
1	黄维和	主任委员	中国石油天然气与管道公司
2	焦方正	副主任委员	中国石化油田勘探开发事业部
3	邱健勇	副主任委员	中国海洋石油总公司（福建 LNG 站线项目执行工作室）
4	黄黎明	副主任委员	中国石油西南油气田公司天然气研究院
5	常宏岗	秘书长	中国石油西南油气田公司天然气研究院
6	黄　飞	副秘书长	中国石油质量安全环保部
7	李广月	副秘书长	中国石化油田勘探开发事业部
8	徐晓明	副秘书长	中国海洋石油总公司科技发展部
9	李海元	顾问	中国石油天然气与管道公司
10	陈赓良	顾问	中国石油西南油气田公司天然气研究院
11	王文廉	委员	中国石油青海油田公司天然气开发利用项目部
12	王云岭	委员	江苏石油勘探局技术监督处
13	王平树	委员	中国石化四川维尼纶厂生产技术处
14	王春修	委员	中国海洋石油研究中心勘探研究院
15	王冰怀	委员	中国石油天然气管道工程有限公司
16	王治春	委员	中国石化北京燕山石化公司科技部
17	王建忠	委员	中国石油宁夏石化公司工程管理处
18	王　斌	委员	中国石油天然气与管道公司
19	叶学礼	委员	中国石油工程设计有限责任公司
20	冉蜀勇	委员	中国石油新疆油田公司开发处
21	尹德灿	委员	中国石化南方勘探开发分公司生产管理处标准化科
22	闫宝东	委员	中国石油管道公司
23	刘怀义	委员	中国石油大港油田公司天然气公司
24	刘鸿生	委员	沪天化（集团）有限责任公司
25	刘贺群	委员	中国石油规划总院
26	朱建国	委员	中国石化新型西北分公司油气开发处

续表

序号	姓名	委员会职务	工作单位
27	朱天寿	委员	中国石油长庆油田公司第一采气厂
28	古延章	委员	中国海洋石油渤海分公司
29	邢耀霖	委员	武汉市燃气热力集团公司
30	李海平	委员	中国石油勘探与生产公司
31	李朝霞	委员	中国石化石油勘探开发研究院
32	李　勇	委员	中国石化新星西南分公司
33	李振峰	委员	中国石化东北分公司
34	陈胜永	委员	中国石油西南油气田公司开发事业部
35	陈　立	委员	重庆燃气集团有限责任公司
36	陈运强	委员	中国石油工程设计有限责任公司西南分公司
37	何永玥	委员	中国石油天然气华东勘察设计研究院
38	何忠斌	委员	中国石油辽河油田公司天然气公司
39	郑　琦	委员	中国石油计量测试研究所
40	周　卫	委员	深圳市燃气集团有限公司
41	张烈辉	委员	西南石油学院石油工程学院
42	张汉沛	委员	石油工业原油及石油产品质量监督检验中心
43	贾秋阳	委员	中国石化集团江汉石油管理局质量技术监督处
44	贾健谊	委员	中国石化上海海洋油气分公司
45	姜德青	委员	中国石油塔里木油田公司开发事业部
46	杨培敏	委员	中国石油大庆石化公司计划经营处
47	郭绪明	委员	中国石油西南油气田公司质量安全环保处
48	郭景洲	委员	中国石化胜利油田分公司油气集输公司
49	俞　凯	委员	中国石化胜利油田分公司油气集输公司
50	吴洪松	委员	中国市政工程华北设计研究院设计四所
51	高淑梅	委员	中国石油吐哈油田公司开发处
52	顾予新	委员	住房和城乡建设部城市建设司市政处
53	彭　伟	委员	中国能源建设集团华东电力试验研究院
54	黄超明	委员	西南化工研究设计院

续表

序号	姓名	委员会职务	工作单位
55	黄星亮	委员	石油大学（北京）化工学院石油天然气催化研究所
56	潘生秦	委员	中国石化中原油田分公司
57	潘卫云	委员	北京市燃气集团有限责任公司燃气输配分公司
58	魏　巍	委员	北京华油天然气有限责任公司生产运行部
59	谢玉洪	委员	中国海洋石油（中国）有限公司湛江分公司
60	韩　桥	委员	国家标准物质研究中心
61	董成云	委员	大庆油田有限责任公司天然气分公司
62	雷　鸣	委员	中国石油华北油田公司开发部
63	袁平凡	委员	国家原油大流量计量站成都天然气流量分站

表 6–5　第三届全国天然气标准化技术委员会委员名单

序号	姓名	委员会职务	工作单位
1	黄维和	主任委员	中国石油天然气与管道公司
2	石兴春	副主任委员	中国石化油田勘探开发事业部
3	邱健勇	副主任委员	中国海洋石油总公司（福建 LNG 站线项目执行工作室）
4	黄黎明	副主任委员	中国石油西南油气田公司天然气研究院
5	常宏岗	秘书长	中国石油西南油气田公司天然气研究院
6	陈效红	委员兼副秘书长	中国石油管理与节能部
7	李广月	委员兼副秘书长	中国石化油田勘探开发事业部
8	徐晓明	委员兼副秘书长	中国海洋石油总公司科技发展部
9	李海元	顾问	中国石油天然气与管道公司
10	陈赓良	顾问	中国石油西南油气田公司天然气研究院
11	陈　立	委员	重庆燃气（集团）有限责任公司
12	陈胜永	委员	中国石油工程设计有限责任公司西南分公司
13	陈运强	委员	中国石油工程设计有限责任公司西南分公司
14	戴　仲	委员	大庆油田有限责任公司
15	黄星亮	委员	中国石油大学（北京）
16	何志祥	委员	中国石化江汉油田分公司
17	韩　桥	委员	中国计量科学研究院

续表

序号	姓名	委员会职务	工作单位
18	胡雪峰	委员	中国石油新疆油田公司
19	贾健谊	委员	中国石化上海海洋油气分公司
20	贾士栋	委员	中海油福建天然气公司
21	焦桐祥	委员	中国石油大庆石化公司
22	罗庆洪	委员	四川化工控股（集团）有限责任公司
23	李志军	委员	中海油中海石油研究中心
24	李振峰	委员	中国石化东北油气分公司
25	李　勇	委员	中国石化西南油气分公司
26	李海平	委员	中国石油咨询中心
27	刘广文	委员	中国石油管道科研中心
28	罗　勤	委员	石油工业天然气质量监督检验中心
29	刘炳宣	委员	中国石化江苏油田分公司
30	刘　毅	委员	中国石油长庆油田公司
31	伦增珉	委员	中国石化石油勘探开发研究院
32	刘勇明	委员	中国石油西南油气田公司
33	刘贺群	委员	中国石油规划总院
34	马勇新	委员	中海油湛江分公司
35	米庆买	委员	中国石油天然气与管道公司
36	莫　沅	委员	中国石油宁夏石化公司
37	潘卫云	委员	北京市燃气集团有限责任公司
38	孙凌云	委员	中国石油青海油田公司
39	汤　林	委员	中国石油勘探与生产公司
40	谭　健	委员	中国石油勘探与生产公司
41	谭光天	委员	中国石油吐哈油田公司
42	吴洪松	委员	中国市政工程华北设计研究院
43	王大军	委员	西南化工研究设计院
44	汪军民	委员	武汉市燃气热力集团有限公司
45	王治春	委员	中国石化北京燕山分公司

续表

序号	姓名	委员会职务	工作单位
46	王念喜	委员	中国石化华北分公司
47	魏东吼	委员	中国石油天然气与管道公司
48	王平树	委员	中国石化四川维尼纶厂
49	魏　巍	委员	中国石油北京华油天然气有限责任公司
50	王天祥	委员	中国石油塔里木油田公司
51	王小平	委员	中国石油西气东输管道公司
52	俞　凯	委员	中国石化华东分公司
53	余　进	委员	中海油中海石油（中国）有限公司
54	尉忠友	委员	中国石化科技开发部
55	杨志毅	委员	中国石化天然气分公司
56	叶学礼	委员	中国石油工程设计有限责任公司
57	杨　华	委员	中国石化中原石油勘探局
58	于国栋	委员	中国石油吉林油田公司
59	杨明哲	委员	中国石油辽河油田公司
60	郑承震	委员	中国石油管道公司
61	周　卫	委员	深圳市燃气集团股份有限公司
62	张筱萍	委员	海工英派尔工程有限公司
63	张其芳	委员	深圳出入境检验检疫局
64	张烈辉	委员	西南石油大学
65	赵习森	委员	中国石化西北油田分公司
66	周方勤	委员	国家原油大流量计量站成都天然气流量分站
67	曾大乾	委员	中国石化中原油田普光分公司
68	张　波	委员	中国石化胜利油田分公司
69	张艳霞	委员	中国石油大港油田公司
70	张凤群	委员	中国石油大港油田公司
71	赵桂英	委员	中国石油天然气管道工程有限公司
72	张汉沛	委员	石油工业原油及石油产品质量监督检验中心
73	郑　琦	委员	国家原油大流量计量站

2010 年 11 月，为解决天然气从井口到长输管道之间的取样、分析测试和测量的相关技术问题，保证上游领域天然气取样的有效性和代表性，以及分配和交接中分析和测量的准确性，全国天然气标准化技术委员会成立了“天然气上游领域”标准技术工作组，负责跟踪 ISO/TC 193/SC 3“天然气上游领域”分委会各工作组的工作进展，围绕井口天然气分析检测、天然气处理分析方法、湿天然气流量测量等方面开展标准化工作。

2014 年 11 月，根据《国家标准委办公室关于全国天然气标准化技术委员会换届及组成方案的复函》（标委办综合函〔2014〕215 号），国家标准化管理委员会批准了全国天然气标委会的委员换届及组成方案。第四届全国天然气标准化技术委员会由 2 名顾问和 75 名委员组成，黄维和任主任委员，石兴春、邱健勇和黄黎明任副主任委员，李海元和陈赓良任顾问，常宏岗任委员兼秘书长，陈效红、李广月和夏芳任委员兼副秘书长，秘书处承担单位为中国石油西南油气田公司天然气研究院。委员名单详见表 6-6。

表 6-6　第四届全国天然气标准化技术委员会委员名单

序号	姓名	委员会职务	工作单位
1	李海元	顾问	中国石油天然气与管道公司
2	陈赓良	顾问	中国石油西南油气田公司天然气研究院
3	黄维和	主任委员	中国石油天然气股份有限公司
4	石兴春	副主任委员	中国石化油田勘探开发事业部
5	邱健勇	副主任委员	中海石油气电集团有限责任公司
6	黄黎明	副主任委员	中国石油西南油气田公司天然气研究院
7	常宏岗	委员兼秘书长	中国石油西南油气田公司天然气研究院
8	陈效红	委员兼副秘书长	中国石油质量与标准管理部
9	李广月	委员兼副秘书长	中国石化油田勘探开发事业部
10	夏　芳	委员兼副秘书长	中国海洋石油总公司
11	陈　广	委员	中国石油工程建设公司
12	蔡浩晖	委员	中国石油西部管道公司科技信息服务中心
13	陈　立	委员	重庆燃气集团股份有限公司
14	陈胜永	委员	中国石油西南油气田公司
15	陈运强	委员	中国石油工程设计有限责任公司西南分公司
16	戴　彤	委员	中海石油（中国）有限公司
17	戴　仲	委员	大庆油田有限责任公司天然气分公司
18	高青松	委员	中国石化华北分公司勘探开发研究院
19	戈仁刚	委员	中海石油（中国）有限公司

续表

序号	姓名	委员会职务	工作单位
20	韩　桥	委员	中国计量科学研究院
21	黄星亮	委员	中国石油大学（北京）
22	贾士栋	委员	中海浙江液化天然气有限公司
23	吉树鹏	委员	中国石化东北石油局工程技术研究院
24	李高潮	委员	阿姆河天然气公司
25	刘广文	委员	中国石油管道公司科技研究中心
26	刘华印	委员	中国石油工程设计有限责任公司
27	刘　锴	委员	中国石油天然气与管道公司
28	李　平	委员	中国石化胜利油田分公司油气集输总厂
29	罗　勤	委员	石油工业天然气质量监督检验中心
30	刘勇明	委员	中国石油西南油气田公司
31	刘占良	委员	中国石油长庆油田公司第五采气厂
32	伦增珉	委员	中国石化石油勘探开发研究院
33	米洪刚	委员	中海油（中国）有限公司湛江分公司
34	莫　沅	委员	中国石油宁夏石化公司
35	蒲宏斌	委员	中国石化天然气分公司
36	关志宏	委员	北京北燃绿谷供热科技发展有限公司
37	孙春良	委员	中国石油规划总院
38	宋　飞	委员	中国石油管道公司
39	史云清	委员	中国石化石油勘探开发研究院
40	汤　林	委员	中国石油勘探与生产公司
41	谭　健	委员	中国石油勘探与生产公司
42	唐建东	委员	中国石化江苏油田分公司
43	吴洪松	委员	中国市政工程华北设计研究院
44	文军红	委员	中国石化西北油田分公司雅克拉采气厂
45	王劲松	委员	国家石油天然气大流量计量站南京分站
46	吴景哲	委员	中国石油大庆石化公司
47	王金昌	委员	海工英派尔工程有限公司
48	王念喜	委员	陕西延长石油（集团）有限责任公司研究院

续表

序号	姓名	委员会职务	工作单位
49	王学军	委员	中国石油天然气管道工程有限公司
50	魏　巍	委员	中国石油北京天然气管道有限公司
51	王小平	委员	中国石油西气东输管道公司
52	吴聿元	委员	中国石化华东分公司
53	王振兴	委员	中国石油江汉油田公司天然气勘探开发处
54	肖　迪	委员	国家石油天然气大流量计量站
55	徐文满	委员	中国石油天然气与管道公司
56	晏　凌	委员	中国石油川庆钻探工程有限公司
57	闫文灿	委员	中国石化天然气分公司计量研究中心
58	尉忠友	委员	中国石化科技部
59	张秉铭	委员	中国石化油田勘探开发事业部
60	郑承震	委员	中国石油集团东南亚管道有限公司
61	曾大乾	委员	中国石化中原油田普光分公司
62	周方勤	委员	国家石油天然气大流量计量站成都分站
63	张汉沛	委员	石油工业原油及石油产品质量监督检验中心
64	张建国	委员	中国石化河南油田分公司
65	张烈辉	委员	西南石油大学
66	张　鹏	委员	中国石油中亚天然气管道有限公司
67	张其芳	委员	深圳出入境检验检疫局
68	张庆生	委员	中国石化中原油田普光分公司
69	张　伟	委员	中国石油北京油气调控中心
70	周晓红	委员	中海油研究总院
71	张艳霞	委员	中国石油工程建设公司华东设计分公司
72	张应安	委员	中国石油吉林油田公司采油工艺研究院
73	赵业荣	委员	中国石油工程技术分公司
74	邹应勇	委员	中国石油塔里木油田公司油气工程研究院
75	赵祚培	委员	中国石化西南油气分公司
76	刘剑文	委员	广东省天然气管网有限公司
77	李金国	委员	中国石油销售公司

2016 年，根据委员会工作需要和部分委员个人情况，对部分委员和任职情况进行调整，通过主管部门中国石油向国家标准化管理委员会提交了委员调整的申请，国标委工业一部于 2017 年 2 月 16 日以标委工一函〔2017〕10 号文回复，批准了委员调整方案。

2019 年 11 月，国家标准委发布《国家标准化管理委员会关于批准全国矿山机械标准化技术委员会等 25 个技术委员会换届的公告》（2019 年第 13 号），对全国天然气标准化技术委员会换届给予批准。第五届全国天然气标准化技术委员会由 68 名委员组成，黄维和任主任委员，常宏岗、樊中海、戴彤任副主任委员，罗勤任委员兼秘书长，陈效红、李广月和夏芳任委员兼副秘书长，秘书处承担单位为中国石油西南油气田公司天然气研究院。

2021 年 10 月，因国家管网成立并参与全国天然气标准化技术委员会工作，全国天然气标准化技术委员会按照《全国专业标准化技术委员会管理规定》完成委员的调整和增补，根据《市场监管总局标准技术司关于调整全国刀具标准化技术委员会等 47 个技术委员会委员的函》[市监标技（司）函〔2021〕284 号]，同意增补国家管网科技数字本部谢丹为副主任委员，增补中国石油科技管理部邵男为委员兼副秘书长，增补国家管网科技数字本部惠泉为委员兼副秘书长，增补中国海洋石油集团有限公司科技信息部黄鑫为委员兼副秘书长，增补国家管网广东省管网有限公司朱振、中国石油质量健康安全环保部焦学锋、中海石油（中国）有限公司天津分公司许建军、国家石油天然气大流量计量站南京分站周雷、中国石化天然气榆济管道分公司王雁冰、中海石油气电集团有限责任公司毕晓星、中海油石化工程有限公司吴广增、中国石油销售公司李金国、国家管网西气东输分公司王海峰为委员，解聘陈效红、夏芳该技术委员会委员兼副秘书长职务，解聘韩巍、贾士栋、谭春波、王金昌、张志胜委员职务。

2022 年 10 月，全国天然气标准化技术委员会按照《全国专业标准化技术委员会管理规定》完成委员的调整和增补，按照《市场监管总局标准技术司关于调整全国橡胶与橡胶制品标准化技术委员会等 48 个技术委员会委员的函》[市监标技（司）函〔2022〕228 号]，同意调整西南石油大学张烈辉为副主任委员，增补中国石油西南油气田公司天然气研究院周理为委员兼秘书长，增补中国海油科技信息部毛云萍为委员兼副秘书长，解聘罗勤该技术委员会委员兼秘书长职务，解聘黄鑫该技术委员会委员兼副秘书长职务。

2023 年，全国天然气标准化技术委员会委员第五届技术委员会经 2021 年和 2022 年调整和增补，现由 74 名委员组成。第五届全国天然气标准化技术委员会委员名单详见表 6–7。

表 6–7　第五届全国天然气标准化技术委员会委员名单

序号	姓名	委员会职务	工作单位
1	黄维和	主任委员	中国石油天然气股份有限公司
2	常宏岗	副主任委员	中国石油西南油气田公司
3	樊中海	副主任委员	中国石化油田勘探开发事业部
4	戴　彤	副主任委员	中海油国际贸易有限责任公司
5	张烈辉	副主任委员	西南石油大学

续表

序号	姓名	委员会职务	工作单位
6	谢 丹	副主任委员	国家管网科技数字本部
7	周 理	秘书长	中国石油西南油气田公司
8	李广月	副秘书长	中国石化油田勘探开发事业部
9	毛云萍	副秘书长	中国海油科技信息部
10	惠 泉	副秘书长	国家管网科技数字本部
11	邵 男	副秘书长	中国石油科技管理部
12	安小霎	委员	中国寰球工程有限公司北京分公司
13	毕海鹏	委员	中国石化科技部
14	蔡浩晖	委员	国家管网西部管道有限责任公司
15	陈国峰	委员	深圳海关工业品检测技术中心
16	陈 立	委员	重庆燃气集团股份有限公司
17	陈运强	委员	中国石油工程建设有限公司西南分公司
18	丁建威	委员	大庆油田有限责任公司
19	何大伟	委员	中海石油（中国）有限公司勘探部
20	何发岐	委员	中国石化华北油气分公司
21	黄星亮	委员	中国石油大学（北京）
22	李高澜	委员	中油国际（土库曼斯坦）天然气公司
23	吕国锋	委员	中国石油江苏液化天然气有限公司
24	李广群	委员	中国石油管道局工程有限公司设计分公司
25	刘合年	委员	中国石油国际勘探开发有限公司
26	梁惠莫	委员	中国石油宁夏石化公司
27	刘华印	委员	中国石油工程建设有限公司
28	李殊平	委员	中国石油西南油气田公司
29	陆亚秋	委员	中国石化重庆涪陵页岩气勘探开发有限公司
30	刘占良	委员	中国石油长庆油田公司
31	梅永贵	委员	中国石油华北油田公司
32	蒲宏斌	委员	中国石化天然气分公司
33	亓 皛	委员	中国石化胜利油田分公司

续表

序号	姓名	委员会职务	工作单位
34	宋 彬	委员	国家石油天然气大流量计量站成都分站
35	孙春良	委员	中国石油规划总院
36	孙方宪	委员	中国石油华东设计院有限公司
37	孙 齐	委员	中国石油昆仑能源有限公司
38	史云清	委员	中国石化石油勘探开发研究院
39	汤 林	委员	中国石油勘探与生产公司
40	王春升	委员	中海油研究总院
41	王红卫	委员	南通海关综合技术中心
42	王 军	委员	中国石油西南油气田公司
43	王建峰	委员	中国石化西北油田分公司
44	王立东	委员	中国石化化工事业部
45	王念喜	委员	陕西延长石油研究院
46	王小强	委员	中国石油塔里木油田公司
47	王智学	委员	中国石油昆仑燃气有限公司
48	吴 海	委员	中国计量科学研究院
49	吴洪松	委员	中国市政工程华北设计研究总院有限公司
50	乌兰陶克	委员	中国华电集团有限公司
51	吴 韬	委员	中海油国际贸易有限责任公司
52	魏 巍	委员	中国石油北京天然气管道有限公司
53	吴聿元	委员	中国石化华东油气分公司
54	肖 迪	委员	国家石油天然气大流量计量站
55	徐凤银	委员	中石油煤层气有限责任公司
56	徐文满	委员	中国石油天然气销售公司
57	闫文灿	委员	国家管网西气东输分公司
58	于燕平	委员	北京市燃气集团研究院
59	于艳秋	委员	中国石化中原油田分公司
60	张秉铭	委员	中国石化油田勘探开发事业部
61	张汉沛	委员	石油工业原油及石油产品质量监督检验中心
62	张 鹏	委员	中油国际管道有限公司

续表

序号	姓名	委员会职务	工作单位
63	张世斌	委员	国家管网北方管道有限责任公司
64	朱卫城	委员	中海石油（中国）有限公司开发生产部
65	赵祚培	委员	中国石化西南油气分公司
66	毕晓星	委员	中海石油气电集团有限责任公司
67	焦学锋	委员	中国石油质量健康安全环保部
68	李金国	委员	中国石油销售公司
69	王雁冰	委员	中国石化天然气榆济管道分公司
70	吴广增	委员	中海油石化工程有限公司
71	许建军	委员	中海石油（中国）有限公司天津分公司
72	周　雷	委员	国家石油天然气大流量计量站南京分站
73	朱　振	委员	国家管网广东省管网有限公司
74	王海峰	委员	国家管网西气东输分公司

二、计量标准体系

1. 油气计量及分析方法标准体系

按照国务院《深化标准化工作改革方案》（国发〔2015〕13 号）要求，围绕石油工业发展，以建设“统一、先进、国际同行认可”标准体系为目标，计量分析专标委积极推进国家、行业标准更新完善，建成了整体协调、科学合理的油气计量及分析方法标准体系，发挥了标准体系在标准化工作中的战略定位作用，规范和引领了油气计量标准化工作发展。

经过多年建设运行，油气计量及分析方法标准体系日臻成熟，涵盖了领域基础标准、液态烃流量计量标准、天然气流量计量标准、油气流量配套参数计量标准和原油及相关产品试验方法标准，共五大子体系，涉及石油工业上游领域有关陆地和海洋通用的原油、天然气、轻烃流量及相关参数计量技术和管理标准，石油、稳定轻烃、油气田液化石油气分析测试方法标准，如图 6-1 所示。截至 2023 年，体系中颁布实施的标准 81 项，其中国家标准 48 项（占比 59.3%），行业标准 33 项（占比 40.7%），详见表 6-8。“十三五”期间，根据行业实际需求，通过跟踪分析研究国内外油气计量及分析方法相关标准，进一步明确标准类别构建和标准体系建设方向，将采集与处理、矿场计量、湿气计量等纳入标准体系，扩大了标准体系的专业覆盖面，同时按照“全面成套、层次适当、专业划分”的原则，对国家标准和行业标准重新进行梳理，制修订了 9 项国家、行业标准，提高了标准体系的系统性、先进性及其他专业标准体系的协调性。

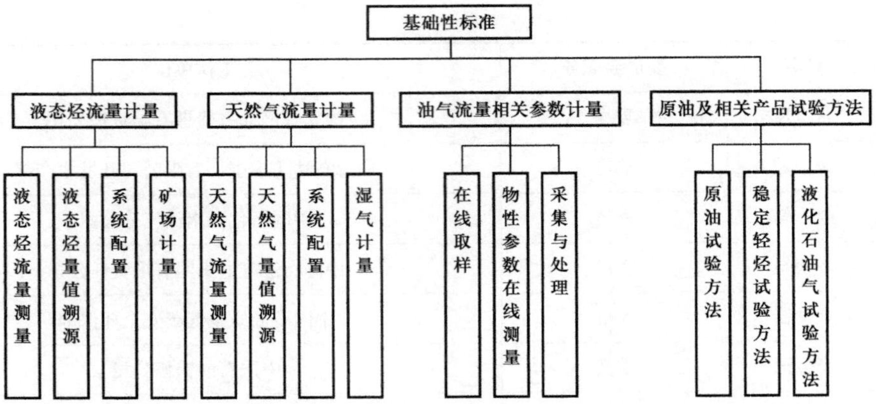

图 6-1　计量分析专标委标准体系结构示意图

表 6-8　油气计量及分析方法标准明细表

序号	标准编号	标准名称	备注
1	GB/T 8423.4—2022	《石油天然气工业术语　第 4 部分：油气计量与分析》	基础性标准
2	GB/T 17291—1998	《石油液体和气体计量的标准参比条件》	
3	GB/T 9109.1—2016	《石油和液体石油产品动态计量　第 1 部分：一般原则》	液态烃流量计量
4	GB/T 9109.2—2014	《石油和液体石油产品动态计量　第 2 部分：流量计安装技术要求》	
5	GB/T 9109.3—2014	《石油和液体石油产品动态计量　第 3 部分：体积管安装技术要求》	
6	GB/T 9109.5—2017	《石油和液体石油产品动态计量　第 5 部分：油量计算》	
7	GB/T 9110—1988	《原油立式金属罐计量油量计算方法》	
8	GB/T 17286.1—2016	《液态烃动态测量　体积计量流量计检定系统　第 1 部分：一般原则》	
9	GB/T 17286.2—2016	《液态烃动态测量　体积计量流量计检定系统　第 2 部分：体积管》	
10	GB/T 17286.3—2010	《液态烃动态测量　体积计量流量计检定系统　第 3 部分：脉冲插入技术》	
11	GB/T 17286.4—2006	《液态烃动态测量　体积计量流量计检定系统　第 4 部分：体积管操作人员指南》	
12	GB/T 17288—2009	《液态烃体积测量　容积式流量计计量系统》	
13	GB/T 17289—2009	《液态烃体积测量　涡轮流量计计量系统》	
14	GB/T 20658—2006	《原油和液体石油产品　黏稠烃的体积计量》	
15	GB/T 36989—2018	《用超声流量计测量液态烃流量》	
16	SY/T 5398—2017	《石油天然气交接计量站计量器具配备规范》	
17	SY/T 5669—2019	《石油和液体石油产品　立式金属罐交接计量规程》	
18	SY/T 5670—2018	《石油和液体石油产品　铁路罐车交接计量规程》	

续表

序号	标准编号	标准名称	备注
19	SY/T 5671—2018	《石油和液体石油产品　流量计交接计量规程》	液态烃流量计量
20	SY/T 6042—2019	《液化石油气和稳定轻烃动态计量计算方法》	
21	SY/T 6682—2007	《用科里奥利质量流量计测量液态烃流量》	
22	SY/T 7667—2022	《石油和液体石油产品　自动计量系统技术要求》	
23	GB/T 18603—2023	《天然气计量系统技术要求》	天然气流量计量
24	GB/T 18604—2023	《用气体超声流量计测量天然气流量》	
25	GB/T 21391—2022	《用气体涡轮流量计测量天然气流量》	
26	GB/T 21446—2008	《用标准孔板流量计测量天然气流量》	
27	GB/T 30500—2014	《气体超声流量计使用中检验声速检验法》	
28	GB/T 34166—2017	《用标准喷嘴流量计测量天然气流量》	
29	GB/T 35186—2017	《天然气计量系统性能评价方法》	
30	SY/T 6658—2021	《用旋进旋涡流量计测量天然气流量》	
31	SY/T 6659—2016	《用科里奥利质量流量计测量天然气流量》	
32	SY/T 6660—2021	《用旋转容积式流量计测量天然气流量》	
33	SY/T 6999—2014	《用移动式气体流量标准装置在线检定流量计的一般要求》	
34	SY/T 7551—2019	《用槽道式流量计测量天然气流量》	
35	SY/T 7552—2020	《天然气贸易计量用流量计选型指南》	
36	GB/T 17287—1998	《液态烃动态测量　体积计量流量计检定系统的统计控制》	油气流量相关参数计量
37	GB/T 17746—1999	《石油液体和气体动态测量　电和（或）电子脉冲数据电缆传输的保真度和可靠度》	
38	GB/T 23256—2009	《石油液体管线自动取样测定石油液体中水含量的自动取样器性能的统计学评估》	
39	GB/T 27867—2011	《石油液体管线自动取样法》	
40	GB 9053—2013	《稳定轻烃》	原油及相关产品试验方法
41	GB 36170—2018	《原油》	
42	GB/T 6532—2012	《原油中盐含量的测定　电位滴定法》	
43	GB/T 6533—2012	《原油中水和沉淀物测定　离心法》	
44	GB/T 8929—2006	《原油水含量的测定　蒸馏法》	
45	GB/T 11059—2022	《原油蒸气压的测定　膨胀法》	

续表

序号	标准编号	标准名称	备注
46	GB/T 11146—2009	《原油水含量测定　卡尔·费休库仑滴定法》	原油及相关产品试验方法
47	GB/T 17280—2017	《原油蒸馏标准试验方法　15- 理论塔板蒸馏柱》	
48	GB/T 17282—2012	《根据黏度测量值确定石油平均相对分子质量的方法》	
49	GB/T 17606—2009	《原油中硫含量的测定　能量色散 X- 射线荧光光谱法》	
50	GB/T 17674—2021	《原油中氮含量的测定　舟进样化学发光法》	
51	GB/T 18608—2012	《原油中铁、镍、钠、钒含量的测定　原子吸收光谱法》	
52	GB/T 18609—2011	《原油酸值的测定　电位滴定法》	
53	GB/T 18610.1—2015	《原油残炭的测定　第 1 部分：康氏法》	
54	GB/T 18610.2—2016	《原油残炭的测定　第 2 部分：微量法》	
55	GB/T 18611—2015	《原油简易蒸馏试验方法》	
56	GB/T 18612—2011	《原油中有机氯含量的测定》	
57	GB/T 26982—2022	《原油蜡含量的测定》	
58	GB/T 26983—2011	《原油中硫化氢、甲基硫醇和乙基硫醇测定法》	
59	GB/T 26984—2011	《原油馏程的测定》	
60	GB/T 26985—2018	《原油倾点的测定》	
61	GB/T 26986—2011	《原油水含量测定　卡尔·费休电位滴定法》	
62	SY/T 0520—2008	《原油粘度测定　旋转粘度计平衡法》	
63	SY/T 0521—2008	《原油析蜡点测定　显微观测法》	
64	SY/T 0522—2008	《原油析蜡点测定　旋转粘度计法》	
65	SY/T 0528—2008	《原油中砷含量的测定　原子荧光光谱法》	
66	SY/T 0536—2008	《原油盐含量测定法　电量法》	
67	SY/T 0537—2008	《原油中蜡含量测定法》	
68	SY/T 0541—2009	《原油凝点测定法》	
69	SY/T 0542—2008	《稳定轻烃组分分析　气相色谱法》	
70	SY/T 0543—2009	《稳定轻烃取样方法》	
71	SY/T 0545—2012	《原油析蜡热特性参数的测定　差示扫描量热法》	
72	SY/T 5402—2016	《原油水含量的测定　电脱法》	
73	SY/T 6520—2014	《原油脱水试验方法　压力釜法》	
74	SY/T 7504—2008	《原油中正辛烷及以前烃组分分析　气相色谱法》	

续表

序号	标准编号	标准名称	备注
75	SY/T 7509—2014	《液化石油气残留物测定法》	原油及相关产品试验方法
76	SY/T 7513—1988	《出矿原油技术条件》	
77	SY/T 7516—2010	《改性原油倾点的测定　熔化法》	
78	SY/T 7517—2010	《原油比热容的测定方法》	
79	SY/T 7547—2014	《原油屈服值的测定　旋转粘度计法》	
80	SY/T 7549—2000	《原油粘温曲线的确定　旋转粘度计法》	
81	SY/T 7550—2012	《原油中蜡、胶质、沥青质含量的测定》	

2. 天然气质量控制和能量测定标准体系

全国天然气标准化技术委员会结合天然气专业发展规划和实际情况，按照“系统规划、全面覆盖、重点突破、依靠科技，提高质量”的原则，制定发布了天然气质量控制和能量测定标准体系，主要覆盖湿天然气测试、含硫天然气测试、水合物及残留物测试、天然气处理过程测试、页岩气勘探与开发、天然气产品、天然气取样、天然气组成分析、天然气有毒物有害物分析、天然气性质测定、天然气系统性能评价和天然气通用基础等方面，如图 6−2 所示。截至 2023 年，标准体系表中共规划标准 194 项，现行有效和已报批标准的 109 项，其中国家标准 88 项，行业标准 21 项，详见表 6−9。“十三五”以来，根据行业发展需求，结合国家标准化战略，构建了以 GB 17820《天然气》和 GB/T 22723《天然气能量的测定》为核心的天然气质量控制和能量测定标准体系，新制修订了 68 项国家标准、11 项行业标准，满足了常规、非常规天然气（煤层气、页岩气、致密砂岩气）勘探开发和生产使用，保障了不同气质天然气进入长输管网统一、安全、平稳输送和调配，支撑了天然气上游领域勘探生产和贸易交接，促进了中国天然气工业的发展。

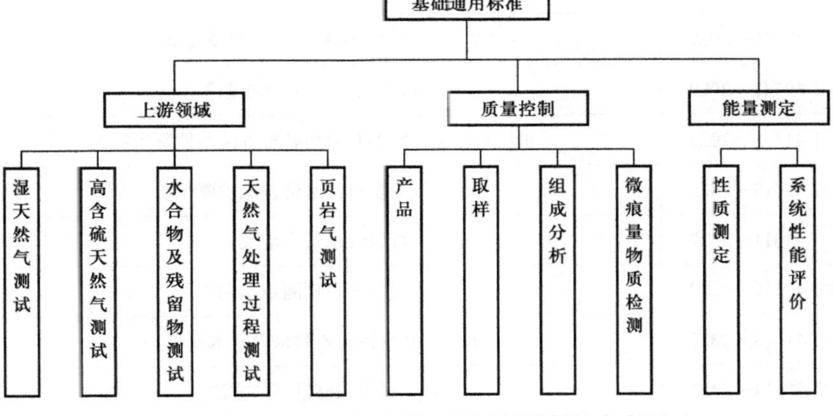

图 6−2　全国天然气标委会标准体系结构示意图

表 6-9　全国天然气标准化技术委员会发布标准明细表

序号	标准编号	标准名称	备注
1	GB/T 19205—2008	《天然气标准参比条件》	基础通用
2	GB/T 20604—2006	《天然气词汇》	
3	GB/T 34163—2017	《页岩气开发方案编制规范》	上游领域
4	GB/T 34533—2023	《页岩孔隙度、渗透率和饱和度测定》	
5	GB/T 35065.1—2018	《湿天然气流量测量　第 1 部分：一般原则》	
6	GB/T 35065.2—2023	《湿天然气流量测量　第 2 部分：流量计测试和评价方法》	
7	GB/T 35110—2017	《海相页岩气勘探目标优选方法》	
8	GB/T 35206—2017	《页岩和泥岩岩石薄片鉴定》	
9	GB/T 35210.1—2023	《页岩甲烷等温吸附 / 解吸量的测定　第 1 部分：静态容积法》	
10	GB/T 35210.2—2020	《页岩甲烷等温吸附测定方法　第 2 部分：重量法》	
11	GB/T 35212.1—2017	《天然气处理厂气体及溶液分析与脱硫、脱碳及硫磺回收分析评价方法　第 1 部分：气体及溶液分析》	
12	GB/T 35212.2—2017	《天然气处理厂气体及溶液分析与脱硫、脱碳及硫磺回收分析评价方法　第 2 部分：脱硫、脱碳溶剂分析》	
13	GB/T 35212.3—2021	《天然气处理厂气体及溶液分析与脱硫、脱碳及硫磺回收分析评价方法　第 3 部分：硫磺回收及尾气处理催化剂技术要求及分析评价方法》	
14	GB/T 35212.4—2023	《天然气处理厂气体及溶液分析与脱硫、脱碳及硫磺回收分析评价方法　第 4 部分：用离子色谱法测定醇胺脱硫溶液中钠、镁、钙离子组成》	
15	GB/T 39139.1—2020	《页岩气环境保护　第 1 部分：钻井作业污染防治与处置推荐作法》	
16	GB/T 39139.2—2023	《页岩气环境保护　第 2 部分：生产作业环境保护推荐作法》	
17	GB/T 39539—2020	《页岩储层气体扩散系数的测定技术要求》	
18	GB/T 39540—2020	《页岩气组分快速分析　激光拉曼光谱法》	
19	GB/T 39541—2020	《页岩气藏描述技术规范》	
20	GB/T 41518—2022	《页岩气勘探开发油基岩屑处理方法及控制指标》	
21	GB/T 41519—2022	《页岩气开发过程水资源保护要求》	
22	GB/T 41611—2022	《页岩气术语和定义》	
23	GB/T 41612—2022	《页岩气井产量预测技术规范》	
24	GB/T 41613—2022	《页岩气开发评价资料录取技术要求》	
25	GB/T 41614—2022	《页岩气可采储量评估方法》	
26	GB/T 42440—2023	《页岩气工厂化压裂用水输送系统技术要求》	

续表

序号	标准编号	标准名称	备注
27	SY/T 6538—2016	《配方型选择性脱硫溶剂》	上游领域
28	SY/T 7001—2014	《天然气醇胺类脱硫溶液中热稳定性盐的分析方法》	
29	SY/T 7321—2016	《井口天然气中汞含量的测定　差减法》	
30	SY/T 7322—2016	《天然气处理厂产出硫磺中残留硫化氢的测定　化学法》	
31	SY/T 7506—1996	《天然气中二氧化碳含量的测定　氢氧化钡法》	
32	SY/T 7676—2022	《天然气水合物生成温度的测定　模拟法》	
33	GB 17820—2018	《天然气（中俄双语版）》	质量控制
34	GB 18047—2017	《车用压缩天然气》	
35	GB/T 11060.1—2023	《天然气含硫化合物的测定　第 1 部分：用碘量法测定硫化氢含量》	
36	GB/T 11060.2—2023	《天然气含硫化合物的测定　第 2 部分：用亚甲蓝法测定硫化氢含量》	
37	GB/T 11060.3—2018	《天然气含硫化合物的测定　第 3 部分：用乙酸铅反应速率双光路检测法测定硫化氢含量》	
38	GB/T 11060.4—2017	《天然气含硫化合物的测定　第 4 部分：用氧化微库仑法测定总硫含量》	
39	GB/T 11060.5—2010	《天然气含硫化合物的测定　第 5 部分：用氢解速率计比色法测定总硫含量》	
40	GB/T 11060.6—2011	《天然气含硫化合物的测定　第 6 部分：用电位法测定硫化氢、硫醇硫和硫氧化碳含量》	
41	GB/T 11060.8—2020	《天然气含硫化合物的测定　第 8 部分：用紫外荧光光度法测定总硫含量》	
42	GB/T 11060.9—2011	《天然气含硫化合物的测定　第 9 部分：用碘量法测定硫醇含量》	
43	GB/T 11060.10—2021	《天然气含硫化合物的测定　第 10 部分：用气相色谱法测定硫化合物》	
44	GB/T 11060.11—2014	《天然气含硫化合物的测定　第 11 部分：用着色长度检测管法测定硫化氢含量》	
45	GB/T 11060.12—2023	《天然气含硫化合物的测定　第 12 部分：用激光吸收光谱法测定硫化氢含量》	
46	GB/T 11060.13—2023	《天然气含硫化合物的测定　第 13 部分：用紫外吸收法测定硫化氢含量》	
47	GB/T 13609—2017	《天然气取样导则》	
48	GB/T 13610—2020	《天然气的组成分析　气相色谱法》	
49	GB/T 16781.1—2017	《天然气汞含量的测定　第 1 部分：碘化学吸附取样法》	
50	GB/T 16781.2—2010	《天然气汞含量的测定　第 2 部分：金 / 铂合金汞齐化取样法》	

续表

序号	标准编号	标准名称	备注
51	GB/T 17281—2016	《天然气中丁烷至十六烷烃类的测定　气相色谱法》	质量控制
52	GB/T 17283—2014	《天然气水露点的测定　冷却镜面凝析湿度计法》	
53	GB/T 18619.1—2002	《天然气中水含量的测定　卡尔费休－库仑法》	
54	GB/T 19206—2020	《天然气用有机硫化合物加臭剂的要求和测试方法》	
55	GB/T 20603—2023	《冷冻轻烃流体液化天然气的取样》	
56	GB/T 21069—2007	《天然气高压下水含量的测定》	
57	GB/T 22634—2008	《天然气水含量与水露点之间的换算》	
58	GB/T 27893—2011	《天然气中颗粒物含量的测定　称量法》	
59	GB/T 27894.1—2020	《天然气　用气相色谱法测定组成和计算相关不确定度　第 1 部分：总导则和组成计算》	
60	GB/T 27894.2—2020	《天然气　用气相色谱法测定组成和计算相关不确定度　第 2 部分：不确定度计算》	
61	GB/T 27894.3—2023	《天然气　用气相色谱法测定组成和计算相关不确定度　第 3 部分：精密度和偏差》	
62	GB/T 27894.4—2012	《天然气　在一定不确定度下用气相色谱法测定组成　第 4 部分：实验室和在线测量系统中用两根色谱柱测定氮、二氧化碳和 C_1 至 C_5 和 C_{6+} 的烃类》	
63	GB/T 27894.5—2012	《天然气　在一定不确定度下用气相色谱法测定组成　第 5 部分：实验室和在线工艺系统中用三根色谱柱测定氮、二氧化碳和 C_1 至 C_5 和 C_{6+} 的烃类》	
64	GB/T 27894.6—2012	《天然气　在一定不确定度下用气相色谱法测定组成　第 6 部分：用三根毛细管色谱柱测定氢、氦、氧、氮、二氧化碳和 C_1 至 C_8 的烃类》	
65	GB/T 27895—2011	《天然气烃露点的测定　冷却镜面目测法》	
66	GB/T 27896—2018	《天然气中水含量的测定　电子分析法》	
67	GB/T 30490—2014	《天然气自动取样方法》	
68	GB/T 30492—2014	《天然气烃露点计算的气相色谱分析要求》	
69	GB/T 32865—2016	《致密砂岩气技术要求和试验方法》	
70	GB/T 33296—2016	《页岩气技术要求和试验方法》	
71	GB/T 33440—2021	《天然气互换性一般要求》	
72	GB/T 34162—2017	《天然气　砷含量的测定　高锰酸钾取样法》	
73	GB/T 34536—2017	《天然气　氡浓度的测定　闪烁瓶取样法》	

续表

序号	标准编号	标准名称	备注
74	GB/T 37124—2018	《进入天然气长输管道的气体质量要求》	质量控制
75	GB/T 40704—2021	《天然气　加臭剂四氢噻吩含量的测定　在线取样气相色谱法》	
76	GB/T 43502.1—2023	《天然气　颗粒物的测定　第 1 部分：用光学法测定粒径分布》	
77	GB/T 43503—2023	《天然气　氧气含量的测定　电化学法》	
78	SY/T 6707—2020	《带微型热导的气相色谱法快速测定天然气中硫化氢、四氢噻吩》	
79	SY/T 6899—2022	《天然气　水露点的测定　电容法》	
80	SY/T 7433—2018	《天然气组成分析　激光拉曼光谱法》	
81	SY/T 7483—2020	《用在线气相色谱法测定天然气中硫化合物含量》	
82	SY/T 7507—2016	《天然气中水含量的测定　电解法》	
83	SY/T 7379—2017	《天然气　水含量的测定　激光吸收光谱法》	
84	SY/T 7484—2020	《天然气　烃露点的测定　冷却镜面自动检测法》	
85	SY/T 7657.1—2021	《天然气　利用光声光谱—红外光谱—燃料电池联合法测定组成　第 1 部分：总则》	
86	SY/T 7657.2—2021	《天然气　利用光声光谱—红外光谱—燃料电池联合法测定组成　第 2 部分：光声光谱法测定甲烷含量》	
87	SY/T 7657.3—2021	《天然气　利用光声光谱—红外光谱—燃料电池联合法测定组成　第 3 部分：红外光谱法测定乙烷及以上烷烃、二氧化碳、一氧化碳含量》	
88	SY/T 7657.4—2021	《天然气　利用光声光谱—红外光谱—燃料电池联合法测定组成　第 4 部分：燃料电池法测定氢含量》	
89	SY/T 7675—2022	《天然气　水露点和烃露点的测定　偏振光冷镜法》	
90	NB/T 10035—2016	《通过管道输送的煤层气技术要求和试验方法》	
91	GB/T 11062—2020	《天然气　发热量、密度、相对密度和沃泊指数的计算方法》	能量测定
92	GB/T 17747.1—2011	《天然气压缩因子的计算　第 1 部分；导论和指南》	
93	GB/T 17747.2—2011	《天然气压缩因子的计算　第 2 部分：用摩尔组成进行计算》	
94	GB/T 17747.3—2011	《天然气压缩因子的计算　第 3 部分：用物性值进行计算》	
95	GB/T 21068—2007	《液化天然气密度计算模型规范》	
96	GB/T 22723—2008	《天然气能量的测定》	
97	GB/T 24957—2010	《冷冻轻烃流体　船上膜式储罐和独立棱柱形储罐的校准　物理测量法》	
98	GB/T 24958.1—2010	《冷冻轻烃流体　船上球形储罐的校准　第 1 部分：立体照相测量法》	

续表

序号	标准编号	标准名称	备注
99	GB/T 24960—2010	《冷冻轻烃流体　液化气储罐内液位的测量　电容液位计》	能量测定
100	GB/T 24961—2010	《冷冻轻烃流体　液化气储罐内液位的测量　浮子式液位计》	
101	GB/T 24962—2010	《冷冻烃类流体　静态测量　计算方法》	
102	GB/T 28766—2018	《天然气　分析系统性能评价》	
103	GB/T 30491.1—2014	《天然气　热力学性质计算　第1部分：输配气中的气相性质》	
104	GB/T 31253—2014	《天然气　气体标准物质的验证　发热量和密度直接测量法》	
105	GB/T 35211—2017	《天然气发热量的测量　连续燃烧法》	
106	GB/Z 35474—2017	《天然气　通过组成计算物性参数的技术说明》	
107	SY/T 7448—2019	《天然气气体标准物质稳定性分析　气相色谱法》	
108	SY/T 7658—2021	《天然气　在线气相色谱仪性能评价》	
109	SY/T 7704—2023	《天然气　发热量的测定　可见光光谱－超声波关联法》	

三、标准制修订情况

中国石油主动与石油工业重大战略互动对接，紧贴石油工业发展对标准化的重大需求，研制了一批领航标准。“十三五”以来，共制修订国家、行业标准45项，标准化的基础性、战略性作用在引领油气计量高质量发展的过程中进一步凸显。

1. 基础标准制修订情况

“十三五”以来，制修订领域基础标准1项：

GB/T 8423.4—2022《石油天然气工业术语　第4部分：油气计量与分析》（制定）

标准内容：界定了石油和天然气计量、分析专用的基本术语与定义。适用于石油和天然气的开采、集输、处理、输配、储存、销售和使用等计量与分析领域，石油天然气工业其他领域可参照使用。

起草单位：中国石油西南油气田公司天然气研究院、中国石油计量测试研究所、石油工业原油及石油产品质量监督检验中心、大庆油田有限责任公司、中国石油西南油气田公司、中国石化天然气公司计量中心、中海油（中国）有限公司。

起草人：常宏岗、焦学锋、肖迪、段继芹、罗勤、赵成海、刘宪英、李克、任佳、魏哲、陈亮、曾文平、朱进、侯学志、杨宏志、何敏、唐飞、孟庆华、吴韬、周芳。

发布与实施日期：2022年10月12日发布，2022年10月12日实施。

2. 石油和液体石油产品计量标准

“十三五”以来，制修订石油和液体石油产品计量标准11项。

1）GB/T 9109《石油和液体石油产品动态计量》系列标准

该系列标准为石油和液体石油产品动态计量基础性、纲领性标准，规定了石油和液体石油产品动态计量系统建设、计量设施配置、油量计算、计量检定等方面的技术要求，规范和统一了国内交接计量方式，保证了动态计量系统的准确性和可靠性，促进了石油工业计量技术的发展。“十三五”期间对系列标准中两项标准进行修订。

（1）GB/T 9109.1—2016《石油和液体石油产品动态计量　第1部分：一般原则》（第二次修订）。

标准内容：规定了石油和液体石油产品动态交接计量站计量系统的建设、运行和维护方面的基本要求，适用于商品石油和液体石油产品动态交接计量站计量系统，非商品石油和液体石油产品动态交接计量站计量系统可参照使用。

起草单位：中国石油计量测试研究所。

起草人：郑琦、高军、罗再扬、阮增荣、安树民、徐宁、赵成海、孙宝权、巩大利。

发布与实施日期：2016年12月30日发布，2017年7月1日实施。

（2）GB/T 9109.5—2017《石油和液体石油产品动态计量　第5部分：油量计算》（第二次修订）。

标准内容：规定了石油和液体石油产品动态计量的油量计算方法，定义了油品动态计量油量计算中使用的术语及符号，给出了配备不同计量器具计量方式下空气中的重量或在标准参比条件下体积的油量计算公式，并提供了油量计算所涉及的相关计量参数、修正系数及其相应的公式和数表。

起草单位：中国石油计量测试研究所、中国石油管道公司、中国石油锦州石化公司、中国石油新疆油田公司。

起草人：高军、罗再扬、吴德贵、赵成海、巩大利、缑庆玉、甘丛笑。

发布与实施日期：2017年5月12日发布，2017年12月1日实施。

2）GB/T 17286《液态烃动态测量体积计量流量计检定系统》系列标准

该系列标准通过比对分析国际标准ISO 7278-1“Liquid hydrocarbons Dynamic measurement Proving systems for volumetric meters—Part 1：General principles”和ISO 7278-2“Liquid hydrocarbons Dynamic measurement Proving systems for volumetric meters—Part 2：Pipe provers”在国内的适用性，保证了体积计量流量计检定系统结果的准确可靠与国际等效，提高了国际互认水平。该系列文件的实施，确保了贸易交接的准确可靠。

（1）GB/T 17286.1—2016《液态烃动态测量体积计量流量计检定系统　第1部分：一般原则》（第一次修订）。

标准内容：确立了体积计量流量计检定系统所要遵循的一般原则，适用于液态烃动态测量。

起草单位：中国石油计量测试研究所。

起草人：高军、刘晓光、赵成海、陈洪举、曹阳、孙宝权。

发布与实施日期：2016年12月30日发布，2017年7月1日实施。

（2）GB/T 17286.2—2016《液态烃动态测量体积计量流量计检定系统　第2部分：体

积管》(第一次修订)。

标准内容：给出了体积管设计、安装和检定的技术指南，不包括体积管检定和流量计检定的详细计算方法。适用于不同液体、不同类型的流量计以及使用不同方法检定的体积管，不适用于小容积体积管。

起草单位：中国石油计量测试研究所。

起草人：崔晶海、安树民、孙策、杨潇萍、赵成海。

发布与实施日期：2016 年 12 月 30 日发布，2017 年 7 月 1 日实施。

3）SY/T 5670—2018《石油和液体石油产品　铁路罐车交接计量规程》(第一次修订)

标准内容：规定了石油和液体石油产品铁路罐车交接计量的液位测量、温度测量、取样、密度测定、含水测定及油量计算的方法，适用于石油和液体石油产品铁路罐车交接计量。其他液体石油化工产品铁路罐车交接计量也可参照执行。

起草单位：中国石油计量测试研究所、中国石油新疆油田公司、中国石油锦州石化公司。

起草人：高军、夏伟、甘丛笑、吴德贵。

发布与实施日期：2018 年 10 月 29 日发布，2019 年 3 月 1 日实施。

4）SY/T 5671—2018《石油和液体石油产品　流量计交接计量规程》(第一次修订)

标准内容：规定了石油和液体石油产品流量计交接计量的计量器具、计量程序和油量计算要求，适用于石油和液体石油产品的流量计交接计量。

起草单位：中国石油计量测试研究所、中国石油新疆油田公司、中国石油管道公司、黑龙江出入境检验检疫局。

起草人：罗再扬、高军、甘丛笑、李伟、王志学、李国军。

发布与实施日期：2018 年 10 月 29 日发布，2019 年 3 月 1 日实施。

5）SY/T 5669—2019《石油和液体石油产品　立式金属罐交接计量规程》(第一次修订)

标准内容：规定了石油和液体石油产品立式金属罐交接计量时的基本要求、计量器具及试剂、计量程序和油量计算的方法，适用于常压立式金属罐内贮存的石油和液体石油产品的交接计量。

起草单位：中国石油新疆油田公司、中国石油计量测试研究所、中国石化石油化工科学研究院等。

起草人：甘丛笑、高军、魏进祥、施斌、吴德贵、郭秀媛、夏伟。

发布与实施日期：2019 年 11 月 4 日发布，2020 年 5 月 1 日实施。

6）GB/T 36989—2018《用超声流量计测量液态烃流量》(制定)

标准内容：规定了传播时间差法多声道超声流量计（简称超声流量计）的配置、安装、运行、操作及核查等要求，给出了用超声流量计测量液态烃流量的方法、检定系统配置原则和检定方法，以及测量不确定度的评定方法，适用于超声换能器固定安装在待测流体管道内的超声流量计，也可用于分配测量、超声流量计校准、泄漏检测等场合。

起草单位：中国石油计量测试研究所、中国石化胜利油田分公司、中海油研究总院工程研究设计院、中国石油乌鲁木齐石化公司、开封仪表有限公司。

起草人：高军、刘晓光、朱成义、洪毅、蒋建新、孙策、何骁勇、张建昌、赵成海、安树民、熊兆洪。

发布与实施日期：2018 年 12 月 28 日发布，2019 年 7 月 1 日实施。

7）SY/T 5398—2017《石油天然气交接计量站计量器具配备规范》（第一次修订）

标准内容：规定了石油天然气交接计量站配备计量器具的原则、类型、计量性能、配备数量及应用范围等，适用于原油、成品油、稳定轻烃和天然气交接计量站。其他计量站计量器具配备可参考执行。

起草单位：中国石油计量测试研究所、中国石油锦州石化公司、中国石油新疆油田公司。

起草人：赵成海、高军、吴德贵、罗再扬、甘丛笑、肖迪、李国海、夏伟。

发布与实施日期：2017 年 3 月 28 日发布，2017 年 8 月 1 日实施。

8）SY/T 6042—2019《液化石油气和稳定轻烃动态计量计算方法》（第一次修订）

标准内容：规定了采用直接质量测量方式及体积量、密度值组合间接测量方式，确定液化石油气和稳定轻烃质量的计算方法及技术要求，仅适用于单相、液化石油气和稳定轻烃的动态交接计量时的质量计算。采用在线密度计自动测量密度值时，适用的密度值范围为 350～700kg/m^3；采用压力密度计手工测量密度值时，适用的密度值范围为 610～700kg/m^3。

起草单位：中国石油计量测试研究所、中国石油锦州石化公司、中国石油塔里木油田公司、中国石油新疆油田公司。

起草人：高军、吴德贵、娄洪亮、邱立刚、刘世疆、刘晓光。

发布与实施日期：2019 年 11 月 4 日发布，2020 年 5 月 1 日实施。

9）SY/T 7667—2022《石油和液体石油产品自动计量系统技术要求》（制定）

标准内容：规定了石油和液体石油产品自动计量系统的配置、流量计算机校准、公示与算法、运行维护及计量报告等方面的技术要求，适用于新建或改造后的石油和液体石油产品动态贸易交接计量站的自动计量型计量系统。非贸易动态交接计量站的自动计量型计量系统参照适用。

起草单位：国家管网北方管道有限责任公司、中国石油计量测试研究所、上海全应科技有限公司、国家管网东部原油储运有限公司、国家管网液化天然气接收站管理分公司、国家管网科学技术研究总院分公司。

起草人：王志学、罗再扬、刘晓光、肖迪、任小龙、施展、耿健、张光、李天琦、安树民、李跟臣、李姣姣、李柏松、李超、杨喜良。

发布与实施日期：2022 年 11 月 4 日发布，2023 年 5 月 4 日实施。

3. 天然气计量标准

“十三五”以来制修订天然气计量标准 17 项。

1）GB/T 34166—2017《用标准喷嘴流量计测量天然气流量》（制定）

标准内容：规定了标准喷嘴的结构形式、技术要求、使用方法、安装和操作条件、检定要求，给出了天然气标准参比条件下的体积流量和能量流量、质量流量，以及它们测量不确定度的计算方法。适用于采用标准喷嘴对以甲烷为主要成分的单相混合气体、在整个测量段内流体保持亚声速流动的流量测量，不适用于脉动流的测量，也不适用于在直径小于 50mm 或大于 500mm 的管道中使用。

起草单位：北京博思达新世纪测控技术有限公司、中国石油西气东输管道公司南京计量测试中心、中国计量科学研究院、中国石油集团工程设计有限责任公司西南分公司、安徽省计量科学研究院、国家石油天然气大流量计量站、国家石油天然气大流量计量站成都分站。

起草人：周国祥、张福元、王京安、李春辉、黄和、孙秀良、高军、段继芹、陈磊、谢渝、肖晖、李佳、陈行、邓亮、胡志鹏。

发布与实施日期：2017 年 9 月 7 日发布，2018 年 4 月 1 日实施。

2）GB/T 35186—2017《天然气计量系统性能评价》（制定）

标准内容：规定了天然气计量系统性能评价的内容、方法、程序、结果和时间，适用于符合 GB/T 18603 规定的天然气计量系统。其他天然气计量系统可参考使用。

起草单位：国家石油天然气大流量计量站广州分站、国家石油天然气大流量计量站、中国石油西气东输管道公司、中国石油西南油气田公司天然气研究院、北京博思达新世纪测控技术有限公司。

起草人：张福元、高军、邱惠、肖迪、曾文平、任佳、彭建伟、王京安、黄和、陈静。

发布与实施日期：2017 年 12 月 29 日发布，2018 年 7 月 1 日实施。

3）GB/T 21391—2022《用气体涡轮流量计测量天然气流量》（第一次修订）

标准内容：规定了用于天然气流量测量的气体涡轮流量计的工作原理、计量性能、安装和使用维护、流量计算和测量不确定度评定，实流校准和现场检查等，适用于组成在 GB 17820 和 GB/T 37124 界定范围内且真实相对密度为 0.55～0.80 的天然气流量测量。

起草单位：国家石油天然气大流量计量站成都分站、中国石油西南油气田公司、中国石油天然气销售公司、国家管网新疆煤制天然气外输管道有限责任公司湖广分公司、中国石油工程建设有限公司西南分公司、国家管网西气东输管道分公司、国家管网西南管道有限责任公司油气计量中心、天信仪表集团有限公司。

起草人：任佳、郭绪明、段继芹、谢富文、何敏、张智、黄和、邱惠、闵伟、夏寿华、袁平凡、刘丁发、陶朝建、周芳、伍淑辉。

发布与实施日期：2022 年 4 月 15 日发布，2022 年 11 月 1 日实施。

4）GB/T 18604—2023《用气体超声流量计测量天然气流量》（第二次修订）

标准内容：规定了插入式传播时间差法气体超声流量计的测量性能、流量计本体、安装和维护、现场验证测试、实流校准等要求，以及流量计算和测量不确定度评定方法，适用于集输装置、输气管线、储存设施、配气系统、用户计量系统、计量标准装置和其他应用场所中的天然气流量测量。

起草单位：中国石油西南油气田公司天然气研究院、中国石油西南油气田公司、中国石油工程建设有限公司西南分公司、大庆油田有限责任公司、国家管网西气东输分公司、国家管网西部管道有限责任公司、美卓伦仪表（常州）有限公司、上海中核维思仪器仪表股份有限公司、中油国际管道有限公司、德闻仪器仪表（上海）有限公司。

起草人：段继芹、任佳、何敏、黄敏、黄和、陈学锋、肖迪、王强、国明昌、陈荟宇、蔡浩晖、周理、陈琦、倪锐、张西、王中洲、何胜利、王华青、徐刚、彭锋。

发布与实施日期：2023 年 5 月 23 日发布，2023 年 12 月 1 日实施。

5）GB/T 18603—2023《天然气计量系统技术要求》（第二次修订）

标准内容：规定了新建和改扩建的天然气计量站贸易计量系统的一般要求、设计和建设、发热量测定、可靠性与校准、投产试运、验收、运行和维护、停运方面的技术要求，适用于设计通过能力不小于 $100m^3/h$（标准参比条件下）、工作压力不低于 0.1MPa（表压）的天然气计量站贸易计量系统。

起草单位：中国石油工程建设有限公司西南分公司、中国石油西南油气田公司、国家管网西气东输管道公司、国家管网西部管道公司、艾默生过程控制有限公司、天信仪表集团有限公司。

起草人：黄和、陈渝、段继芹、任佳、徐刚、吴岩、何敏、罗勤、宋超凡、蔡浩晖、周阳、徐明、贾晓林、黄杨挺、邱惠、黄翼翔、陈宇波、周宇、陶朝建、王海兰。

发布与实施日期：2023 年 11 月 27 日发布，2024 年 3 月 1 日实施。

6）SY/T 6659—2016《用科里奥利质量流量计测量天然气流量》（第一次修订）

标准内容：规定了用于测量天然气流量的科里奥利质量流量计的测量条件、计量性能、技术要求、使用、安装、维护、实流校准方法，并给出了气体质量流量和标准参比条件下的体积流量以及能量流量的计算方法和不确定度估算方法，适用于测量天然气流量的科里奥利质量流量计。流量计所测量的天然气为单相气体。

起草单位：国家石油天然气大流量计量站成都分站、中国石油西南油气田公司、国家石油天然气大流量计量站、艾默生过程控制有限公司。

起草人：段继芹、任佳、陈荟宇、张强、周芳、何敏、倪锐、肖迪、孙学军。

发布与实施日期：2016 年 12 月 5 日发布，2017 年 5 月 1 日实施。

7）SY/T 7551—2019《用槽道式流量计测量天然气流量》（制定）

标准内容：规定了槽道式流量计的测量原理、计量性能、技术、选型、安装和维护要求，并给出了气体质量流量和标准参比条件下的体积流量以及能量流量的计算方法和不确定度估算方法，适用于管道输送的天然气流量测量。其他类似气体也可参照使用。

起草单位：中国石油计量测试研究所、北京天然气管道有限公司、中国计量科学研究院、中国石油新疆油田公司、北京史宾德科技发展有限公司。

起草人：房福生、李国海、李春辉、施斌、孙学军、肖迪、高军、赵成海。

发布与实施日期：2019 年 11 月 4 日发布，2020 年 5 月 1 日实施。

8）SY/T 7552—2020《天然气贸易计量用流量计选用指南》（制定）

标准内容：规定了用于天然气贸易计量系统中流量计的选用方法，并给出了计量系统中流量计选用示例和不确定度评估方法，适用于新建或改建的，标准参比条件下流量不低于 $100m^3/h$、工作压力不低于 0.1MPa（表压）的流量计量系统中流量计选用。其他计量系统可参照本标准执行。

起草单位：中国石油西南油气田公司、中国石油天然气销售公司、中国石油北京天然气管道有限公司、中国石油计量测试研究所、中石油管道有限责任公司西气东输管道分公司、中国石油工程建设有限公司西南分公司、中国石化天然气分公司计量研究中心。

起草人：任佳、何敏、段继芹、谢富文、李万俊、李国海、高军、周宇、国明昌、孙学军、黄和、周芳、张西、裴勇涛。

发布与实施日期：2020 年 10 月 23 日发布，2021 年 2 月 1 日实施。

9）SY/T 6658—2021《用旋进旋涡流量计测量天然气流量》（第一次修订）

标准内容：规定了用于天然气流量测量的旋进旋涡流量计的测量原理、操作条件、测量性能、流量计基本要求、安装和维护要求，适用于组成在 GB 17820 和 GB/T 17747（所有部分）范围内且真实相对密度为 0.55～0.80 的天然气流量测量。

起草单位：国家石油天然气大流量计量站成都分站、中国石油西南油气田公司、中国石油工程建设有限公司西南分公司、中国石油天然气销售公司、国家管网新疆煤制天然气外输管道有限责任公司湖广分公司、国家管网西气东输分公司、中国石化镇海炼化分公司、江苏微浪电子科技有限公司、浙江苍南仪表集团股份有限公司、中国石油天然气质量控制和能量计量重点实验室。

起草人：刘丁发、范劲松、王治、李万俊、张蔼倩、陈琦、黄和、张智、谢富文、邱惠、肖国灿、钱寿琴、殷兴景、周芳、黄敏。

发布与实施日期：2021 年 11 月 16 日发布，2022 年 2 月 16 日实施。

10）SY/T 6660—2021《用旋转容积式气体流量计测量天然气流量》（第一次修订）

标准内容：规定了用于测量天然气流量的旋转容积式流量计的测量原理、操作条件、计量性能、技术要求，使用、安装、维护、实流校准方法，并给出了气体质量流量和标准参比条件下的体积流量以及能量流量的计算方法和不确定度估算方法，适用于使用口径不超过 DN200mm、操作条件下最大流量不超过 1600m^3/h 的容积式流量计，测量组成在 GB 17820 和 GB/T 17747（所有部分）范围内且真实相对密度为 0.55～0.80 的天然气流量。

起草单位：国家石油天然气大流量计量站成都分站、中国石油西南油气田公司、中国石油工程建设有限公司西南分公司、中国石化新疆煤制气天然气外输管道有限责任公司湖广分公司、中国石油天然气销售公司、国家管网西气东输分公司、中国石化镇海炼化分公司、天信仪表集团有限公司、浙江苍南仪表集团股份有限公司、中国石油天然气质量控制和能量计量重点实验室。

起草人：黄敏、何敏、张强、黄和、韦颜、陈晓科、黄忠华、袁志华、张智、谢富文、邱惠、肖国灿、陶朝建、殷兴景、刘丁发。

发布与实施日期：2021 年 11 月 16 日发布，2022 年 2 月 16 日实施。

11）GB/T 11062—2020《天然气发热量、密度、相对密度和沃泊指数的计算方法》（第二次修订）

标准内容：规定了已知气体物质的量组成时，计算天然气、天然气代用品和其他气体燃料的高位发热量、低位发热量、密度、相对密度、高位沃泊指数和低位沃泊指数的方法；规定了在常用参比条件下计算气体混合物物性参数的方法。

起草单位：中国石油西南油气田公司天然气研究院、中油国际管道有限公司、中国计量大学、中国石油勘探开发研究院廊坊分院、中国石油华北油田公司、艾默生过程控制有限公司。

起草人：李克、杨放、周理、罗勤、王华青、张洪军、韩中喜、赵晓东、韩敬、王仙之、许战、潘涛、李海伟、唐蒙、许文晓、张思琦。

发布与实施日期：2020 年 9 月 29 日发布，2021 年 4 月 1 日实施。

12）GB/T 33440—2021《天然气互换性一般要求》（制定）

标准内容：规定了代替气源 / 混输后气源与现有气源的互换性要求，适用于常规天然气、煤层气、页岩气、煤制合成天然气以及液化天然气等。

起草单位：中国石油西南油气田公司天然气研究院、中国石油天然气销售公司、中山大学、中国石油华北油田公司、中国石化天然气分公司计量研究中心、中海石油气电集团有限责任公司、中国石油西部管道公司、中国市政工程华北设计研究总院有限公司、中国石化中原油田普光分公司、中海石油（中国）有限公司、中国海洋石油集团有限公司、中油国际管道有限公司。

起草人：周理、常宏岗、王伟杰、孙齐、罗勤、郭开华、高文学、张镨、杜书成、韩敬、梅永贵、裴全斌、李一枚、王成硕、蔡浩晖、吴韬、龚腾、蔡黎、陈正华、周代兵、王华青、许文晓、马帆。

发布与实施日期：2021 年 12 月 31 日发布，2022 年 7 月 1 日实施。

13）GB/T 35065.1—2018《湿天然气流量测量　第 1 部分：一般原则》（制定）

标准内容：规定了湿天然气流型分类、流量测量方法以及流量计选型、安装和调试、性能测试、操作维护和不确定度评估的一般原则，适用于陆上和海上油气田的湿天然气流量测量。

起草单位：中国石油大庆石油管理局技术监督中心、中国石油西南油气田公司天然气研究院、国家石油天然气大流量计量站成都分站、中海石油（中国）有限公司崖城作业公司、中海石油（中国）有限公司湛江分公司、国家石油天然气大流量计量站、中国石化天然气分公司计量中心、中国石油华北油田公司。

起草人：薛国民、罗勤、王玉博、张强、田松楠、涂少勇、邓传忠、许文晓、徐宁、陈亮、闫文灿、刘峻峰、程星萍。

发布与实施日期：2018 年 5 月 14 日发布，2018 年 12 月 1 日实施。

14）GB/T 35065.2—2023《湿天然气流量测量　第 2 部分：流量计测试和评价方法》（制定）

标准内容：描述了在实验室和现场对湿天然气流量计进行计量性能测试和评价的原理、测试装置和介质、测试条件、测试过程、数据处理和评价方法，适用于 GB/T 35065.1 定义的湿天然气流量测量用流量计的计量性能测试和评价。

起草单位：中国石油西南油气田公司天然气研究院、中国石油西南油气田公司、中国石油工程建设有限公司西南分公司、中国石油塔里木油田公司实验检测研究院、中海石油

（中国）有限公司北京研究中心、中海石油（中国）有限公司海南分公司、天津大学、深圳市联恒星科技有限公司、美卓伦仪表（常州）有限公司。

起草人：张强、刘丁发、何敏、王强、宋彬、段继芹、黄敏、王辉、陈密、周芳、周学军、徐莹莹、徐英、陈宇波、王小强、朱勇、吴红光、李万俊、周代兵、于培宁、黄和、李轶、杨迪。

发布与实施日期：2023 年 12 月 28 日发布，2024 年 4 月 1 日实施。

15）GB/Z 35474—2017《天然气通过组成计算物性参数的技术说明》（制定）

标准内容：主要应用于天然气能量计量领域，可以解决天然气中所含各组分的纯组分发热量确定、不确定度计算等问题，在未来能量计量实施过程中，可能提出对发热量等物性参数及其不确定度的高精度计算需求，本标准可提供相应的支撑作用。

起草单位：中国石油西南油气田公司天然气研究院、中国石化中原油田普光分公司、国家石油天然气产品质量监督检验中心、中国石油勘探开发研究院廊坊分院、中国石油成都天科石油天然气工程有限公司、石油工业天然气质量监督检验中心、中国石油天然气质量控制和能量计量重点实验室。

起草人：李克、韩慧、罗勤、周理、杜莉、陈思、王旭东、张雪梅。

发布与实施日期：2017 年 12 月 29 日发布，2018 年 7 月 1 日实施。

16）GB/T 35211—2017《天然气发热量的测量　连续燃烧法》（制定）

标准内容：规定了连续燃烧法气体热量计测量天然气发热量的测定方法，适用于 30～40MJ/m^3 天然气高位发热量的测量。

起草单位：中国石油西南油气田公司天然气研究院、中国计量科学研究院。

起草人：张露露、唐蒙、潘春锋、王海峰、罗勤、周理、常宏岗。

发布与实施日期：2017 年 12 月 29 日发布，2018 年 7 月 1 日实施。

17）SY/T 7704—2023《天然气发热量的测定　可见光光谱－超声波关联法》（制定）

标准内容：描述了用可见光光谱－超声波关联法测定天然气发热量的在线测定方法，适用于 30～45MJ/m^3 管输天然气高位发热量的测定，也可用于天然气低位发热量的测定。

起草单位：中国石油西南油气田公司输气管理处、中国石油西南油气田公司天然气研究院、国家管网西气东输分公司、中国石化天然气榆济管道分公司、国家管网西部管道分公司、中国石油西南油气田公司、中国计量科学研究院、安徽瑞盛能源科技有限公司、安徽省天然气开发股份有限公司。

起草人：丁思家、胡剑、罗敏、罗勤、周理、蔡浩晖、周雷、刘明亮、曾文平、刘译文、林敏、杨建明、张西、孙辉、王海龙、何敏、吴海、倪锐、杜爽、张镨、张佩颖、徐冲、程勇、吴泽清、张先锋。

发布与实施日期：2023 年 10 月 11 日发布，2024 年 4 月 11 日实施。

4. 油气试验方法及产品标准

“十三五”以来，制修订油气试验方法及产品标准 16 项。

1）GB 17820—2018《天然气》（第二次修订）

标准内容：规定了天然气的质量要求、试验方法和检验规则，适用于经过处理的、通过管道输送的天然气。

起草单位：中国石油西南油气田公司天然气研究院、中国石化油田勘探开发事业部、中海石油气电集团有限责任公司、中国石油勘探与生产公司、中海石油有限公司原油与天然气销售部、中海石油有限公司科技发展部、中国市政工程华北设计研究院、西南石油大学、中国石油工程建设有限公司西南分公司、中国石化中原油田普光分公司、中海石油有限公司开发生产部。

起草人：黄维和、唐蒙、常宏岗、石兴春、邱健勇、汤林、樊中海、吴韬、罗勤、李广月、夏芳、吴洪松、张烈辉、汤晓勇、商剑峰、余焱冰、傅敬强、陈运强、李矢平、范锐、宋彬、周理、周代兵、李克、蔡黎。

发布与实施日期：2018 年 11 月 19 日发布，2019 年 6 月 1 日实施。

2）GB 18047—2017《车用压缩天然气》（第一次修订）

标准内容：规定了车用压缩天然气的技术要求和试验方法，适用于压力不大于 25MPa、作为车用燃料的压缩天然气。

起草单位：中国石油西南油气田公司天然气研究院、中国市政工程华北设计研究总院、中国石油工程建设公司华东设计分公司、中国海洋石油总公司研究总院。

起草人：唐蒙、吴洪松、迟永杰、张艳霞、何斌、何永明、崔德春、李胜山。

发布与实施日期：2017 年 9 月 7 日发布，2018 年 4 月 1 日实施。

3）GB/T 37124—2018《进入天然气长输管道的气体质量要求》（制定）

标准内容：规定了进入天然气长输管道气体的质量要求、试验方法和检验规则，适用于经过处理的通过天然气长输管道进行输送的常规天然气、煤层气、页岩气、致密砂岩气及煤制合成天然气。

起草单位：中国石油西南油气田公司天然气研究院、中国石油西部管道公司、中石油管道有限责任公司、中国石化天然气分公司、中海石油（中国）有限公司湛江分公司、中海石油有限公司研究总院、中亚管道有限公司、国家石油天然气大流量计量站武汉分站、中海石油有限公司原油与天然气销售部、中国石油华北油田公司。

起草人：常宏岗、蔡黎、闵希华、罗勤、刘锴、蒲宏斌、邓传忠、史昊、崔德春、唐蒙、周理、王华青、蔡浩晖、裴全斌、周代兵、李克、田学源、韩敬。

发布与实施日期：2018 年 12 月 28 日发布，2019 年 7 月 1 日实施。

4）GB/T 28766—2018《天然气分析系统性能评价》（第一次修订）

标准内容：规定了评价天然气分析系统是否适用的方法。使用该标准需具备如下条件：分析系统在要求的组成含量范围或据此计算的物性值不能满足不确定度要求，文件不提供性能评价周期的具体建议。

起草单位：中国石油西南油气田公司天然气研究院、中亚管道有限公司、中国计量大学、艾默生过程控制有限公司、中国石油华北油田公司。

起草人：罗勤、李克、姜进田、张洪军、曾文平、周理、常宏岗、王华青、潘江、赵蕊、王晓琴、周代兵、许战、陈子鑫、陈勇。

发布与实施日期：2018 年 9 月 17 日发布，2019 年 4 月 1 日实施。

5）SY/T 7448—2019《天然气气体标准物质稳定性分析　气相色谱法》（制定）

标准内容：规定了天然气组成及硫化物分析用的气体标准物质的稳定性分析方法，适用于天然气气体标准物质的稳定性考查及不确定度分量的评定。

起草单位：中国石油西南油气田公司天然气研究院、中国石油天然气质量控制和能量计量重点实验室、中国计量科学研究院、中国测试技术研究院。

起草人：李彦、吴海、邓凡峰、蔡黎、周理、陈勇、曾文平、谢羽、唐蒙、迟永杰。

发布与实施日期：2019 年 11 月 4 日发布，2020 年 5 月 1 日实施。

6）GB/T 28766—2018《天然气分析系统性能评价》（第一次修订）

标准内容：规定了一种评价天然气分析系统是否适用的方法，适用于能够测量气体中各组分含量的分析系统。

起草单位：中国石油西南油气田公司天然气研究院、中亚管道有限公司、中国计量大学、艾默生过程控制有限公司、中国石油华北油田公司。

起草人：罗勤、李克、姜进田、张洪军、曾文平、周理、常宏岗、王华青、潘江、赵蕊、王晓琴、周代兵、许战、陈子鑫、陈勇。

发布与实施日期：2018 年 9 月 17 日发布，2019 年 4 月 1 日实施。

7）SY/T 7658—2021《天然气在线气相色谱仪性能评价》（制定）

标准内容：规定了天然气在线气相色谱仪性能评价的项目、技术要求和评价程序，适用于天然气贸易交接分析用在线气相色谱仪的性能评价。其他在线气相色谱仪的性能评价可参照使用。

起草单位：中国石油西南油气田公司天然气研究院、中国测试技术研究院化学研究所、中国石油西南油气田公司、中国石油西南油气田公司输气管理处、北京市燃气集团有限责任公司、中国石化天然气分公司计量研究中心、中国计量科学研究院、中国石油塔里木油田公司实验检测研究院、中石油管道有限责任公司西气东输分公司南京计量测试中心、广东省天然气管网有限公司、中油国际管道有限公司、成都润道检测技术有限责任公司、金卡智能集团股份有限公司。

起草人：曾文平、王伟杰、王晓琴、周理、潘义、王小强、关鸿鹏、裴全斌、刘喆、丁思家、吴海、张盖世、宋超凡、图孟格勒、王欣玮、王华青、蔡黎、杨建明、罗勤、李志昂、周代兵、倪锐、徐冲、范贤君、颜莹。

发布与实施日期：2021 年 11 月 16 日发布，2022 年 2 月 16 日实施。

8）GB/T 11060.10—2021《天然气含硫化合物的测定　第 10 部分：用气相色谱法测定硫化合物》（第一次修订）

标准内容：规定了用气相色谱法测定天然气中硫化物的原理、仪器、取样和进样、校正、分析、精密度和测试报告，适用于硫化氢、羰基硫、C_1—C_4 的烷基硫醇、四氢噻吩（THT）、含硫化合物含量、总硫的测定，测定范围为 0.1～600mg/m^3。

起草单位：中国石油西南油气田公司天然气研究院、中国测试技术研究院化学研究所、中国计量科学研究院、中国石化天然气分公司计量研究中心、大庆油田有限责任公司、中油国际管道有限公司、中国石油西南油气田公司重庆天然气净化总厂、中国石化中原油田普光分公司、中国石油西南油气田公司输气管理处、四川大学、成都市环境监测中心站、中国石油西南油气田公司、中国石油天然气质量控制和能量计量重点实验室、石油工业天然气质量监督检验中心。

起草人：周理、李晓红、沈琳、常宏岗、王晓琴、王宏莉、李志昂、黄灵、邓凡峰、罗勤、谭为群、吴海、张庆南、裴全斌、杜成丽、王华青、马帆、丁思家、刘鸿、张立春、吕弋、苏颖颖、谭清、王军、何敏、倪伟。

发布与实施日期：2021 年 10 月 11 日发布，2022 年 5 月 1 日实施。

9）GB/T 11060.13—2023《天然气含硫化合物的测定 第 13 部分：用紫外吸收法测定硫化氢含量》(制定)

标准内容：规定了用紫外吸收法测定天然气中硫化氢含量的原理、试剂和材料、仪器、样品、试验步骤、试验数据处理、精密度，适用于天然气中硫化氢含量的在线连续检测，测定范围为 0.1～50mg/m^3。

起草单位：中国石油西南油气田公司天然气研究院、中国石油西南油气田公司输气管理处、中国石油西南油气田公司、中国石油西南油气田公司川东北作业分公司、中国测试技术研究院化学研究所、中国石化中原油田普光分公司、国家管网西气东输分公司、中油国际管道有限公司、中国计量科学研究院、中国石油华北油田公司、派尔实验装备有限公司。

起草人：常宏岗、沈琳、蔡黎、周理、丁思家、黄灵、谢羽、王晓琴、文绍牧、陈学锋、林达明、曹志、甘凤明、秦吉、许文晓、李晓红、罗勤、周代兵、何敏、倪锐、潘义、胡剑、刘鸿、马帆、邓凡锋、邱惠、王华青、吴海、张英霞、朱小平。

发布与实施日期：2023 年 5 月 23 日发布，2023 年 9 月 1 日实施。

10）GB/T 17281—2016《天然气中丁烷至十六烷烃类的测定 气相色谱法》(第一次修订)

标准内容：规定了天然气中丁烷至十六烷烃类的定量分析方法，适用于天然气中丁烷至十六烷烃类的组分测定。

起草单位：中国石油西南油气田公司天然气研究院、中国石油大庆油田工程有限公司、成都天科石油天然气工程有限公司。

起草人：曾文平、迟永杰、谭为群、吴国霈。

发布与实施日期：2016 年 12 月 30 日发布，2017 年 7 月 1 日实施。

11）GB/T 13610—2020《天然气的组成分析 气相色谱法》(第二次修订)

标准内容：规定了用气相色谱法测定天然气及类似气体混合物的化学组成的分析方法，适用于含氦 0.01%～10%、氢 0.01%～10%、氧 0.01%～20%、氮 0.01%～100%、二氧化碳 0.01%～100%、甲烷 0.01%～100%、乙烷 0.01%～100%、丙烷 0.01%～100%、异丁烷 0.01%～10%、正丁烷 0.01%～10%、新戊烷 0.01%～2%、异戊烷 0.01%～2%、正戊烷 0.01%～2%、己烷 0.01%～2%、庚烷和更重组分 0.01%～1%、一氧化碳 0.01%～1%、硫化氢 0.3%～30% 的天然气组分范围的分析，也适用于一个或几个组分的测定。

起草单位：中国石油西南油气田公司天然气研究院、中国石油西南油气田公司输气管理处、中国石油塔里木油田公司、大庆油田有限责任公司、中国测试技术研究院化学研究所、晋城市质量技术检验测试所（国家煤层气产品质量监督检验中心）、中国石油新疆油田公司实验检测研究院、中国计量科学研究院、中油国际管道有限公司、广东大鹏液化天然气有限公司、中海石油气电集团有限责任公司、中国石油西南油气田公司、中国石油天然气质量控制和能量计量重点实验室。

起草人：曾文平、唐蒙、常宏岗、迟永杰、王伟杰、王晓琴、周理、罗敏、图孟格勒、刘鸿、谭为群、王维康、王强、倪丰平、吴海、王华青、杨建明、蔡黎、马希斐、刘冰、罗勤、倪锐。

发布与实施日期：2020 年 9 月 29 日发布，2021 年 4 月 1 日实施。

12）GB/T 17280—2017《原油蒸馏标准试验方法　15- 理论塔板蒸馏柱》（第二次修订）

标准内容：规定了采用自动蒸气压测定原油蒸气压的方法，适用于测试温度为 37.8℃、气液比为 4∶1、蒸气压为 25～180kPa 的原油，也适用于测试温度为 0～100℃、气液比为（0.02～4）∶1、蒸气压达 500kPa 的原油，但精密度可能不适用。

起草单位：大庆油田工程有限公司、中国石化石油化工科学研究院、中国石油大连石化公司、中国石油石油化工研究院、中国石油独山子石化公司。

起草人：宋一青、宋守国、范登利、李建华、周锋、董元成。

发布与实施日期：2017 年 12 月 29 日发布，2018 年 7 月 1 日实施。

13）GB/T 17674—2021《原油中氮含量的测定　舟进样化学发光法》（第二次修订）

标准内容：规定了采用舟进样化学发光法测定原油中氮含量的方法，适用于测定氮含量为 40～10000mg/kg 的原油。

起草单位：大庆油田设计院有限公司、中国石油石油化工研究院、中国石化石油化工科学研究院、中国石油独山子石化公司、中国石油大连石化公司。

起草人：宋守国、马天怡、杨帆、何沛、张汉沛、周锋、吴梅、董元成、韩明。

发布与实施日期：2021 年 12 月 31 日发布，2022 年 7 月 1 日实施。

14）GB/T 18610.2—2016《原油残炭的测定　第 2 部分：微量法》（制定）

标准内容：规定了采用微量法测定原油残炭的方法，适用于水含量不大于 0.5%（质量分数）、残炭值为 0.01%～30.0%（质量分数）的原油。

起草单位：中国石油辽河工程有限公司、大庆油田工程有限公司、中国石化石油化工科学研究院。

起草人：谭宏智、张筱琪、魏哲、李爽、顾洁、赵慧铃。

发布与实施日期：2016 年 6 月 14 日发布，2017 年 1 月 1 日实施。

15）GB/T 26982—2022《原油蜡含量的测定》（第一次修订）

标准内容：规定了原油中蜡含量的测定方法，适用于水含量（质量分数）不大于 0.5% 的原油。

起草单位：大庆油田设计院有限公司、中国石化石油化工科学研究院、中国石油石油化工研究院、国家管网北方管道有限责任公司管道科技研究中心、中国石油大连石化公司、中国石油独山子石化公司、中国石油塔里木油田公司。

起草人：余庆龙、魏哲、蔺玉贵、杨学军、付玥、周锋、穆承广、丛日昕、孙枫、邹晓梅、史军歌、谭小红、仵春祺。

发布与实施日期：2022 年 3 月 9 日发布，2022 年 10 月 1 日实施。

16）GB/T 26985—2018《原油倾点的测定》（第一次修订）

标准内容：规定了原油倾点的测定方法，包括最高（上）倾点和最低（下）倾点的测定，适用于倾点不低于 −36℃、水含量不大于 0.5%（质量分数或体积分数）的原油。

起草单位：中国石油管道公司管道科技研究中心、中石化长输油气管道检测有限公司、中国石化石油化工科学研究院、中国石油塔里木油田公司质量检测中心、大庆油田工程有限公司。

起草人：张双凤、穆承广、顾佰忠、蔺玉贵、殷惠珍、赵中福、程磊。

发布与实施日期：2018 年 12 月 28 日发布，2019 年 7 月 1 日实施。

第二节　企业标准化工作

一、企业计量标准化组织

中国石油的企业标准化工作主要依托中国石油标准化委员会计量专业标准化技术委员会（简称计量专标委）开展，中国石油的企业标准化工作旨在围绕加强计量管理，充分发挥计量检测工作在中国石油生产建设、经营管理和科学研究中的作用，建立和完善企业计量专业标准体系，跟踪国际主要标准化机构动态和国内外相关企业标准进程，开展中国石油计量标准前期项目研究、组织标准宣贯等工作。

1. 计量专标委

计量专标委是在中国石油标准化委员会领导下，负责中国石油计量专业企业标准化工作的技术组织。其前身为 2012 年成立的中国石油标准化技术委员会计量工作组，2014 年升格为计量专业标准化技术委员会。秘书处承担单位为大庆油田有限责任公司技术监督中心。“十三五”以来，开展计量标准前期研究项目 20 多项，制定企业标准 39 项，建立了中国石油计量标准体系，进一步规范了中国石油计量标准化工作，为促进基础管理水平的提升做出了积极的贡献。

计量专标委自成立以来，不断完善组织机构建设，设置有 1 个国际工作组和石油专用螺纹、石油物探、石油测井、石油钻采 4 个专业组。

为了确保委员能够充分代表所在单位积极参与中国石油计量专业的标准化技术活动，专标委对委员进行动态管理，促进委员充分发挥个人技术能力与业务专长，为中国石油计量项目及企业标准制修订工作提供专业建议和意见，从而不断提升中国石油整体计量工作水平。“十三五”以来，计量专标委分别于 2018 年、2019 年、2020 年、2021 年及 2023 年对委员进行了调整。

2018 年，经中国石油标准化委员会批准，聘任石油管工程技术研究院秦长毅、大庆石油管理局有限公司技术监督中心范继龙为计量专标委副主任委员，聘任中国石油长庆油田公司技术监督中心贾春虎、中国石油乌鲁木齐石化公司高玉平、中油测井公司陈晓明为委员。裴润有、张都辉、贾向东、卫遵义不再担任委员。调整后的委员名单见表 6–10。

表 6–10　2018 年计量专业标准化技术委员会委员名单

序号	姓名	委员会职务	工作单位
1	黄　飞	主任委员	中国石油质量安全环保部
2	陈　琳	副主任委员兼秘书长	中国石油质量安全环保部
3	秦长毅	副主任委员	石油管工程技术研究院
4	范继龙	副主任委员	大庆石油管理局有限公司技术监督中心
5	焦学锋	副秘书长	中国石油质量安全环保部
6	薛国民	副秘书长	大庆石油管理局有限公司技术监督中心
7	高　军	副秘书长	国家石油天然气大流量计量站
8	吕　刚	副秘书长	中国石油兰州石化公司
9	张　明	委员	中国石油勘探与生产公司
10	章龙江	委员	中国石油炼油与化工公司
11	窦宝文	委员	中国石油销售公司
12	王鹏飞	委员	中国石油管道有限责任公司
13	王增年	委员	中国石油集团油田技术服务有限公司
14	陈　广	委员	工程股份有限公司
15	白世龙	委员	大庆油田有限责任公司质量安全环保部
16	雷永吉	委员	中国石油长庆油田公司质量安全环保部
17	贾春虎	委员	中国石油长庆油田公司技术监测中心
18	施　斌	委员	中国石油新疆油田公司
19	何　敏	委员	中国石油西南油气田公司
20	宋志浩	委员	中国石油大连石化公司
21	高玉平	委员	中国石油乌鲁木齐石化公司计控部
22	周　彤	委员	中国石油抚顺石化公司
23	姜　伟	委员	中国石油黑龙江销售公司
24	康必勇	委员	中国石油西北销售公司
25	何建华	委员	中国石油四川销售公司
26	王永梅	委员	中国石油广东销售公司

续表

序号	姓名	委员会职务	工作单位
27	周　阳	委员	北京油气调控中心
28	王志学	委员	中国石油管道分公司
29	邱　惠	委员	中国石油西气东输管道分公司
30	蔡浩辉	委员	国家石油天然气大流量计量站乌鲁木齐分站
31	尹继伟	委员	长城钻探公司
32	赵英杰	委员	渤海钻探公司
33	范湘军	委员	川庆钻探公司
34	姜保刚	委员	东方物探公司
35	陈晓明	委员	中油测井公司生产技术处
36	李艳华	委员	中国石油管道局
37	郝明武	委员	中国石油工程建设公司第一建设公司
38	肖都琴	委员	中国石油渤海石油装备公司
39	刘树前	委员	中国石油宝鸡石油机械公司
40	李万俊	委员	国家石油天然气大流量计量站成都分站
41	国明昌	委员	国家石油天然气大流量计量站南京分站
42	王江波	委员	石油工业测井计量站
43	罗　勤	委员	石油工业天然气质检中心
44	侯学志	委员	石油工业原油及成品油质检中心

2019 年，经中国石油标准化委员会批准，聘任大庆石油管理局有限公司技术监督中心李明为计量专标委委员、副秘书长，聘任中国石油工程技术研究院刘瑞华、中油测井公司鲁保平为委员。薛国民不再担任副秘书长、委员，姜伟、王江波不再担任委员。调整后委员名单见表 6-11。

2020 年，经中国石油标准化委员会批准，聘任大庆石油管理局有限公司技术监督中心李明为计量专标委副主任委员，聘任中国石油质量安全环保部焦学锋为计量专标委秘书长，聘任大庆石油管理局有限公司技术监督中心袁海滨、国家油气站肖迪为委员、副秘书长，聘任中国石油勘探与生产公司马建国、中国石油炼油化工公司王正元、中国石油天然气销售公司赵晨阳为委员。范继龙不再担任副主任委员、委员，陈琳不再担任秘书长、委员，李明、高军、吕刚不再担任副秘书长、委员，张明、章龙江不再担任委员。调整后委员名单见表 6-12。

表 6-11　2019 年计量专业标准化技术委员会委员名单

序号	姓名	委员会职务	工作单位
1	黄　飞	主任委员	中国石油质量安全环保部
2	陈　琳	副主任委员兼秘书长	中国石油质量安全环保部
3	秦长毅	副主任委员	石油管工程技术研究院
4	李　明	副主任委员	大庆石油管理局有限公司技术监督中心
5	焦学锋	副秘书长	中国石油质量安全环保部
6	袁海滨	副秘书长	大庆石油管理局有限公司技术监督中心
7	肖　迪	副秘书长	国家石油天然气大流量计量站
8	马建国	委员	中国石油勘探与生产公司
9	王正元	委员	中国石油炼油与化工公司
10	窦宝文	委员	中国石油销售公司
11	王鹏飞	委员	中国石油管道有限责任公司
12	赵晨阳	委员	中国石油天然气销售分公司
13	王增年	委员	中国石油集团油田技术服务有限公司
14	陈　广	委员	工程股份有限公司
15	白世龙	委员	大庆油田有限责任公司
16	雷永吉	委员	中国石油长庆油田公司
17	贾春虎	委员	中国石油长庆油田公司技术监测中心
18	施　斌	委员	中国石油新疆油田公司
19	何　敏	委员	中国石油西南油气田公司
20	宋志浩	委员	中国石油大连石化公司
21	高玉平	委员	中国石油乌鲁木齐石化公司计控部
22	周　彤	委员	中国石油抚顺石化公司
23	康必勇	委员	中国石油西北销售公司
24	何建华	委员	中国石油四川销售公司
25	王永梅	委员	中国石油广东销售公司
26	周　阳	委员	北京油气调控中心
27	王志学	委员	管道分公司
28	邱　惠	委员	西气东输管道分公司
29	蔡浩辉	委员	国家石油天然气大流量计量站乌鲁木齐分站

续表

序号	姓名	委员会职务	工作单位
30	尹继伟	委员	长城钻探公司
31	赵英杰	委员	渤海钻探公司
32	范湘军	委员	川庆钻探公司
33	姜保刚	委员	东方物探公司
34	陈晓明	委员	中油测井公司生产技术处
35	李艳华	委员	中国石油管道局
36	郝明武	委员	中国石油工程建设公司第一建设公司
37	肖都琴	委员	中国石油渤海石油装备公司
38	刘树前	委员	中国石油宝鸡石油机械公司
39	刘瑞华	委员	工程技术研究院康布尔公司
40	李万俊	委员	国家石油天然气大流量计量站成都分站
41	国明昌	委员	国家石油天然气大流量计量站南京分站
42	鲁保平	委员	中油测井公司测井计量站
43	罗　勤	委员	石油工业天然气质检中心
44	侯学志	委员	石油工业原油及成品油质检中心

表 6-12　2020 年计量专业标准化技术委员会委员名单

序号	姓名	委员会职务	工作单位
1	黄　飞	主任委员	中国石油质量安全环保部
2	陈　琳	副主任委员	中国石油质量安全环保部
3	秦长毅	副主任委员	石油管工程技术研究院
4	李　昳	副主任委员	大庆石油管理局有限公司技术监督中心
5	焦学锋	秘书长	中国石油质量安全环保部
6	袁海滨	副秘书长	大庆石油管理局有限公司技术监督中心
7	肖　进	副秘书长	国家石油天然气大流量计量站
8	马建国	委员	中国石油勘探与生产公司
9	王正元	委员	中国石油炼油与化工公司
10	窦宝文	委员	中国石油销售公司
11	赵晨阳	委员	中国石油天然气销售公司

续表

序号	姓名	委员会职务	工作单位
12	王增年	委员	油田技术服务有限公司
13	陈　广	委员	工程股份有限公司
14	白世龙	委员	大庆油田有限责任公司质量安全环保部
15	李军昌	委员	中国石油长庆油田公司
16	贾春虎	委员	中国石油长庆油田公司技术监测中心
17	何中凯	委员	中国石油塔里木油田公司
18	郭秀媛	委员	中国石油新疆油田公司
19	何　敏	委员	中国石油西南油气田公司
20	史有刚	委员	中石油煤层气有限责任公司
21	郭　凯	委员	中国石油储气库公司
22	施　斌	委员	西部原油销售中心运行管理部
23	周　彤	委员	中国石油抚顺石化公司
24	张效铭	委员	中国石油兰州石化公司计量部
25	高玉平	委员	中国石油乌鲁木齐石化公司计控部
26	宋志浩	委员	中国石油大连石化公司
27	康必勇	委员	中国石油西北销售公司
28	何建华	委员	中国石油四川销售公司
29	陈芃翰	委员	中国石油广东销售公司
30	谢富文	委员	昆仑燃气有限公司工程维修分公司
31	尹继伟	委员	长城钻探公司
32	张朝阳	委员	渤海钻探公司
33	范湘军	委员	川庆钻探公司
34	姜保刚	委员	东方物探公司
35	陈晓明	委员	中油测井公司
36	鲁保平	委员	中油测井公司
37	刘瑞华	委员	工程技术研究院康布尔公司
38	李艳华	委员	中国石油管道局有限公司
39	郝明武	委员	工程建设公司第一建设公司

续表

序号	姓名	委员会职务	工作单位
40	肖都琴	委员	中国石油渤海石油装备公司
41	刘树前	委员	中国石油宝鸡石油机械公司
42	李万俊	委员	国家石油天然气大流量计量站成都分站
43	罗　勤	委员	石油工业天然气质检中心
44	杨学军	委员	石油工业原油及石油产品质量监督检验中心

2021 年，经中国石油标准化委员会批准，聘任中国石油质量健康安全环保部王学文为计量专标委主任委员，聘任中国石油质量健康安全环保部李武斌为副主任委员，聘任中国石油销售公司李金国、中国石油集团油田技术服务有限公司党军、大庆油田有限责任公司刘博、中国石油抚顺石化公司杨雪峰、中油国际管道公司王华青为委员。黄飞不再担任主任委员、委员，陈琳、李明不再担任副主任委员、委员，窦宝文、王增年、白世龙、周彤不再担任委员。调整后的委员名单见表 6-13。

表 6-13　2021 年计量专业标准化技术委员会委员名单

序号	姓名	委员会职务	工作单位
1	王学文	主任委员	中国石油质量健康安全环保部
2	李武斌	副主任委员	中国石油质量健康安全环保部
3	秦长毅	副主任委员	石油管工程技术研究院
4	焦学锋	秘书长	中国石油质量健康安全环保部
5	袁海滨	副秘书长	大庆石油管理局有限公司技术监督中心
6	肖　迪	副秘书长	国家石油天然气大流量计量站
7	马建国	委员	中国石油勘探与生产公司
8	王正元	委员	中国石油炼油与化工公司
9	李金国	委员	中国石油销售公司
10	赵晨阳	委员	中国石油天然气销售公司
11	党　军	委员	中国石油集团油田技术服务有限公司
12	陈　广	委员	工程股份有限公司
13	刘　博	委员	大庆油田有限责任公司质量健康安全环保部
14	李军昌	委员	中国石油长庆油田公司
15	贾春虎	委员	中国石油长庆油田公司技术监测中心
16	何中凯	委员	中国石油塔里木油田公司

续表

序号	姓名	委员会职务	工作单位
17	郭秀媛	委员	中国石油新疆油田公司
18	何　敏	委员	中国石油西南油气田公司
19	史有刚	委员	中石油煤层气有限责任公司
20	郭　凯	委员	中国石油储气库公司
21	施　斌	委员	西部原油销售中心运行管理部
22	杨雪峰	委员	中国石油抚顺石化公司
23	张效铭	委员	中国石油兰州石化公司计量部
24	高玉平	委员	中国石油乌鲁木齐石化公司计控部
25	宋志浩	委员	中国石油大连石化公司
26	康必勇	委员	中国石油西北销售公司
27	何建华	委员	中国石油四川销售公司
28	陈芃翰	委员	中国石油广东销售公司
29	谢富文	委员	昆仑燃气有限公司工程维修分公司
30	尹继伟	委员	长城钻探公司
31	张朝阳	委员	渤海钻探公司
32	范湘军	委员	川庆钻探公司
33	姜保刚	委员	东方物探公司
34	陈晓明	委员	中油测井公司
35	鲁保平	委员	中油测井公司
36	刘瑞华	委员	工程技术研究院康布尔公司
37	李艳华	委员	中国石油管道局有限公司
38	郝明武	委员	工程建设公司第一建设公司
39	肖都琴	委员	中国石油渤海石油装备公司
40	刘树前	委员	中国石油宝鸡石油机械公司
41	李万俊	委员	国家石油天然气大流量计量站成都分站
42	罗　勤	委员	中国石油西南油气田公司
43	杨学军	委员	石油工业原油及石油产品质量监督检验中心
44	王华青	委员	中油国际管道公司生产运行部

2023年，经中国石油标准化委员会批准，聘任大庆油田有限责任公司技术监督中心李克敏为计量专标委副主任委员，聘任大庆油田设计院有限公司陈亮为副秘书长，聘任炼油化工和新材料分公司姜凯、中国石油集团油田技术服务有限公司崔涛、中石油煤层气有限责任公司雷琦、中国石油广东销售公司魏希刚、中油测井公司刘晖、中国石油管道局工程有限公司黄晓波为委员。肖迪不再担任副秘书长、委员，王正元、党军、史有刚、陈凡翰、陈晓明、李艳华不再担任委员。调整后的委员名单见表6-14。

表6-14 2023年计量专业标准化技术委员会委员名单

序号	姓名	委员会职务	工作单位
1	王学文	主任委员	中国石油质量健康安全环保部
2	李武斌	副主任委员	中国石油质量健康安全环保部
3	秦长毅	副主任委员	石油管工程技术研究院
4	李克敏	副主任委员	大庆油田有限责任公司技术监督中心
5	焦学锋	秘书长	中国石油质量健康安全环保部
6	袁海滨	副秘书长	大庆油田有限责任公司技术监督中心
7	陈　亮	副秘书长	大庆油田设计院有限公司
8	马建国	委员	中国石油勘探与生产公司
9	姜　凯	委员	炼油化工和新材料分公司
10	李金国	委员	中国石油销售公司
11	赵晨阳	委员	中国石油天然气销售公司
12	谢富文	委员	昆仑燃气有限公司工程维修分公司
13	崔　涛	委员	中国石油集团油田技术服务有限公司
14	陈　广	委员	工程股份有限公司
15	刘　博	委员	大庆油田有限责任公司质量健康安全环保部
16	李军昌	委员	中国石油长庆油田公司
17	贾春虎	委员	中国石油长庆油田公司技术监测中心
18	何中凯	委员	中国石油塔里木油田公司
19	郭秀媛	委员	中国石油新疆油田公司
20	施　斌	委员	中国石油西部原油销售中心运行管理部
21	何　敏	委员	中国石油西南油气田公司
22	雷　琦	委员	中石油煤层气有限责任公司质量安全环保处
23	郭　凯	委员	中国石油储气库公司
24	王华青	委员	中油国际管道公司生产运行部

续表

序号	姓名	委员会职务	工作单位
25	尹继伟	委员	长城钻探公司质量管理科
26	张朝阳	委员	渤海钻探公司
27	范湘军	委员	川庆钻探公司
28	姜保刚	委员	东方物探公司
29	刘　晖	委员	中油测井公司生产技术处
30	鲁保平	委员	中油测井公司
31	刘瑞华	委员	工程技术研究院康布尔公司
32	杨雪峰	委员	中国石油抚顺石化公司
33	张效铭	委员	中国石油兰州石化公司
34	高玉平	委员	中国石油乌鲁木齐石化公司
35	宋志浩	委员	中国石油大连石化公司
36	康必勇	委员	中国石油西北销售公司
37	魏希刚	委员	中国石油广东销售公司
38	何建华	委员	中国石油四川销售公司质量安全环保处
39	黄晓波	委员	中国石油管道局有限公司
40	郝明武	委员	工程建设公司第一建设公司
41	刘树前	委员	中国石油宝鸡石油机械公司
42	肖都琴	委员	中国石油渤海石油装备公司
43	李万俊	委员	国家石油天然气大流量计量站成都分站师
44	罗　勤	委员	中国石油西南油气田公司
45	杨学军	委员	石油工业原油及石油产品质量监督检验中心

2. 计量专标委国际工作组

为进一步增强参与国际标准化活动能力，提高中国石油国际标准化水平，按照《中国石油天然气集团公司国际标准化工作管理规定》（中油质〔2014〕26号）的有关规定，经中国石油标准化委员会批准，2018年5月成立了中国石油计量专标委国际工作组。主要负责中国石油计量专标委工作范围所规定的专业涉及的国际标准化工作。秘书处设在中国石油计量测试研究所，工作组成员名单见表6-15。2021年10月对工作组成员进行了调整，聘任质量健康安全环保部王学文为工作组组长，中国石油计量测试研究所肖迪为工作组副组长，聘任大庆油田技术监督中心袁海滨、中国石油计量测试研究所张学腾、中国石油计量测试研究所马琳为工作组成员，调整后的工作组成员名单见表6-16。

表 6-15　2018 年计量专标委国际工作组成员名单

序号	姓名	工作组职务	工作单位
1	陈　琳	组长	中国石油质量安全环保部
2	高　芸	副组长	中国石油计量测试研究所
3	阮增荣	副组长	中国石油计量测试研究所
4	焦学锋	副组长	中国石油质量安全环保部
5	安树民	成员	中国石油计量测试研究所
6	赵成海	成员	中国石油计量测试研究所
7	肖　迪	成员	中国石油计量测试研究所
8	罗再扬	成员	中国石油计量测试研究所
9	陈　亮	成员	中国石油计量测试研究所
10	薛国民	成员	大庆石油管理局有限公司技术监督中心
11	罗　勤	成员	中国石油西南油气田公司天然气研究院
12	任　佳	成员	中国石油西南油气田公司天然气研究院
13	段继芹	成员	中国石油西南油气田公司天然气研究院
14	张　强	成员	中国石油西南油气田公司天然气研究院
15	国明昌	成员	中国石油西气东输管道公司
16	周　萱	成员	中国石油西气东输管道公司
17	蔡浩晖	成员	中国石油西部管道公司乌鲁木齐输气分公司
18	林　青	成员	中油国际管道公司

表 6-16　2021 年计量专标委国际工作组成员名单

序号	姓名	工作组职务	工作单位
1	王学文	组长	中国石油质量安健康全环保部
2	肖　迪	副组长	中国石油计量测试研究所
3	焦学锋	成员	中国石油质量健康安全环保部
4	阮增荣	成员	中国石油计量测试研究所
5	袁海滨	成员	大庆油田技术监督中心
6	陈　亮	成员	中国石油计量测试研究所
7	赵成海	成员	中国石油计量测试研究所
8	张学腾	成员	中国石油计量测试研究所
9	罗　勤	成员	中国石油西南油气田公司

续表

序号	姓名	工作组职务	工作单位
10	任　佳	成员	中国石油西南油气田公司天然气研究院
11	段继芹	成员	中国石油西南油气田公司天然气研究院
12	张　强	成员	中国石油西南油气田公司天然气研究院
13	林　青	成员	中油国际管道公司
14	马　琳	成员	中国石油计量测试研究所

3. 计量专标委石油专用专业组

为加强中国石油的石油专用计量标准化工作，增强石油专用计量技术能力，按照计量专标委工作会议要求，于 2018 年 7 月在计量专标委下设立“石油专用螺纹计量专业组”。主要工作内容是：研究提出石油螺纹计量专业标准化工作建议；负责组织制定和维护中国石油计量标准体系表中石油螺纹计量专业部分；向计量专标委提出石油螺纹计量专业年度企业标准制修订和复审项目计划建议；协助计量专标委完成石油螺纹计量专业标准计划立项、审查等工作；配合计量专标委组织标准起草单位完成标准起草工作，进行技术审查；主动收集石油螺纹计量有关标准的使用反馈意见，并及时反馈计量专标委，协助计量专标委开展相关标准复审工作；协助公司有关职能部门或专业公司组织石油螺纹计量各级标准宣贯工作，协助计量专标委组织对标准起草人员进行培训，开展标准化咨询服务和有关的标准实施监督抽查工作；组织开展石油螺纹计量标准化国际工作、研究工作和学术交流活动；完成计量专标委交办的其他工作。石油专用螺纹计量专业组聘任石油管工程技术研究院秦长毅为专业组组长，白小亮为专业组成员、秘书，专业组成员总数为 9 人，成员名单见表 6–17。秘书处设在石油管工程技术研究院。

表 6–17　石油专用螺纹计量专业组成员名单

序号	姓名	专业组职务	工作单位
1	秦长毅	组长	石油管工程技术研究院
2	白小亮	秘书 / 成员	石油管工程技术研究院
3	艾裕丰	成员	国家石油管材质量监督检验中心
4	孙　宇	成员	大庆钻探工程公司钻技一公司
5	赵　琳	成员	中国石油辽河油田公司安全环保技术监督中心
6	王树行	成员	中国石油新疆油田公司工程技术公司
7	李亮亮	成员	渤海钻探公司钻探工程技术研究院
8	谯国军	成员	川庆钻探公司安全环保质量监督检测研究院
9	肖俊仓	成员	中国石油宝鸡石油机械有限责任公司质量检测部

2019年4月，为进一步增强石油专用计量技术能力，为中国石油石油专用计量人员提供技术交流平台，计量专标委设立了石油物探计量专业组、石油测井计量专业组及石油钻采计量专业组，主要工作内容是：研究提出石油物探、石油测井、石油钻采计量专业标准化工作建议；负责组织制定和维护中国石油计量标准体系表中石油物探、石油测井、石油钻采计量专业部分；向计量专标委提出石油物探、石油测井、石油钻采计量专业年度企业标准制修订和复审项目计划建议；协助计量专标委完成石油物探、石油测井、石油钻采计量专业标准计划立项、审查等工作；配合计量专标委组织标准起草单位完成标准起草工作，进行技术审查；主动收集石油物探、石油测井、石油钻采计量有关标准的使用反馈意见，并及时反馈计量专标委，协助计量专标委开展相关标准复审工作；协助公司有关职能部门或专业公司组织石油物探、石油测井、石油钻采计量各级标准宣贯工作，协助计量专标委组织对标准起草人员进行培训，开展标准化咨询服务和有关的标准实施监督抽查工作；组织开展石油物探、石油测井、石油钻采计量标准化国际工作、研究工作和学术交流活动；完成计量专标委交办的其他工作。

石油物探计量专业组聘任东方物探公司姜保刚为专业组组长，张显桂为专业组成员、秘书，专业组成员总数9人，成员名单见表6-18。秘书处设在东方物探公司生产管理处。石油测井计量专业组聘任中油测井公司鲁保平为专业组组长，王江波为专业组秘书、成员，专业组成员总数为9人，成员名单见表6-19。秘书处设在石油工业测井计量站。石油钻采计量专业组聘任工程技术研究院刘瑞华为专业组组长，高永亮为专业组秘书、成员，专业组成员总数10人，成员名单见表6-20。秘书处设在工程技术研究院康布尔公司。

表6-18 石油物探计量专业组成员名单

序号	姓名	专业组职务	工作单位
1	姜保刚	组长	东方物探公司生产管理处
2	张显桂	秘书 / 成员	东方物探公司装备服务处
3	宋海路	成员	东方物探公司生产管理处
4	易碧金	成员	东方物探公司装备服务处
5	李大军	成员	东方物探公司西南物探分公司
6	杨继春	成员	东方物探公司大庆物探一公司
7	曹建明	成员	东方物探公司海洋物探处
8	余正杰	成员	东方物探公司西安装备分公司
9	罗兰兵	成员	英洛瓦物探装备有限责任公司

2023年，由计量专标委各专业组成员所在单位提出申请，经计量专标委批准，对石油专用螺纹计量、石油物探计量、石油钻采计量3个专业组部分成员进行了调整。

表 6-19 石油测井计量专业组成员名单

序号	姓名	专业组职务	工作单位
1	鲁保平	组长	中油测井公司培训中心
2	王江波	秘书 / 成员	石油工业测井计量站
3	张全恒	成员	中油测井公司长庆分公司
4	冯琳伟	成员	中油测井公司技术中心
5	孙伟丽	成员	中油测井公司大庆分公司
6	王易安	成员	中油测井公司生产测井中心
7	李玉泉	成员	中油测井公司天津分公司
8	赵喜亮	成员	中油测井公司生产技术处主管、工程师
9	王东红	成员	大庆油田有限责任公司测试技术服务分公司

表 6-20 石油钻采计量专业组成员名单

序号	姓名	专业组职务	工作单位
1	刘瑞华	组长	工程技术研究院康布尔公司
2	高永亮	秘书 / 成员	工程技术研究院康布尔公司
3	史力卫	成员	长城钻探公司工程技术处
4	郭劲松	成员	渤海钻探公司定向井分公司
5	王　晨	成员	西部钻探公司克拉玛依录井工程公司
6	李　厉	成员	大庆油田有限责任公司井下作业分公司
7	徐艳丽	成员	川庆钻探公司井下作业公司
8	耿晓光	成员	大庆钻探工程公司技术研究院
9	齐奉忠	成员	工程技术研究院固井所
10	文志雄	成员	国家油气田井口设备质量监督检验中心

石油专用螺纹计量专业组聘任工程材料研究院白小亮为石油专用螺纹计量专业组组长，聘任工程材料研究院艾裕丰为石油专用螺纹计量专业组秘书，聘任大庆钻探工程公司王艳华、中国石油长庆油田公司邹昊、中国石油新疆油田公司余建军、中国石油西南油气田公司漆家伟、中国石油宝鸡石油机械有限责任公司李千千、中国石油宝鸡石油钢管有限责任公司苑清英、中国石油渤海石油装备制造有限公司冯杰、工程材料研究院冯娜为石油专用螺纹计量专业组成员。秦长毅不再担任石油专用螺纹计量专业组组长，王树行、孙宇、肖俊仓不再担任石油专用螺纹计量专业组成员。调整后的石油专用螺纹计量专业组成员共 13 人，名单见表 6-21。

表 6-21 石油专用螺纹计量专业组成员名单

序号	姓名	专业组职务	工作单位
1	白小亮	组长	工程材料研究院
2	艾裕丰	秘书 / 成员	工程材料研究院国家质检中心
3	王艳华	成员	大庆钻探工程公司钻技一公司
4	邹　昊	成员	中国石油长庆油田公司物资供应处
5	赵　琳	成员	中国石油辽河油田公司安全环保技术监督中心
6	余建军	成员	中国石油新疆油田公司物资供应公司
7	漆家伟	成员	中国石油西南油气田公司物资分公司
8	李亮亮	成员	渤海钻探公司钻探工程技术研究院
9	谯国军	成员	川庆钻探公司安全环保质量监督检测研究院
10	李千一	成员	中国石油宝鸡石油机械有限责任公司质量检测部
11	苑清英	成员	中国石油宝鸡石油钢管有限责任公司钢管研究院
12	冯　杰	成员	中国石油渤海石油装备制造有限公司天津石油专用管分公司
13	冯　娜	成员	工程材料研究院国家质检中心

石油物探计量专业组聘任东方物探公司西南分公司张怀为石油物探计量专业组成员，李大军不再担任石油物探计量专业组成员，调整后的石油物探计量专业组成员共 9 人，名单见表 6-22。

表 6-22 石油物探计量专业组成员名单

序号	姓名	专业组职务	工作单位
1	姜保刚	组长	东方物探公司生产管理处
2	张显桂	秘书 / 成员	东方物探公司装备服务处
3	宋海璐	成员	东方物探公司生产管理处
4	易碧金	成员	东方物探公司装备服务处
5	张　怀	成员	东方物探公司西南物探分公司
6	杨继春	成员	东方物探公司大庆物探一公司
7	曹建明	成员	东方物探公司海洋物探处
8	余正杰	成员	东方物探公司西安装备分公司
9	罗兰兵	成员	英洛瓦物探装备有限责任公司

石油钻采计量专业组聘任大庆钻探工程公司胡宗敏，西部钻探公司王生玉，长城钻探公司刘永新，渤海钻探公司陈景旺、薛亚红、任忠宏，川庆钻探公司谯国军、柴龙为石油

钻采计量专业组成员。史力卫、郭劲松、王晨、李历、徐艳丽、齐奉中、文志雄不再担任石油钻采计量专业组成员，调整后的石油钻采专业组成员共 11 人，名单见表 6–23。

表 6–23　石油钻采计量专业组成员名单

序号	姓名	专业组职务	工作单位
1	刘瑞华	组长	工程技术研究院康布尔公司
2	高永亮	秘书 / 成员	工程技术研究院康布尔公司
3	胡宗敏	成员	大庆钻探工程公司地质录井一公司
4	耿晓光	成员	大庆钻探工程公司钻井工程技术研究院
5	王生玉	成员	西部钻探公司质量安全环保处
6	刘永新	成员	长城钻探公司录井公司
7	陈景旺	成员	渤海钻探公司定向井分公司
8	薛亚红	成员	渤海钻探公司技术服务分公司
9	任忠宏	成员	渤海钻探公司第一录井公司
10	谯国军	成员	川庆钻探公司安全环保质量监督检测研究院
11	柴　龙	成员	川庆钻探公司长庆井下工程技术发展中心

二、企业标准体系

1. 中国石油计量标准体系

根据中国石油计量工作实际需求，结合计量专标委工作范围，形成了计量专业企业标准体系。2015 年，对计量标准体系进行了全面修订，完善后的计量专业标准体系具有统一性、先进性，主要体现在统一明确了各生产经营业务计量器具配备要求，统一明确了计量器具检定校准规程规范、数据修约、不确定度评价等方法，统一明确了能源和水资源计量管理标准、油气交接计量管理与操作标准，完善后的计量专业标准体系实施动态管理，每年对标准体系持续进行更新，不断优化完善。2023 版计量专业企业标准体系共有标准 481 项，其中国家标准 365 项、行业标准 77 项、企业标准 39 项。中国石油计量标准体系结构如图 6–3 所示。

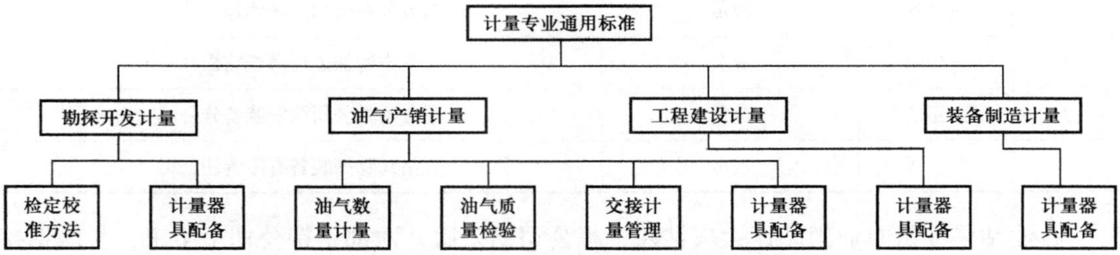

图 6–3　中国石油计量标准体系结构示意图

2. 中国石油计量企业标准

中国石油现行计量企业标准见表 6-24。

表 6-24　中国石油计量企业标准明细表

序号	标准编号	标准名称	备注
1	Q/SY 1812—2015	《天然气与管道业务计量器具配备规范》	油气产销计量
2	Q/SY 14001—2016	《用科里奥利流量计测量液体化工产品流量》	勘探开发计量
3	Q/SY 14002—2016	《工程施工计量器具配备规范》	工程建设计量
4	Q/SY 14003.1—2016	《装备制造业务计量器具配备规范　第 1 部分：机械加工》	装备制造计量
5	Q/SY 14003.2—2016	《装备制造业务计量器具配备规范　第 2 部分：输送管制造》	
6	Q/SY 14003.3—2016	《装备制造业务计量器具配备规范　第 3 部分：热处理》	
7	Q/SY 14004—2018	《拉力表 / 指重表现场测试方法》	勘探开发计量
8	Q/SY 14005—2018	《液位计现场校准规范》	
9	Q/SY 14006—2018	《核磁共振录井仪校准规范》	
10	Q/SY 14007—2018	《液体化工产品损耗计算方法》	油气产销计量
11	Q/SY 14008—2019	《测井电缆张力系统校准方法》	勘探开发计量
12	Q/SY 14009—2019	《定量荧光分析仪校准规范》	
13	Q/SY 14010—2019	《下井电缆现场刻度方法》	
14	Q/SY 14011—2019	《岩石热解综合评价仪校准规范》	
15	Q/SY 14012—2020	《石油天然气计量检定站检查规范》	油气产销计量
16	Q/SY 14013—2020	《石油天然气计量检定数据格式规范》	
17	Q/SY 14014—2020	《原油动态计量过程控制方法》	
18	Q/SY 14015—2021	《石油专用计量器具量值溯源指南》	勘探开发计量
19	Q/SY 14016—2021	《双级同步螺纹量规检测方法》	
20	Q/SY 14017—2022	《储罐自动测量装置计量技术规范》	油气产销计量
21	Q/SY 14018—2022	《天然气能量计量实施规范》	
22	Q/SY 14019—2023	《随钻电磁波电阻率测井仪校准方法》	勘探开发计量
23	Q/SY 14212—2018	《能源计量器具配备规范》	
24	Q/SY 14263—2020	《城镇燃气交接计量管理规范》	油气产销计量
25	Q/SY 14538—2022	《油气交接计量设施功能确认规范》	
26	Q/SY 14755.1—2019	《勘探与生产业务计量器具配备规范　第 1 部分：原油》	
27	Q/SY 14755.2—2019	《勘探与生产业务计量器具配备规范　第 2 部分：天然气》	

续表

序号	标准编号	标准名称	备注
28	Q/SY 14756—2019	《炼油与化工业务计量器具配备规范》	油气产销计量
29	Q/SY 14757—2019	《成品油销售业务计量器具配备规范》	
30	Q/SY 14758—2021	《石油专用螺纹计量器具配备规范》	勘探开发计量
31	Q/SY 14759.1—2019	《工程技术业务计量器具配备规范　第 1 部分：物探》	
32	Q/SY 14759.2—2019	《工程技术业务计量器具配备规范　第 2 部分：钻井》	
33	Q/SY 14759.3—2019	《工程技术业务计量器具配备规范　第 3 部分：固井》	
34	Q/SY 14759.4—2019	《工程技术业务计量器具配备规范　第 4 部分：测井》	
35	Q/SY 14759.5—2019	《工程技术业务计量器具配备规范　第 5 部分：录井》	
36	Q/SY 14759.6—2019	《工程技术业务计量器具配备规范　第 6 部分：井下作业》	
37	Q/SY 14811—2020	《液体化工产品静态计量计算方法》	油气产销计量
38	Q/SY 14813—2020	《靶式流量计校准方法　挂重法》	
39	Q/SY 14866—2022	《成品油交接计量规范》	

三、企业计量标准制修订

企业标准制修订始终围绕中国石油生产经营业务计量器具配备及使用规范、计量管理规范等方面。39 项企业标准中有 17 项计量器具配备规范（主要涉及勘探与生产、工程技术、炼油与化工、装备制造、工程施工、成品油销售、天然气与管道等业务领域，基本覆盖了中国石油的主要生产业务）、15 项计量器具量值溯源方面标准（主要为当前没有国家标准、行业标准作为量值溯源支持，同时又是中国石油生产过程中使用的计量器具，为了确保量值准确可靠而制定的量值溯源标准）、7 项计量管理方面标准（主要集中在交接计量管理，包括交接计量规范、交接站点监督管理、交接数据管理等方面，确保中国石油的原油、天然气、成品油交接计量数据准确可靠，交接工作有序开展）。

1. 计量器具配备标准制修订情况

“十三五”以来，制修订计量器具配备标准 17 项。

1）Q/SY 1812—2015《天然气与管道业务计量器具配备规范》（制定）

标准内容：规定了输油气管道贸易交接计量、过程控制、管道保护等专业的计量器具配备原则和要求，适用于公司天然气与管道业务的计量器具配备。

起草单位：北京油气调控中心、中国石油管道公司、中国石油西气东输管道公司、中国石油新疆油田公司、中国石油西南油气田公司、北京天然气管道有限公司、中国石油兰州石化公司。

起草人：蔡浩晖、刘新华、冯春辉、郭珍、甘丛笑、周阳、罗勤、邱惠、李宏、王志学、吕刚、史昊、高锦伟、董浩、吕保全、谭敏。

发布与实施日期：2015 年 8 月 4 日发布，2015 年 11 月 1 日实施。

2）Q/SY 14002—2016《工程施工计量器具配备规范》（制定）

标准内容：规定了工程施工中土建、设备安装、储罐、管道、电气、仪表工程及无损检测等计量器具配备的原则和要求，适用于油气田地面工程、油气储运工程、炼油化工工程，也可供其他工程参考。

起草单位：中国石油集团工程设计有限责任公司新疆石油工程建设有限责任公司、中国石油天然气第七建设公司、中国石油管道局第四工程分公司。

起草人：杨志军、魏晓东、李攻科、王彩辉、孙永良、冉东、叶建波、张成杰、胡瑞海、孙振利、范文杰、叶晓鹏、吴志国、张有志、孙士星、王坤、栾天、蒋凤良、刘薇、刘新生、杜伟、侯东宝。

发布与实施日期：2016 年 10 月 27 日发布，2017 年 1 月 1 日实施。

3）Q/SY 14003—2016《装备制造业务计量器具配备规范》系列标准

该系列标准规定了装备制造业务产品机械加工过程中通用计量器具配备的原则和要求。

（1）Q/SY 14003.1—2016《装备制造业务计量器具配备规范　第 1 部分：机械加工》（制定）。

标准内容：适用于利用机械设备改变工件形状以达到几何尺寸要求的机械加工过程，对图样上标注的公差等级为 6～18 级（IT6～IT18）、公称尺寸小于或等于 500mm 的工件尺寸测量的通用计量器具的配备。对于公差等级高于 IT6 或公称尺寸大于 500mm 的工件尺寸测量的计量器具的选择参照执行。

起草单位：中国石油渤海石油装备制造有限公司、中国石油宝鸡石油机械有限责任公司、中国石油集团济柴动力总厂。

起草人：范华、孙东生、杨杨、肖俊仓、王健林、俞晓艳、武春利。

发布与实施日期：2016 年 10 月 27 日发布，2017 年 1 月 1 日实施。

（2）Q/SY 14003.2—2016《装备制造业务计量器具配备规范　第 2 部分：输送管制造》（制定）。

标准内容：规定了直缝埋弧焊钢管、螺旋缝埋弧焊钢管、高频电阻焊钢管等输送管产品生产过程中所使用的计量器具配备原则与要求，适用于中国石油装备制造业务输送管产品生产过程计量器具的配备。

起草单位：中国石油渤海石油装备制造有限公司、中国石油宝鸡石油钢管有限责任公司。

起草人：刘涛、闵祥玲、孙灵丽、胡卫国、何志伟。

发布与实施日期：2016 年 10 月 27 日发布，2017 年 1 月 1 日实施。

（3）Q/SY 14003.3—2016《装备制造业务计量器具配备规范　第 3 部分：热处理》（制定）。

标准内容：规定了装备制造业务，产品制造所涉及的原材料检验、热处理过程控制及产品检验所需计量器具的配备基本要求，适用于中国石油装备制造企业对产品制造中原材料检验、热处理生产过程控制及产品检验所需计量器具的配备及选用。

起草单位：中国石油宝鸡石油机械有限责任公司、中国石油渤海石油装备制造有限公司、中国石油集团济柴动力总厂。

起草人：王建林、肖俊仓、刘红芳、党恩、孙东生、王伟、俞晓艳。

发布与实施日期：2016 年 10 月 27 日发布，2017 年 1 月 1 日实施。

4）Q/SY 14212—2018《能源计量器具配备规范》（制定）

标准内容：规定了用能组织划分和能源计量器具的配备要求，适用于中国石油各项生产经营业务。

起草单位：大庆油田有限责任公司、中国石油大庆石化公司、大庆石油管理局、中国石油西南油气田公司、中国石油抚顺石化公司、中国石油长庆油田公司、中国石油兰州石化公司、中国石油管道分司、川庆钻探公司、中国石油华南销售公司、中国石油黑龙江销售公司、东方物探公司。

起草人：孙德丽、薛国民、杨培敏、龚松科、戴忠、刘景峰、焦学锋、梁海峰、殷玉娟、王春荣、范湘军、张凡鑫、宋硕、吴敏。

发布与实施日期：2018 年 11 月 12 日发布，2018 年 11 月 12 日实施。

5）Q/SY 14755—2019《勘探与生产业务计量器具配备规范》系列标准

该系列标准规定了勘探与生产业务领域原油、天然气开采、集输、处理等地面生产工艺过程中计量器具配算的原则和基本要求。

（1）Q/SY 14755.1—2019《勘探与生产业务计量器具配备规范　第 1 部分：原油》（制定）。

标准内容：规定了陆上油田原油开采、集输、处理等地面生产工艺过程中计量器具配算的原则和基本要求，适用于中国石油陆上原油生产企业原油采出、汇集、处理、输送等生产环节新建和改扩建的计量器具配备。

起草单位：中国石油新疆油田公司、大庆油田有限责任公司、中国石油长庆油田公司、中国石油辽河油田公司。

起草人：甘丛笑、卢延、薛国民、畅孝科、孙炳俊、刘国良、韩春雨、董江、姚智博。

发布与实施日期：2019 年 12 月 5 日发布，2019 年 12 月 5 日实施。

（2）Q/SY 14755.2—2019《勘探与生产业务计量器具配备规范　第 2 部分：天然气》（制定）。

标准内容：规定了陆上油气田天然气开采、净化、输送及轻烃处理等地面生产过程中的计量器具配备原则和要求，适用于中国石油勘探与生产业务中的天然气、油田伴生气、原油脱出气及非常规天然气（页岩气、致密砂岩气）生产经营的新建、改扩建工程。

起草单位：中国石油西南油气田公司、大庆油田有限责任公司、中国石油长庆油田公司、中国石油塔里木油田公司。

起草人：刘勇明、何敏、李万俊、陈荟宇、李山凤、薛国民、畅孝科、魏洪战、高进、孙小虎、刘波、杨炬、张建刚。

发布与实施日期：2019 年 12 月 5 日发布，2019 年 12 月 5 日实施。

6）Q/SY 14756—2019《炼油与化工业务计量器具配备规范》（制定）

标准内容：给出了炼油与化工企业生产经营过程中石油及液体石油产品、化工原材料及固体产品、能源动力等现场输转交接计量器具及主要配套计量器具的配备及选型，适用于中国石油炼油与化工企业。

起草单位：中国石油兰州石化公司、中国石油锦州石化公司、中国石油乌鲁木齐石化公司。

起草人：柴奇勇、张效铭、吕刚、林炯、吴德贵、张都辉、张彦、刘仁、王保健、高经、王斌、程杰。

发布与实施日期：2019 年 12 月 5 日发布，2019 年 12 月 5 日实施。

7）Q/SY 14757—2019《成品油销售业务计量器具配备规范》（第一次修订）

标准内容：规定了成品油、车用压缩天然气（CNG）及液化石油气（LPG）计量管理和计量交接中应配备计量器具的种类、数量及性能要求，适用于成品油销售企业计量器的配备。

起草单位：中国石油销售公司、中国石油黑龙江销售公司、中国石油四川销售公司、中国石油西北销售公司、中国石油海南销售公司、中国石油东北销售公司。

起草人：窦宝文、姜伟、肖启福、康必勇、张凡鑫、刘立超。

发布与实施日期：2019 年 12 月 5 日发布，2019 年 12 月 5 日实施。

8）Q/SY 14758—2021《石油专用螺纹计量器具配备规范》（第一次修订）

标准内容：规定了石油专用螺纹计量所需计量器具的配备原则、配备要求和管理要求，适用于钻杆及钻柱构件（方钻杆、钻铤、加重钻杆、钻柱转换接头、钻头等）、套管、油管、抽油杆等石油专用螺纹产品的制造、修复和验收。

起草单位：石油管工程技术研究院、中国石油渤海石油装备制造有限公司、宝鸡石油机械有限责任公司、中国石油长庆油田公司、大庆油田有限责任公司。

起草人：艾裕丰、冯娜、李光峰、卫尊义、冯杰、张娟、白小亮、许晓峰、肖俊仓、陈举涛、吴瑞芳。

发布与实施日期：2021 年 12 月 30 日发布，2022 年 3 月 1 日实施。

9）Q/SY 14759—2019《工程技术业务计量器具配备规范》系列标准

该系列标准规定了工程技术业务领域中石油地球物理勘探（简称物探）、钻井、固井、测井、录井及井下作业过程中计量器具的配备原则、配备要求和管理要求。

（1）Q/SY 14759.1—2019《工程技术业务计量器具配备规范　第 1 部分：物探》（制定）。

标准内容：规定了物探所涉及计量器具的配备原则、配备要求和管理要求，适用于物探（含地震、非地震）作业数据采集、处理、解释工作所涉及的计量器具配备和管理。

起草单位：东方物探公司、大庆钻探工程公司、川庆钻探公司。

起草人：罗福龙、吴敏、赵汀、祝彩霞、易碧金、巩庆刚、王庆禹、金树波、胡庆春、李东顺。

发布与实施日期：2019 年 12 月 5 日发布，2019 年 12 月 5 日实施。

（2）Q/SY 14759.2—2019《工程技术业务计量器具配备规范　第 2 部分：钻井》（制定）。

标准内容：规定了石油天然气钻井工程技术生产准备、钻井液技术服务、钻井过程计量器具的配备和管理的基本要求，适用于中国石油钻井工程技术服务计量器具的配备和管理。

起草单位：渤海钻探公司、长城钻探公司、大庆油田有限责任公司。

起草人：魏华淑、李书献、刘光宇、陈素阁、满拥军、陈德芳、魏立明。

发布与实施日期：2019 年 12 月 5 日发布，2019 年 12 月 5 日实施。

（3）Q/SY 14759.3—2019《工程技术业务计量器具配备规范　第 3 部分：固井》（制定）。

标准内容：规定了石油天然气固井工程技术服务水泥浆化验、水泥混拌、固井液配制及固井现场施工过程计量器具配备和管理要求，适用于石油工程技术服务企业固井工程技术业务。

起草单位：渤海钻探公司、川庆钻探公司。

起草人：刘炳、赵英杰、刘光宇、刘刚、曾艳、陈婕、刘梅。

发布与实施日期：2019 年 12 月 5 日发布，2019 年 12 月 5 日实施。

（4）Q/SY 14759.4—2019《工程技术业务计量器具配备规范　第 4 部分：测井》（制定）。

标准内容：规定了石油天然气测井工程业务裸眼井测井、生产测井、射孔、资料评价和车间刻度对计量器具的配备和管理要求，适用于中国石油工程技术服务企业测井工程业务。

起草单位：渤海钻探公司、中油测井公司、大庆油田有限责任公司。

起草人：乔建成、王福国、闻宝日、李庆合、王有猛、胡士伟、张崇军、王春阳、薛艳红、陈桂萍、王淑明。

发布与实施日期：2019 年 12 月 5 日发布，2019 年 12 月 5 日实施。

（5）Q/SY 14759.5—2019《工程技术业务计量器具配备规范　第 5 部分：录井》（制定）。

标准内容：规定了石油天然气录井技术综合录井、气测录井、地质录井、岩石热解综合评价录井、热解组分录井、定量荧光录井、核磁共振录井、井位测量、录井化验的计量器具配备和管理要求，适用于石油工程技术服务企业录井业务。

起草单位：渤海钻探公司、大庆油田有限责任公司、西部钻探公司。

起草人：孙世成、刘光宇、孙继森、马友生、惠秦庆、焦香婷、甄建、袁保清、高敬民。

发布与实施日期：2019 年 12 月 5 日发布，2019 年 12 月 5 日实施。

（6）Q/SY 14759.6—2019《工程技术业务计量器具配备规范　第 6 部分：井下作业》（制定）。

标准内容：规定了石油、天然气井下作业计量器具配备原则、配备要求和管理要求，适用于井下作业过程计量器具的配备和管理。

起草单位：渤海钻探公司、大庆油田有限责任公司、中国石油大港油田公司。

起草人：苏富红、董全利、冉晓锦、潘艳平、马田力、蔡茂佳、庞涛、胡华成、胡卫平、彭艳霞。

发布与实施日期：2019 年 12 月 5 日发布，2019 年 12 月 5 日实施。

2. 计量器具量值溯源标准

“十三五”以来，制修订计量器具量值溯源标准 15 项。

1）Q/SY 14001—2016《用科里奥利流量计测量液体化工产品流量》（制定）

标准内容：规定了用科里奥利流量计测量液体化工产品流量时，流量计在选型、安装、检定、应用等方面的技术要求及操作方法，适用于测量液体化工产品流量的科里奥利流量计的选型、安装、检定及流量计量。本标准中的液体化工产品是指常温、常压下为液态的化工产品。

起草单位：中国石油锦州石化公司、中国石油兰州石化公司、中国石油乌鲁木齐石化公司、中国石油抚顺石化公司、中国石油大庆石化公司、中国石油西北化工销售公司、中国石油东北化工销售公司。

起草人：白守才、刘寒秋、吕刚、张都辉、张忠洋、杨培敏、宫健、巩雅婷。

发布与实施日期：2016 年 10 月 27 日发布，2017 年 1 月 1 日实施。

2）Q/SY 14004—2018《拉力表 / 指重表现场测试方法》（制定）

标准内容：规定了修井过程中最大死绳拉力不大于 100kN 的拉力表 / 指重表现场测试方法，适用于修井过程中的拉力表 / 指重表现场测试，钻井过程中的拉力表 / 指重表现场测试也可参照此方法。

起草单位：大庆石油管理局技术监督中心、大庆钻探工程公司钻井一公司、西部钻探公司、川庆钻探公司、中国石油吉林油田公司。

起草人：陈剑、薛国民、孙延海、惠秦庆、王秀男、李博、陆凤侠、闫庆武、冷溧、杨吉祥、谯国军、廉勇凯。

发布与实施日期：2018 年 7 月 26 日发布，2018 年 11 月 1 日实施。

3）Q/SY 14005—2018《液位计现场校准规范》（制定）

标准内容：规定了安装在常压储罐（含立式储罐、卧式储罐）中液位计的技术要求、校准条件、现场校准分类和校准方法，适用于安装在常压罐中的液位计安装后的现场初始校准和使用中的现场校准，不适用于安装在 LNG 储罐中液位计的现场校准。

起草单位：大庆石油管理局技术监督中心、中国石油西北销售公司、中国石油四川销售公司、中国石油新疆油田公司、中国石油东北销售公司、中国石油长庆油田公司、中国石油大庆石化公司。

起草人：薛国民、刘振彪、王新亮、何建华、施斌、王玉博、刘杰、关聪、张轶智、畅孝科、杨培敏。

发布与实施日期：2018 年 7 月 26 日发布，2018 年 11 月 1 日实施。

4）Q/SY 14006—2018《核磁共振录井仪校准规范》（制定）

标准内容：规定了核磁共振录井仪计量特性、校准条件、校准项目、校准方法和校准结果等，适用于一维核磁共振录井仪。

起草单位：长城钻探公司录井公司、西部钻探公司克拉玛依录井公司、川庆钻探公司地质勘探开发研究院。

起草人：苑洪瑞、王东生、夏勇、张铁铭、肖海田、黄英、郑永、王亚东、王健。

发布与实施日期：2018 年 7 月 26 日发布，2018 年 11 月 1 日实施。

5）Q/SY 14007—2018《液体化工产品损耗计算方法》（制定）

标准内容：规定了炼油与化工生产、销售企业生产经营过程中液体化工产品的储存、装卸、输转、运输（含铁路、公路、水路运输）的损耗指标，给出了损耗计算方法，适用于液氨、苯、乙醇、苯胺、甲酸、乙二醇等液体化工产品储存、装卸、输转、运输（含铁路、公路、水路运输）作业时的损耗管理，其他液体化工产品也可参照使用。

起草单位：中国石油兰州石化公司、中国石油大庆石化公司、中国石油锦州石化公司、中国石油吉林石化公司、中国石油西北化工销售公司、中国石油东北化工销售公司。

起草人：吕刚、张效铭、刘寒秋、杨培敏、宫健、郭强国、郝文龙、巩雅婷。

发布与实施日期：2018 年 7 月 26 日发布，2018 年 11 月 1 日实施。

6）Q/SY 14008—2019《测井电缆张力系统校准方法》（制定）

标准内容：规定了测井电缆张力系统校准的校准原理、技术要求、校准条件、校准方法和步骤、校准结果和复校时间间隔等内容，适用于测井电缆张力系统的周期校准和启用前、维修后的检查校准。

起草单位：渤海钻探公司、中油测井公司、大庆油田有限责任公司。

起草人：赵英杰、程辉建、李艳芹、赵雷、郭运、嵇成高、李玉泉、陆凤侠、乔建成、王江波、王占强、袁洪波、张士中、景阳。

发布与实施日期：2019 年 11 月 26 日发布，2020 年 3 月 1 日实施。

7）Q/SY 14009—2019《定量荧光分析仪校准规范》（制定）

标准内容：规定了定量荧光分析仪器的技术要求、校准条件、校准方法、校准结果及复校时间间隔的内容和要求，适用于各种类型的定量荧光分析仪器的校准。

起草单位：渤海钻探公司、中国石油华北油田公司、长城钻探公司、川庆钻探公司。

起草人：马友生、姜维寨、刘新、李娟、颜怀羽、窦晓平、张秀峰、黎铖、张玉新、张亚宾、于伟高、赵雷、张同颖、黄德远、周宏、王国霞。

发布与实施日期：2019 年 11 月 26 日发布，2020 年 3 月 1 日实施。

8）Q/SY 14010—2019《下井电缆现场刻度方法》（制定）

标准内容：规定了便携式打标装置对下井电缆现场进行磁记号刻度的方法，适用于测井、测试和试采作业现场对下井电缆的刻度。

起草单位：大庆石油管理局有限公司、川庆钻探公司、渤海钻探公司。

起草人：薛国民、高杨、汝继伟、陈俊百、范湘军、姜昊。

发布与实施日期：2019 年 11 月 26 日发布，2020 年 3 月 1 日实施。

9）Q/SY 14011—2019《岩石热解综合评价仪校准规范》（制定）

标准内容：规定了岩石热解综合评价仪校准技术指标、校准条件、校准方法、校准结果及校准时间间隔等内容和要求，适用于岩石热解综合评价仪校准。

起草单位：长城钻探公司、大庆钻探工程公司、渤海钻探公司。

起草人：苑洪瑞、夏勇、王东生、李兆群、曾永文、马喜光、王宇、吴杨杨、杜鹏、肖海田、张建兴。

发布与实施日期：2019 年 11 月 26 日发布，2020 年 3 月 1 日实施。

10）Q/SY 14015—2021《石油专用计量器具量值溯源指南》（制定）

标准内容：给出了石油专用计量器具的范围，规定了石油专用计量器具量值溯源、计量标准管理和量值溯源保障的要求，适用于石油勘探开发工程中石油专用计量器具的量值溯源管理。

起草单位：大庆油田有限责任公司、中油测井公司、东方物探公司、工程技术研究院、石油管工程技术研究院、中国石油勘探开发研究院。

起草人：袁海滨、王江波、张显桂、高永亮、白小亮、王东红、刘玉娥、姜昊。

发布与实施日期：2021 年 12 月 30 日发布，2022 年 3 月 1 日实施。

11）Q/SY 14016—2021《双级同步螺纹量规检测方法》（制定）

标准内容：规定了双级同步螺纹量规检测技术要求、检测方法及对结果的处理，适用于双级同步螺纹量规的制造、使用、维护和周期检测。

起草单位：中国石油宝鸡石油机械有限公司、石油管工程技术研究院、中国石油长庆油田公司、中国石油勘探开发研究院。

起草人：李文娟、刘刚强、肖俊仓、蒋涛、冯娜、严敏肖、张田云、何浩华、刘玉娥。

发布与实施日期：2021 年 12 月 30 日发布，2022 年 3 月 1 日实施。

12）Q/SY 14017—2022《储罐自动测量装置计量技术规范》（制定）

标准内容：规定了立式成品油储罐自动测量装置的组成、技术要求、测量参数、油量计算、校准及日常管理等内容，适用于中国石油所属油库立式成品油储罐。

起草单位：中国石油东北销售公司、中国石油西北销售公司、中国石油抚顺石化公司。

起草人：魏超、康必勇、杨雪峰、张一凡、齐冀、谢明田、马松浩、刘立超、王拥民、刘闯、王仁亮、王伟、吕鹏、刘宇澍。

发布与实施日期：2022 年 7 月 14 日发布，2022 年 9 月 1 日实施。

13）Q/SY 14811—2020《液体化工产品静态计量计算方法》（制定）

标准内容：规定了储罐容器内液体化工产品液位的测量、温度的测量、取样、密度的测量及静态计量过程中数量的计算方法，适用于液体化工产品静态计量时的数量计算。

起草单位：中国石油兰州石化公司、中国石油锦州石化公司、中国石油乌鲁木齐石化公司、中国石油西北化工销售公司、中国石油东北化工销售公司。

起草人：张效铭、吕刚、林炯、宫健、吴德贵、郭强国、张都辉、程杰、葛军德、巩雅婷。

发布与实施日期：2020 年 11 月 26 日发布，2022 年 11 月 26 日实施。

14）Q/SY 14813—2020《靶式流量计校准方法　挂重法》（制定）

标准内容：规定了用挂重法校准靶式流量计的方法，适用于已知流量计系数的靶式流量计的校准和使用中检验。

起草单位：中国石油新疆油田公司、中国石油西南油气田公司、中石油北京天然气管道有限公司。

起草人：孟亮、刘世疆、闵伟、李宏、张奇文、范劲松。

发布与实施日期：2020 年 11 月 26 日发布，2022 年 11 月 26 日实施。

15）Q/SY 14019—2023《随钻电磁波电阻率测井仪校准方法》（制定）

标准内容：规定了随钻电磁波电阻率测井仪的计量特性、校准条件、校准项目、校准方法、校准结果和复校时间间隔的要求，适用于发射频率为 100kHz～2MHz、多发多收不同源距（探测深度不大于 5m）的随钻电磁波电阻率测井仪系列产品。

起草单位：长城钻探公司、中油测井公司、渤海钻探公司、工程技术研究院。

起草人：乔建国、董智伟、钟伟、杨超登、王琨、陈景旺、牟少敏、王广帅、王宏丽、王莹莹、张铁铭、唐亮、孙精明、初立洋、孙奥、窦修荣。

发布与实施日期：2023 年 10 月 19 日发布，2023 年 12 月 1 日实施。

3. 计量管理方面标准制修订情况

“十三五”以来，制修订计量管理标准方面 7 项。

1）Q/SY 14012—2020《石油天然气计量检定站检查规范》（制定）

标准内容：规定了对中国石油所属石油天然气流量计量检定站开展检查的内容和实施检查的程序，给出了对检查结果报告、问题整改、整改验证和提交资料的具体要求，适用于中国石油计量主管部门对国家授权的石油天然气流量计量检定站开展的监督检查，石油天然气计量检定站开展自查或石油天然气计量检定站挂靠单位开展监督检查可参照执行。

起草单位：大庆油田有限责任公司、中国石油西气东输公司、中国石油西部管道公司、中国石油西南油气田公司、北京天然气管道公司、中国石油安全环保研究院。

起草人：赵成海、方井涛、国明昌、蔡浩晖、段继芹、李宏、马琳、陆庆、王维、钱星。

发布与实施日期：2020 年 7 月 30 日发布，2020 年 10 月 12 日实施。

2）Q/SY 14013—2020《石油天然气计量检定数据格式规范》（制定）

标准内容：规定了石油（指原油和成品油）天然气计量器具检定的委托单、接收单、数据记录、检定证书、存档的内容和格式，适用于国家授权的中国石油内石油天然气计量检定站对石油天然气计量器具的检定，校准参照使用。

起草单位：大庆油田有限责任公司、中国石油西气东输公司、中国石油西南油气田公司、中国石油西部管道公司、北京天然气管道公司。

起草人：刘宪英、赵成海、国明昌、段继芹、蔡浩晖、李宏、肖迪、张熙然、房福生。

发布与实施日期：2020 年 7 月 30 日发布，2020 年 10 月 12 日实施。

3）Q/SY 14014—2020《原油动态计量过程控制方法》（制定）

标准内容：规定了原油动态计量测量过程中一般控制因素和重点控制因素的控制要求、控制方法，适用于采用系数法进行贸易交接的原油动态计量的测量过程控制。

起草单位：中国石油新疆油田公司、中国石油华北油田公司、中国石油辽河油田公司。

起草人：郭彩娟、武立军、郭秀媛、田爱民、刘世疆、赵君、杨豪、魏秀萍、张奇文、王蓉川、隋利、陈树猛。

发布与实施日期：2020 年 7 月 30 日发布，2020 年 10 月 12 日实施。

4）Q/SY 14018—2022《天然气能量计量实施规范》（制定）

标准内容：规定了天然气交接计量系统实施能量计量的方法原理、一般要求、计量器具配置、计量方法和程序、标准物质使用、量值溯源、计量系统性能评价、数据显示存储输出、计量监督检查及计量交接凭证或报告等要求，适用于中国石油所属的设计通过能力不小于 100m^3/h（标准参比条件下）、工作压力不低于 0.1MPa（表压）的天然气计量系统，天然气气质符合 GB 17820 的要求，天然气长输管道的气质符合 GB/T 37124 的要求。

起草单位：中国石油西南油气田公司、大庆油田有限责任公司、中国石油工程建设有限公司。

起草人：罗勤、段继芹、李克、郭绪明、常宏岗、李万俊、陈勇、任佳、曾文平、何敏、周代兵、周理、王强、张学腾、马琳、张西、黄和、周芳、丁思家。

发布与实施日期：2022 年 7 月 14 日发布，2022 年 9 月 1 日实施。

5）Q/SY 14263—2020《城镇燃气交接计量管理规范》（第一次修订）

标准内容：规定了城镇燃气交接计量方案审核，计量器具的安装、验收与投产及运行技术要求，适用于城镇燃气企业公称压力不高于 1.6MPa、工况流量不大于 3000m^3/h 的管道天然气交接计量的技术管理。

起草单位：中国石油天然气销售公司（昆仑能源有限公司）。

起草人：谢言文、李景才、马德山、周军全、谢雷、李鹏飞、李东升、张宏伟、冯立德、项群、苏世翱、乔相喆、苏浩、李振国、王浩翔、苏丽、沈小淞。

发布与实施日期：2020 年 7 月 30 日发布，2020 年 10 月 12 日实施。

6）Q/SY 14538—2022《油气交接计量设施功能确认规范》（第一次修订）

标准内容：规定了油气交接计量设施在完成安装调试后、投入运行前，对交接计量设施功能进行确认的内容和方法，适用于国内地区公司之间的新建或改扩建原油、成品油、天然气交接计量设施功能确认。公司与外部交接的新建或改扩建原油、成品油、天然气交按计量设施功能确认可参照执行。

起草单位：大庆油田有限责任公司、中国石油质量健康安全环保部、中国石油西南油气田公司、中国石油大连石化公司、中国石油西北销售公司、中国石油东北销售公司、中国石油兰州石化公司、中国石油天然气销售公司、中远海运石油运输有限公司。

起草人：罗再扬、焦学锋、陈亮、罗勤、任佳、李季成、韩春红、陈勇、夏伟、刘博、曹晗、周代兵、何敏、肖桂丹、冯明涛、万元周、赵晨阳、姜波、康必勇、刘立超、石逢栋、陈伟、王泽来、王秋红、陈庆润、孔珊珊、马庆万、翟佳。

发布与实施日期：2022 年 7 月 14 日发布，2022 年 9 月 1 日实施。

7）Q/SY 14866—2022《成品油交接计量规范》（第一次修订）

标准内容：规定了成品油交接计量的计量设施、计量操作、数据共享、结果认定和交接资料等要求，适用于中国石油内部各地区公司对外成品油交接计量操作与过程管理，地区公司内部成品油交接计量及其他液体石油产品交接计量可参照执行。

起草单位：大庆油田有限责任公司、中国石油西北销售公司、中国石油抚顺石化公司、中国石油大连石化公司、中国石油东北销售公司、中国石油乌鲁木齐石化公司、中国石油黑龙江销售公司、中国石油兰州石化公司。

起草人：罗再扬、刘宪英、康必勇、肖迪、杨雪峰、赵成海、姜波、刘博、夏伟、刘立超、蒋建新、姜伟、张效铭。

发布与实施日期：2022 年 7 月 14 日发布，2022 年 9 月 1 日实施。

第三节　国际标准化工作

一、国际标准化组织（ISO）相关计量标准化活动

全国石油天然气标准化技术委员会油气计量及分析方法分技术委员会承担了国际标准化组织石油产品及相关产品动态计量分委员会分技术委员会（ISO/TC 28/SC 2）对口标准化技术工作，国内技术归口单位为中国石油计量测试研究所。ISO/TC 28/SC 2 石油产品和润滑剂技术委员会石油产品及相关产品动态计量分技术委员会成立于 1980 年，秘书处设在英国标准化协会（BSI）。

全国天然气标准化技术委员会承担国际标准化组织天然气上游领域分技术委员会（ISO/TC 193/SC 3）和天然气分析测试分技术委员会（ISO/TC 193/SC 1）对口标准化技术工作。ISO/TC 193/SC 3 成立于 1999 年，现任主席常宏岗，秘书处设在中国国家标准化管理委员会（SAC）。

1. 国际标准转化

“十三五”以来，中国石油及时将适应中国国情的国际标准转化为国家标准和行业标准，同时也积极推进国际标准的编制工作，全面加快标准国际化进程，标准化国际影响力大幅提升。

1）等同采用 ISO 标准 7 项

GB/T 17286.1—2016《液态烃动态测量体积计量流量计检定系统　第 1 部分：一般原则》和 GB/T 17286.2—2016《液态烃动态测量体积计量流量计检定系统　第 2 部分：体积管》等同采用 ISO 7278-1 “Liquid hydrocarbons dynamic measurement proving systems for volumetric meters—Part 1：General principles” 和 ISO 7278-2 “Liquid hydrocarbons dynamic measurement proving systems for volumetric meters—Part 2：Pipe provers”；GB/T 27894.1—2020《天然气　用气相色谱法测定组成和计算相关不确定度　第 1 部分：总导则和组成计算》等同采用 ISO 6974-1：2012 “Natural gas — Determination of composition and associated uncertainty by gas chromatography—Part 1：General guidelines and calculation of composition”；GB/T 27894.2—2020《天然气　用气相色谱法测定组成和计算相关不确定度　第 2 部分：不确定度计算》等同采用 ISO 6974-2：2012 “Natural gas—Determination of composition and associated uncertainty by gas chromatography—Part 2：Uncertainty calculations”；GB/T 27894.3—2023《天然气　用气相色谱法测定组成和计算相关不确定度　第 3 部分：精密度和偏差》等同采用 ISO 6974-3：2018 “Natural gas—Determination of composition and associated uncertainty by gas chromatography—Part 3：Precision and bias”；GB/T 11062—2020《天然气　发热量、密度、相对密度和沃泊指数的计算方法》等同采用 ISO 6976：2016 “Natural gas—Calculation of calorific values，density，relative density and Wobbe indices from composition”；GB/T 28766—2018《天然气　分析系统性能评价》等同采用 ISO 10723：2012 “Natural gas—Performance evaluation for analytical systems”。

2）修改采用 ISO 标准和 ASTM 标准共 3 项

GB/T 13609—2017《天然气取样导则》修改采用 ISO 10715：1997 “Natural gas sampling guidelines”；GB/T 17280—2017《原油蒸馏标准试验方法 15- 理论塔板蒸馏柱》修改采用 ASTM D2892 “Standard test method for distillation of crude petroleum—15-theoretical plate column”；GB/T 26985—2018《原油倾点的测定》修改采用 ASTM D5853 “Standard test method for pour point of crude oils”。

3）非等效 ISO 标准 1 项

GB/T 9109.5—2017《石油和液体石油产品动态计量　第 5 部分：油量计算》非等效 ISO 4267-2：1988 “Petroleum and liquid petroleum products—Calculation of oil quantities—Part 2：Dynamic measurement”。

4）国际标准编制

全国天然气标准化技术委员会组织国内天然气计量技术机构编写并发布了国际标准 8 项，在编国际标准 5 项，详见表 6-25。

2. 组织中国提案与国际投票

“十三五”以来，中国石油以自主知识产权和专利技术为支撑，促进技术成果转化，提出了 3 项国际标准编制提案，并积极参与国际标准投票与年会，在国际标准化组织中发出了“中国声音”。

表 6-25 全国天然气标准化技术委员会组织国际标准编制情况

序号	项目编号	标准名称	出版日期
1	ISO 16960：2014	《天然气 硫化合物测定 用氧化微库仑法测定总硫含量》	2014 年 10 月 1 日
2	ISO 20729：2017	《天然气 硫化合物测定 用紫外荧光光度法测定总硫含量》	2017 年 10 月 27 日
3	ISO 20676：2018	《天然气 上游领域 用激光吸收光谱法测定硫化氢含量》	2018 年 10 月 16 日
4	ISO 23978：2020	《天然气 上游领域 用激光拉曼光谱法测定组成》	2020 年 9 月 11 日
5	ISO 7055：2023	《天然气 上游领域 滑溜水降阻性能测试方法》	2023 年 8 月 24 日
6	ISO/TR 17910：2024	《天然气 煤制合成天然气质量指标及 ISO/TC 193 标准的适应性》	2024 年 1 月 4 日
7	ISO/TR 7262：2022	《天然气 煤层气质量指标及 ISO/TC 193 现行标准的适应性》	2022 年 1 月 10 日
8	ISO 11626：2024	《天然气 含硫化合物的测定 用紫外吸收光谱法测定硫化氢含量》	2024 年 2 月 29 日
9	ISO/WD 23333	《天然气 上游领域 滑溜水性能测试和要求》	正在制定标准
10	ISO/WD 23335	《天然气 上游领域 水合物相平衡温度的测定》	正在制定标准
11	ISO/AWI 24894	《天然气 含硫化合物的测定 用激光吸收光谱法测定硫化氢含量》	正在制定标准
12	ISO/AWI 24895	《天然气颗粒物的测定 第 1 部分：用称量法测定颗粒物含量》	正在制定标准
13	ISO/WD 23219（修订）	《天然气气相色谱数据格式 XML 文件格式》	正在制定标准

1）提案情况

（1）以 SY/T 7551—2019《用槽道式流量计测量天然气流量》为基础的新项目提案“Measurement of natural gas flow by Spindle flowmeters”，已向国外专家完成汇报，并在 ISO/TC 193 进行申报。槽道式流量计作为我国自主研发的新型流量计，已在中国计量科学研究院、国家石油天然气大流量计量站和国外 PTB 等知名技术机构进行测试，为国际天然气流量测量提供一种新的方法依据，同时对于巩固中国在国际天然气贸易中的话语权、提升企业的国际影响力具有重要意义。

（2）以 GB/T 35186—2017《天然气计量系统性能评价》为基础的新项目提案“Performance evaluation of measuring system for natural gas”，已向国外专家完成汇报，并在 ISO/TC 30 进行申报。GB/T 35186—2017 是国内外首个针对天然气计量系统制定的评价标准，目的是为投产前和运行中的天然气计量系统的性能评价提供科学和标准的方法，将该标准转化为国际标准，使其更具普遍意义。

（3）以 SY/T 7552—2020《天然气贸易计量用流量计选型指南》为基础的新项目提案“Custody transfer measurement”，已向国外专家完成汇报，并在 ISO/TC 30 进行申报。目前国际天然气贸易交接领域尚未形成流量计的选型和应用标准，存在技术空白。

2）国际投票情况

计量分析专标委作为国际标准化组织石油产品及相关产品动态计量分委员会分技术委员会（ISO/TC 28/SC 2）国内对应技术委员会。“十三五”期间，组织完成 ISO 表决投票 151 项，其中包括新工作项目投票（NP）15 项，委员会草案投票（CD）6 项，送审稿投票（DIS）投票 19 项，报批稿投票（FDIS）6 项，标准复审投票（SR）44 项和分委会内部投票（CIB）61 项。

3. ISO 年会和 ISO 工作组会议的组织、参加情况

利用 ISO 国内技术归口单位平台，中国石油积极跟踪国际标准发展动态，参与国际标准化交流活动，推动计量标准“引进来”与“走出去”。

1）ISO/TC 28/SC 2 第 23 届会议

该会议于 2015 年 10 月 14 日在法国巴黎召开。会议介绍了 6 项国际标准项目进展情况：ISO 12917-1《石油和液体石油产品卧式圆柱形罐的校准　第 1 部分：手工方法》正式发布；ISO/DIS 91《石油及相关产品　温度和压力体积校正系数（石油测量表）和标准参考条件》投票，同时也指出了 ISO 91-1：1992《石油测量表　第 1 部分：基于 15℃和 60°F 参考温度》、ISO 5024：1999《石油和液化石油气　测量　标准参比条件》、ISO 9770：1989《原油和石油产品　638kg/m^3 到 1074kg/m^3 范围内碳氢化合物的压缩系数》相互矛盾的内容，提出了一份包含静态和动态计算的标准文件（ISO 4267-2 和未完成的 ISO 4267-1）的建议；多相流测量技术报告进入 NWIP 投票环节；ISO 13739《石油产品　燃料输送至船舶仓程序》修订进入投票环节，ISO 2714《液态烃体积测量　容积式流量计计量系统》、ISO 2715《液态烃体积测量　涡轮流量计计量系统》开展修订工作；提出了扩展 ISO 8222《石油测量系统　校准　体积测量、罐体检定和现场测量》标准适用范围的建议。

2）ISO/TC 28/SC 2 第 24 届会议

该会议于 2016 年 9 月 28 日在荷兰代尔夫特召开。会议介绍了 9 个国际标准项目进展情况：ISO 2714《液态烃体积测量　容积式流量计计量系统》和 ISO 2715《液态烃体积测量　涡轮流量计计量系统》进入 DIS 投票阶段；AWI 21354《多相流测量》、ISO 13739《石油产品　燃料输送至船舶仓程序》进行再次确认；ISO 3675《原油和液体石油产品密度实验室测定法（密度计法）》、ISO 12185《原油和液体石油产品　密度测定　U 形振动管法》、ISO 8222《石油测量系统　校准　体积测量、罐体检定和现场测量（包括液体和材料特性的公式）》即将进行修订；ISO 91《石油及相关产品　温度和压力体积校正系数（石油测量表）和标准参考条件》、ISO 12917-1《石油和液体石油产品卧式圆柱形罐的校准　第 1 部分：手工方法》进入 FDIS 投票环节。

3）ISO/TC 28/SC 2 第 25 届会议

该会议于 2018 年 9 月 24 日在美国费城召开。会议确定了几项重点工作：向 ISO 导则及过程制定的相关部门提出建议；召集专家参与修订 ISO 7278-2《液态烃动态测量　体积计量流量计检定系统　第 2 部分：体积管》和 ISO 7278-4《液态烃动态测量　体积计量流量计检定系统　第 4 部分：体积管操作人员指南》；对 ISO 3171《石油液体管线自动取样法》修订发起投票；召集专家修订 ISO 3170《石油液体手工取样法》。

此外，该会议还宣贯了2017年新发布的3项ISO国际标准，分别为ISO 91：2017《石油及相关产品　温度和压力体积修正系数（石油测量表）和标准参考条件》、ISO 2714：2017《液态烃体积测量　容积式流量计计量系统》和ISO 2715：2017《液态烃体积测量　涡轮流量计计量系统》。

4）ISO/TC 28/SC 2第26届会议

该会议于2020年9月24日以网络视频形式召开。会议介绍了7个标准项目的开展情况：ISO 8222《石油测量系统　校准　体积测量、罐体检定和现场测量》于2020年3月发布后，更正了两个小错误并发起修正投票；ISO 6551《流量计电子信号传输》计划进行修订，要求增加数字信号传输内容；ISO 7507-2《石油和液体石油产品立式圆筒形金属油罐容积标定法（光学参比法）》经过CIB内部投票，决定作为修订项目开启工作；ISO 12917-1《石油和液体石油产品卧式圆柱形罐的校准　第1部分：手工方法》标准使用者提出了使用中的困难，并决定作为标准修订时的修订内容；修订ISO 3170《石油液体手工取样法》中不符合环保要求的设备和工艺部分内容；讨论了ISO 12185《原油和石油产品　密度测定　U形振动管法》开展汽油测试结果的差异性及产生原因；ISO DIS 22192《用科里奥利质量流量计（MFM）系统输送船用燃料油》，需进行版权确认。

5）ISO/TC 28/SC 2第27届会议

该会议于2022年9月22日以网络视频形式召开。会议审查了2020年SC 2全体会议的决议，各工作组召集人分别做了工作汇报，汇报了制修订项目进展情况及新项目提案，具体为：对ISO 6551《石油液体和气体动态测量的保真度和安全性　电和/或电子脉冲数据的电缆传输》修订意见进行了研讨；ISO 7278-2《石油测量系统　第2部分：管道校准仪的设计、校准和操作》已进行投票；ISO 8222《石油测量系统校准容积测量、验证罐和现场测量》已于2022年1月发布；ISO 9200《原油和液体石油产品黏性碳氢化合物的体积计量》修订立项批准；ISO 4267-2《石油和液态石油产品油量的计算　第2部分：动态测量》于2022年4月进行系统审查；ISO 7507-2《石油和液态石油产品立式圆柱形储罐的校准　第2部分：光学基准线法或光电测距法》于2022年3月出版；ISO 12917-1《石油和液态石油产品卧式圆柱形储罐的校准　第1部分：手动方法》2022年1月经系统审查确认；ISO 7507-4《石油和液态石油产品　立式圆柱形储罐的校准　第4部分：内部光电测距法》已经过审查；ISO 4266《石油和液态石油产品　用自动方法测量储罐中的液位和温度》系列标准已启动修订工作，第1部分和第4部分已提交DIS版本；ISO 12185《原油和石油产品　密度测定　U形振动管法》DIS版已提交；ISO 3675《原油和液态石油产品密度的实验室测定　比重计法》WG12召集人收到了拟议修正案清单；ISO 3838《原油和液体或固体石油产品密度或相对密度的测定　毛细管塞比重瓶和刻度双毛细管比重瓶法》收到了一个修订建议，将向SC 2申请是否批准该项目的修订；ISO 3993《液化石油气和轻烃密度或相对密度的测定　压力比重计法》于2022年3月通过系统审查。

我国在本次会上向SC 2提出了两个新标准编制项目提议，分别为《原油和液态石油产品密度的实验室测定　称重数字密度计法》和《石油和液态石油产品球罐的校准　外部光电测距法》。

二、美国石油学会（API）相关计量标准化活动

为加强国际间计量标准化工作交流沟通，促进标准国际互认，中国石油计量测试研究所作为美国石油学会液体计量分委员会（COLM）、产品计量与分配分委员会（CPMA）、气体计量分委员会（COGFM）的投票会员，积极参加美国石油学会年会，跟踪计量标准最新发展动态，促进国内油气计量标准体系完善。

1. API/COPM 2018 年春季年会

该年会于 2018 年 3 月 12—16 日在美国得克萨斯州达拉斯市召开。会议主要议程如下：

（1）液体计量分委员会（COLM）审议了 Ch 2.8A《船舶和远洋轮船上油罐的标定》最新复审投票意见，拟根据 ISO 标准修订情况修改相关标准；确定了 Ch 4.6《脉冲插入》SR 3 项目研究内容；介绍了 Ch 5.6《采用科里奥利流量计测量液态烃》SR 3 工作项目阶段成果；召开了 Ch 6.1A《单相流液体流量测量系统一般要求》和 Ch 6.3A《管道和海船装卸测量系统》两项新标准的工作组会议；介绍了 Ch 12.2《采用动态测量和体积修正系数计算油量》系列标准的修订情况；决定将 Ch 12.3《原油中混合轻烃体积收缩率的计算》移至 Ch 11《物理特性》；讨论了 Ch 21.2《采用容积式流量计和涡轮流量计的液体体积电子测量》SR 3 进展情况。

（2）产品计量与分配分委员会（CPMA）简要总结了 Ch 20.1《分配测量》标准现状；讨论了多相流量计的校准与测试问题；讨论了 Ch 20.4《上游测量和分配系统中烃类相变模型的应用》与 Ch 20.5《油井产量测量与分配的推荐做法》标准应用问卷调查情况。

（3）质量计量分委员会（COQM）听取了新标准 Ch 10.10《石油和石油产品水含量的在线测量》起草情况汇报；讨论了 Ch 10.7《卡尔费休电势滴定法测量原油中水的标准试验方法》（ASTM D4377）2018 年 1 月在 ASTM 的投票情况以及 Ad Hoc 工作组试验情况；提出了 Ch 10.4、Ch 10.5（ASTM D0095）、Ch 10.9（ASTM D4928）和 TR 2573（ASTM D7829）的标准复审计划；复审了 Ch 10.1（ANSI/ASTM D473）、Ch 10.3（ASTM D4007）、Ch 10.6（ASTM D1796）、Ch 10.8（ANSI/ASTM D4807），确认继续有效。

2. API/COPM 2019 年春季年会

该年会于 2019 年 3 月 18—22 日在美国得克萨斯州达拉斯市召开。会议主要议程如下：

（1）液体计量分委员会（COLM）讨论了 Ch 2《油罐校准》系列标准的 2.2A、2.2B、2.2C、2.2D 选择性采用 ISO 7507《石油和液态石油产品　立式圆柱形储罐的校准》系列标准，2.2E、2.2F 选择性采用 ISO 12917《石油和液态石油产品　卧式圆柱形储罐的校准》系列标准，2.7、2.8 同英国能源协会 EI 采用联合标准 HM2 号文件《碳氢化合物管理》，确认了 2.2A Annex A/2.2B 的投票状态，更新了铁路检定 Ch 2.4/Std 2554《罐车的测量与校准》内容；Ch 3 储罐计量工作组针对储罐的静态体积测定、品质测定、质量测定均做了介绍，详细介绍了储罐自动计量技术；Ch 5 测量工作组重点对 Ch 5.6《采用科里奥利流

量计测量液态烃》标准中质量流量计调零和压力补偿做了深入探讨；Ch 12 油量计算工作组确定了 Ch 12.3《原油中混合轻烃体积收缩率的计算》中体积修正系数采用 Ch 11.5.1 方式获取、相对密度（RD）计量的密度换算系数采用 Ch 11.5.2 方式获取、国际单位制密度（kg/m^3）换算系数采用 Ch 11.5.3 方式获取；讨论了 Ch 12.4《采用水驱体积法、标准表法和水驱重量法确定体积管基准容积》标准中标准表法以及确定标准表重复性的方法；讨论了多相流标准体积管的设计。

（2）气体计量分委员会（COGFM）孔板流量计工作组对 Ch 14.3.1《同心直角边孔板流量计　通用方程式和不确定度评定指南》、Ch 14.3.2《同心直角边孔板流量计　技术指标和安装要求》、Ch 14.3.4《同心直角边孔板流量计发展背景、实施程序和子程序文件》的标准状态进行了汇报，同时调整了标准适用范围；确认 Ch 14.4《将天然气凝析液和蒸气的质量转化为等效的液体体积》依据 GPA 8173《天然气液体和蒸气质量换算为等效液体体积的标准》进行修订；确认 Ch 22.1《测试程序的一般要求》依据 AGA Report No.13 进行修订；将技术报告 TR2571《燃气测量简化的流量测量和系统不确定度评定》确定为 Ch 14.13，并增加对非托管应用中燃料气体测量和仪表选用的推荐方法。

3. API/COPM 2019 年秋季年会

该年会于 2019 年 10 月 14—18 日在美国科罗拉多州丹佛市召开。会议主要议程如下：

（1）液体计量分委员会（COLM）主要讨论了 Ch 2《油罐标定》、Ch 3《油罐测量》、Ch 3.1《石油和石油产品手动计量的标准实施规程》、Ch 4.9.1《容积罐标定方法》、Ch 5《计量》、Ch 5.6《采用科里奥利流量计测量液态烃》、Ch 5.8《用超声流量计测量液态烃》、Ch 6《计量设施》、Ch 12《油量计算》等标准复审和修订计划情况；听取了 Ch 4.2《容积式体积管》、Ch 6.4A《租赁自动交接系统》、Ch 21.2《采用容积式流量计和涡轮流量计电子测量液体体积》3 个标准工作组的研究汇报；审议了 Ch 2.4《罐车的检测和校准》、Ch 12.4《采用水驱体积法、标准表法和水驱重量法确定体积管基准容积》等 3 个新标准的进展报告。

（2）质量计量分委员会（COQM）主要讨论了 Ch 7《温度测定》、Ch 8《取样》、Ch 8.2《石油和石油产品自动取样的标准做法》、Ch 9《密度测定》、Ch 10《沉淀物和水》、Ch 11《物理特性参数》等标准的修订工作进展情况；批准了 Ch 8.2《石油和石油产品自动取样的标准做法》进行修订的前期立项；通过了 Ch 8.4《用于燃料挥发性测量的取压与处理》修订的前期研究项目；通过了 Ch 8.6《液化天然气的连续和间歇取样和处理》与 Ch 10.10《石油和石油产品含水率在线测量》立项研究工作。

（3）产品计量与分配分委员会（CPMA）此次会议重点讨论了 Ch 20.1《分配测量》、Ch 20.3《多相流测量》、Ch 20.4《上游测量和分配系统中相变模型的应用》3 个标准修订的情况以及湿气取样的研究进展；听取了与该分委员会标准相关的研究报告，如针对 Ch 20.2《采用单相装置进行产量分配测量》的产出水测量技术报告、API RP 44 取样技术报告以及其他相关标准组织的研究动态。

（4）气体计量分委员会（COGFM）Ch 14.3 孔板工作组重点讨论了热电偶套管长度计算、孔板开口径检验等相关内容，审查了孔板连接件配套法兰材料选择和孔板一般状态检查等具体标准内容；Ch 14.13 燃料气测量工作组主要讨论了非交接计量用燃气计量及相关仪表选用的操作规程；Ch 21.1 电子气体测量工作组对电子气体测量仪表校准前准备工作、扩展不确定度和相关影响因素的研究结果进行了讨论。

三、其他国际学术交流

1. 第 18 届国际流量测量大会（FLOMEKO）

该会议于 2019 年 6 月 25—28 日在葡萄牙首都里斯本召开。FLOMEKO 是国际测量联合会（IMEKO）下属负责流量测量的第 9 技术委员会（TC 9）主办的国际流量测量学术会议，会议历史悠久、内容丰富，深受国际流量学术界的重视。

本次会议分设了液体、气体、微小流量、流量测量技术、湿气、多相流、天然气、量值比对等十几个主题，涉及流量测量、流量仪表及流量标准装置等，覆盖了流量测量领域最基本、最重要和当前研究最前沿的技术。会议重点关注以下几方面内容：

（1）流量标准装置和校准技术。欧洲天然气量值比对由德国联邦物理技术院（PTB）、荷兰国家计量院（VSL）、法国国家计量局（BNM）和丹麦福斯研究所（FORCE）组织，通过定期开展比对，保障了天然气流量量值的一致性，满足了天然气跨国贸易的需要。

（2）超声流量计及测量应用技术。提出了采用两对超声波探头组合的超声测量空间流场方法，通过理论分析测量空间流场情况，可应用于房屋中通风情况的测量以及明渠中水流场的分析；根据烟气测量的需要，介绍了对超声波声道阵列的布局优化以及信噪比信号处理方面的工作；介绍了超声流量计在空气条件下校准，用于天然气测量的使用情况分析。

（3）湿气、多相流测量技术。湿气、多相流测量技术侧重于解决陆地、近岸和水下油气井中油气水混合物测量方向，提出了垂直安装文丘里管用于湿气流量测量时，对 ISO/TR 11583 测量模型的优化和改进方法。

（4）中国石油西南油气田公司天然气研究院发表了《中国天然气量值溯源体系技术现状与展望》和《新型 6MPa 天然气原级标准装置天平称量系统》两篇论文，介绍了我国的天然气量值溯源体系和成都分站天然气原级标准装置能力。

2. API 油气计量技术与标准研讨会

API 油气计量技术与标准研讨会于 2023 年 9 月 26 日在中国北京召开，会议是由全国石油天然气标准化技术委员会油气计量及分析方法分技术委员会（SAC/TC 355/SC 10）与美国石油学会液体计量分委员会（COLM）共同举办的国际计量学术交流会议。会议重点对以下几方面议题内容进行了交流探讨：

（1）动态条件下连续密度测量。主要交流内容：在线振动管液体密度计测量不确定度水平；在线振动管液体密度计应用场合及相应的误差管理要求，现场安装、使用、维护方法；在线振动管液体密度计校准方法及校准周期管理要求，振动管密度计实验室校准装置原理、校准介质、不确定度水平及校准方法；在线密度测量仪表相关标准规范的动态。

（2）原油含水率的连续在线测量。主要交流内容：原油含水率在线测量技术现状及发展趋势；原油在线含水率测量仪表应用场合、维护方法及相应的误差管理要求；原油含水率在线测量仪表校准方法及校准周期管理要求；原油含水率在线测量仪表相关标准规范的动态。

（3）石油与石油产品计量。主要交流内容：流量计算机功能技术要求；信号传输技术要求，包含脉冲比较器与信号分析器技术功能、两路脉冲差异的阈值、两路脉冲的序列比较方法、脉冲有效性的确定方法。

（4）多相态二氧化碳计量体系。主要交流内容：保障流量量值准确可靠的方法；检定校准过程中超临界态、密相态二氧化碳温度控制方法；二氧化碳流量计准确度等级与校准装置不确定度指标。

第七章　计量交流与合作

为进一步夯实计量基础、提升计量能力和水平，发挥计量在高质量发展中的基础性保障作用，中国石油结合国家计量领域国际交流安排和公司国际化发展需求，积极推进国内外计量交流与合作，举办中国油气计量论坛，参与中俄能源计量交流，开展国际合格评定互认，计量交流与合作工作成果丰硕。本章介绍“十三五”以来，中国油气计量论坛、中俄能源计量分组会议、中国石油与俄罗斯天然气工业股份公司（简称俄气公司）合格评定互认等情况。

第一节　中国油气计量论坛

中国油气计量论坛作为行业内重要交流平台，旨在汇聚国内外油气计量领域的专家学者、企业管理代表及技术人员，共同探讨油气计量的最新技术动态，交流计量技术应用、计量工作管理实践。中国油气计量论坛的设立，不仅促进了油气计量技术交流与创新，也为油气行业的健康可持续发展提供了有力支撑。

2007 年，中国石油、中国石化、中国海洋联合主办了首届中国油气计量论坛，论坛主题为“节约能源计量先行”。此后，中国油气计量论坛每两年定期举办，规模逐步扩大，内容不断丰富。通过邀请国内外知名专家、学者和企业管理人员参与论坛，加强了国际化交流与合作，强化了技术创新与应用实践的结合，推动了油气行业的可持续发展。截至 2023 年底，中国油气计量论坛已成功举办了 8 届，其中“十三五”以来举办了 4 届。“十三五”以来历次论坛情况如下。

一、2016 年中国油气计量论坛

中国石油、中国石化、中国海油联合中国计量协会石油计量分会于 2016 年 10 月 27—28 日在成都举办了主题为“计量与创新”的中国油气计量论坛。本届论坛由中国海油承办，中国计量协会石油计量分会组织协办。

中国国家质量监督检验检疫总局原计量司张国钦处长、中国计量协会秘书长王顺安出席论坛并发表讲话。国家发展改革委能源所副所长张有生、中国石油计量测试研究所计量专家阮增荣分别做了《当前油气能源热点问题》《多相流计量技术的现状与发展》专题报告。

论坛对一、二、三等奖和优秀论文奖作者进行了表彰。《天然气贸易交接用主核查超声流量计安装位置及差值限探讨》等获奖论文在论坛上进行了交流。此外，11 家计量仪器设备厂商展示了计量仪器设备的最新成果。协会会员、特邀嘉宾、计量仪器设备厂商代表以及部分论文作者共计 154 人出席了本届论坛。

《天然气贸易交接用主核查超声流量计安装位置及差值限探讨》等5篇论文获得一等奖；《小口径气体超声流量计计量性能及应用浅析》等10篇论文获得二等奖；《单井计量技术在新疆稀油区块中的对比分析研究》等15篇论文获得三等奖；《作为燃料天然气碳排放量计算方法探讨》等67篇论文获得优秀奖。一、二、三等奖获奖论文与作者信息分别见表7-1至表7-3。石油工业出版社出版了《中国油气计量技术论坛论文集（2016）》，论文集收入了一、二、三等奖和优秀奖论文。

表7-1　2016年中国油气计量论坛一等奖论文情况统计

序号	论文名称	作者	作者单位
1	《天然气贸易交接用主核查超声流量计安装位置及差值限探讨》	段继芹　任　佳 夏寿华	国家石油天然气大流量计量站成都分站
2	《高压活塞体积管法天然气流量原级标准装置的建立》	闫文灿　徐　明 陆玉城	中国石化天然气分公司计量研究中心
3	《液体超声波流量计在FPSO原油外输计量中的实流标定及问题分析》	张　颖　纪　超	中国海油研究总院工程研究设计院
4	《基于信息技术的天然气管线远程在线计量交接方法研究》	邓　辉　郑宏伟 王　彬　许　飞	中国石油规划总院
5	《管式油井气液两相流量计的研制与应用》	杜怀栋　李高峰 王宏伟	中国石化胜利油田分公司技术检测中心

表7-2　2016年中国油气计量论坛二等奖论文情况统计

序号	论文名称	作者	作者单位
1	《小口径气体超声流量计计量性能及应用浅析》	任　佳　段继芹 王　强	国家石油天然气大流量计量站成都分站
2	《新型消气设备在液体产品水运进厂计量中的应用》	肖国灿　滕志芳 桑立强	中国石化镇海炼化分公司计量中心
3	《水下多相流量计的研究与应用》	孙　婧　孙　钦	中国海油研究总院工程研究设计院
4	《临界流喷嘴气体流量测量的湿度修正》	蒋建新	中国石油乌鲁木齐石化公司计控部计量测试站
5	《变组分气体流量测量方法的探索》	郁　周	中国石化金陵分公司信息化与计量中心
6	《香港终端天然气能量计量与在线质量监控》	刘永生　刘文山 陈治新　袁嘉乐	中海石油（中国）有限公司崖城作业公司
7	《在线振动管密度计的量值溯源》	韩春红	国家石油天然气大流量计量站
8	《提高毛细管黏度计检定质量的方法探讨》	郭春梅	中国石化天津分公司计量中心
9	《液位计现场校准方法研究》	薛国民　刘振彪 王玉博	中国石油大庆石油管理局技术监督中心
10	《成品油储罐多功能自动计量仪的研制》	徐顺福	中国石化销售浙江石油分公司

表 7-3 2016 年中国油气计量论坛三等奖论文情况统计

序号	论文名称	作者	作者单位
1	《单井计量技术在新疆稀油区块中的对比分析研究》	马 赟 熊小琴 袁 亮	中国石油新疆油田公司工程技术研究院
2	《差压法计量装置在数字化油田中的应用》	吴玉珍 杨荣建 张 锋	中国石化中原油田分公司采油一厂
3	FPSO《外输舱底水对原油贸易计量的影响》	巩卫海	中国海油能源发展股份有限公司销售服务分公司
4	《成品油火车槽车出厂自动装车、自动计量改造方案优化》	刘 仁 李 林 王宏建 李自红	中国石油兰州石化公司计量部
5	《使用固定式硫化氢检测仪关键因素的探讨》	吴关林 高梦茹 叶金红	中国石化中原油田普光分公司
6	《便携式电子温度计在成品油计量中的应用探讨》	谢明田 张金玉	中国石油东北销售公司大连分公司
7	《页岩气层含气量测井计算方法》	张晋言 李淑荣 陈 芳	中国石化胜利石油工程公司测井公司
8	《咸阳油库质量流量计全流程应用研究》	柳 明	中国石油西北销售公司陕西分公司
9	《标定球对体积管检定准确度的影响》	范永奇 张文杰 黄旭雨	中国石化河南油田分公司技术监测中心原油计量检定站
10	《对天然气贸易交接计量差异处理的几点认识》	晁宏洲 张献军 刘建阳	中国石油塔里木油田公司油气运销部
11	《影响质量流量计计量结果的因素分析》	林海安 李 龙 黄振国	中国石化茂名分公司计量中心
12	《水平井油气勘探中 LWD 计量新技术的研究与应用》	胡 斌 杨国光 王 岗	渤海钻探公司定向井分公司
13	《检定砝码用衡量仪器的选择方法分析与探讨》	郭丽宏	中国石化天津分公司计量中心
14	《关于终端燃气公司计量输差控制的思考》	陈源涛 谢 芳	中国石油西南油气田公司华油公司
15	《流量标准装置换向器系统的改进及应用》	葛 淳	中国石化天津分公司计量中心

二、2018 年中国油气计量论坛

中国石油、中国石化、中国海油联合中国计量协会石油计量分会于 2018 年 10 月 18 日在陕西省西安市共同举办了主题为“新时代油气计量”的 2018 年中国油气计量论坛。本届论坛由中国石油承办，中国计量协会石油计量分会组织协办。

国家市场监督管理总局计量管理与技术规范处副处长张晓刚、中国计量协会理事长宋伟出席论坛并发表讲话。中国计量测试学会副理事长钟新明、中国计量科学研究院长度所所长王煜应邀出席会议并分别做了《计量法修改方向、基本考虑及应对策略》《国家计量院在长度计量科技领域的最新进展》专题报告。协会会员、特邀嘉宾、计量仪器设备厂商代表以及部分论文作者共计208人出席了本届论坛。

论坛对一、二、三等奖和优秀论文奖作者进行了表彰。一、二、三等奖获奖论文作者在论坛上进行了交流。

《*mt*法高压天然气流量标准装置影响因素分析及控制措施》等4篇论文获得一等奖；《新建中低压*mt*法天然气原级标准装置的技术能力及验证》等10篇论文获得二等奖；《温度仪表批量检定的探索与应用》等15篇论文获得三等奖；《激光多普勒天然气流量测量装置及实验研究》等74篇论文获得优秀奖。一、二、三等奖获奖论文与作者信息见表7-4至表7-6。石油工业出版社出版了《2018中国油气计量论坛论文集》，论文集收入了一、二、三等奖和优秀奖论文；一、二、三等奖论文刊发在《工业计量》2018年第五期正刊（9月26日出刊）。

表7-4　2018年中国油气计量论坛一等奖论文情况统计

序号	论文名称	作者	作者单位
1	《*mt*法高压天然气流量标准装置影响因素分析及控制措施》	国明昌　杨　蒙　杨　博　侯庆强	中国石油西气东输管道公司
2	《炼化企业汽车衡远程集中智能计量系统设计》	王　猛　刘胜军	中国石化天津分公司计量中心
3	《环道式液体流量标准装置及溯源体系》	安树民	国家石油天然气大流量计量站
4	《在线气相色谱法测定天然气热值的准确度评价方法探讨》	裴全斌　王海峰　孙丽敏	中国石化天然气分公司计量研究中心

表7-5　2018年中国油气计量论坛二等奖论文情况统计

序号	论文名称	作者	作者单位
1	《新建中低压*mt*法天然气原级标准装置的技术能力及验证》	任　佳　段继芹　黄　敏	国家石油天然气大流量计量站成都分站
2	《计量系统节点校准技术的应用》	冯明生　王　军　田学华	中国石化胜利油田分公司孤岛采油厂集输大队
3	《中海油天然气贸易计量现状及建议》	徐正海　何骁勇　张　颖	中国海油研究总院有限责任公司
4	《油流量标准装置检定方法改进及应用》	郭智前　吴洪川　张　晖	中国石油兰州石化公司计量部
5	《不锈钢双向体积管在流量计检定中的应用》	王　欢	中国石化北京燕山分公司
6	《影响原油静态计量误差的原因分析》	王学平	中国海油东方石化有限责任公司
7	《智能管道计量交接电子化的应用研究》	魏　娜　刘治华　邱　惠	中石油管道有限责任公司西气东输分公司生产运行处

续表

序号	论文名称	作者	作者单位
8	《旋进双参量质量流量计在变组分气体计量中应用》	滕志芳 肖国灿	中国石化镇海炼化分公司计量中心
9	《钻具螺纹校对量规基面中径测量不确定度评定》	艾裕丰 白小亮 冯 娜 卫尊义	中国石油石油管工程技术研究院
10	《储气库注采气流量计量技术研究》	张 智	中国石化中原油田分公司安全环保处

表 7-6 2018 年中国油气计量论坛三等奖论文情况统计

序号	论文名称	作者	作者单位
1	《温度仪表批量检定的探索与应用》	单 文 刘 博 吴继辉	大庆石油管理局有限公司技术监督中心
2	《油井产气量计量装置的研究与应用》	姜兴伟 王春光 吕德东	中国石化胜利油田分公司技术检测中心
3	《LNG 低温计量检定技术》	吴健宏 刘 冰 邢 楠	中海石油气电集团技术研发中心
4	《电磁流量计在盐穴储气库造腔过程中的应用》	成 凡 焦雨佳 张青庆 刘 春	中石油管道有限公司西气东输分公司储气库管理处
5	《振动台比较法地震检波器校准系统研制》	徐美辉 柳旭龙	中国石化地球物理胜利分公司
6	《智能化流量计检定系统的应用初探》	韩 巍 陈行川 郑专波 刘译文	中石油管道有限公司西气东输分公司南京计量测试中心
7	《高倾点油品船运接卸探索》	祝昌盛 尹大海 郁 周	中国石化金陵分公司信息化与计量中心
8	《页岩气井口湿气计量技术适应性研究》	张 强 刘丁发 王 辉	国家石油天然气大流量计量站成都分站
9	《电子秤误差对流量计检定误差的影响》	林奕端 赖 云	中国石化茂名分公司计量中心
10	《新式数显测斜仪校验架的研制》	李 楠	渤海钻探公司定向井技术服务分公司
11	《成品油库智能装车计量与门禁一体化系统的研制》	徐顺福 王友良	中国石化浙江石油分公司
12	《天然气大流量榆林检定点次级标准装置的设计及优化》	姚欣伟 任晓峰 吴宝祥	西安长庆科技工程有限责任公司
13	《智能计量系统在原油监督计量方面的应用》	张爱东	中国石化天津分公司计量中心
14	《密度刻度器量值传递方法及应用研究》	王江波 鲁保平 刘 青 徐 涛	石油工业测井计量站
15	《电能表在线检测在金陵分公司的应用》	薛 立	中国石化金陵分公司信息化与计量中心

三、2020 年中国油气计量论坛

2020 年，中国石油、中国石化、中国海油联合中国计量协会石油计量分会开展了主题为“国际单位制服务全球贸易计量”的征文活动。

本届论坛共评选出一、二、三等奖和优秀奖论文共 104 篇。《计量仪表 RS485 总线及数据采集结构优化》等 5 篇论文获得一等奖；《稠油井口含水率可视化实时测量技术研究》等 9 篇论文获得二等奖；《成品油销售企业计量监控平台设计》等 15 篇论文获得三等奖；《在线含水分析系统在外购原料接卸中的应用》等 75 篇论文获得优秀奖。一、二、三等奖获奖论文与作者信息见表 7-7 至表 7-9。中国计量协会发文对三大石油公司联合评选出的一、二、三等奖和优秀论文奖作者进行了表彰。中国石化出版社出版了《中国油气计量论坛论文集（2020）》，论文集收入了一、二、三等奖和优秀奖论文；一、二、三等奖论文刊登在《工业计量》2020 年第五期正刊（5 月 26 日出刊）。

表 7-7　2020 年中国油气计量论坛一等奖论文情况统计

序号	论文名称	作者	作者单位
1	《计量仪表 RS485 总线及数据采集结构优化》	刘胜军	中国石化天津分公司
2	《成都分站音速喷嘴标准装置技术改进及不确定度验证》	黄　敏　任　佳 陈　密	中国石油西南油气田公司天然气研究院
3	《高精度温度变送器现场校准方式》	王宏峰	中海石油技术检测有限公司
4	《双路油井在线含水仪的研制与应用》	杜怀栋　代伟平 王　远	中国石化胜利油田分公司技术检测中心
5	《宽频检波器校准及测试分析》	田　磊　张显桂 宋海路	东方地球物理公司装备研究中心

表 7-8　2020 年中国油气计量论坛二等奖论文情况统计

序号	论文名称	作者	作者单位
1	《稠油井口含水率可视化实时测量技术研究》	李　莉　郭宏亮 张海峰	中国石化胜利油田分公司安全环保质量管理部
2	《高准确度油流量标准装置的设计与建设》	张学腾	国家石油天然气大流量计量站
3	《全站仪在立式储罐容积计量的应用》	王玉强	中海石油技术检测有限公司
4	《几种参数补偿对科里奥利质量流量计计量准确度的影响分析》	张宝良　刘胜军	中国石化天津分公司
5	《天然气贸易计量质量流量计用水检定的实验研究》	邱　惠　张胜元 周　韬	中国石油西气东输管道分公司
6	《在线核查方法在出厂计量中的应用分析》	尹晓玲	中国石化济南分公司
7	《石油测井专用计量技术发展现状及对策探讨》	李长文　王江波 鲁保平　任晓荣 黄诗明	石油工业测井计量站

续表

序号	论文名称	作者	作者单位
8	《铁路罐车人工检尺计量问题剖析及对策》	滕志芳	中国石化镇海炼化分公司
9	《从传热学角度分析影响储罐计量准确度的因素》	魏　超　谢明田 张一凡	中国石油东北销售油品监督检测中心

表 7-9　2020 年中国油气计量论坛三等奖论文情况统计

序号	论文名称	作者	作者单位
1	《成品油销售企业计量监控平台设计》	涂顺福　倪庆旭	中国石化浙江石油分公司
2	《天然气发热量测定方式比较》	陈　勇　李　克	中国石油西南油气田公司天然气研究院
3	《信息化数据平台在天然气能量计量中的应用》	刘　冰　陈　帅 王京安	中海石油气电集团有限责任公司
4	《高压天然气检定站工作级标准装置不确定度提高研究》	陆玉城　徐　明	中国石化天然气分公司计量研究中心
5	《天然气流量标准装置期间核查的策划与实践》	蔡浩晖　郭　珍	国家石油天然气大流量计量站乌鲁木齐分站
6	《槽道式流量计在炼化企业天然气计量中的应用》	谷民星　于文勇 林立根	中国石化青岛炼化分公司
7	《蒸汽计量优化方案研究与应用》	李景平　王　琍 祁　峰	中国石油兰州石化公司
8	《马氏漏斗黏度计容量校准方法探讨》	刘改芹　李　哲 李永喜	中国石化中原油田分公司技术监测中心
9	《声速测井标准刻度井建设进展》	任晓荣　鲁保平 李长文　贺小陆 徐　涛	石油工业测井计量站
10	《流量计检定示值误差影响因素及应对措施》	李海生	中国石化管道储运公司天津输油处
11	《油气田企业石油液体站库标准化计量方案浅论》	晁宏洲　曹　强 黄明基　张天旭	中国石油塔里木油田公司
12	《浅谈新型油罐自动计量系统应用过程中的问题》	欧才能	中国石化销售华南分公司
13	《关于天然气流量标准装置期间核查方法的探讨》	匡明昌　李　锴 钱　星　张瑛琦 杨　博　李奕芊	中国石油西气东输管道公司
14	《非自喷井测试井口压力计量异常分析与对策》	范玉斌　陶　陶 王海波	中国石化胜利石油工程公司井下作业公司
15	《关于圆柱螺纹量规检测方法探究》	李文娟　肖俊仓	中国石油宝鸡石油机械有限责任公司

四、2022 年中国石油石化计量论坛

中国石油、中国石化、中国海油、国家管网联合中国计量协会石油石化专业委员会于 2023 年 9 月 21 日在湘潭举办了主题为“数字时代的计量”的 2022 年中国石油石化计量论坛。论坛自本届开始更名为“中国石油石化计量论坛”，由中国计量协会石油石化专业委员会组织并主办，中国海油承办。

本届论坛共评选出一、二、三等奖和优秀奖论文共 107 篇。其中，《可控 D–D 中子源测井孔隙度量值传递及监测仪器设计》等 4 篇论文获得一等奖；《油气田公司天然气输差管理控制体系建设与实践》等 10 篇论文获得二等奖；《天然气能量计量技术现状及展望》等 16 篇论文获得三等奖；《石化企业计量数及集成分析系统的设计与实现》等 77 篇论文获得优秀奖。论文充分展现了计量工作在油气勘探、开发、炼化、储运、销售各环节的科技成果，以及广大计量工作者的业务能力和技术水平。一、二、三等奖获奖论文与作者信息见表 7–10 至表 7–12。

表 7–10　2022 年中国石油石化计量论坛一等奖论文情况统计

序号	论文名称	作者	作者单位
1	《可控 D–D 中子源测井孔隙度量值传递及监测仪器设计》	鲁保平　秦　力　葛云龙　王江波　郭广鋆	中国石油集团测井有限公司
2	《数字分析系统在产品水运出厂计量中的应用》	祝昌盛　熊思成	中国石化金陵分公司
3	《移动式液体小流量标准装置设计及不确定度评定》	王维高　张翼飞　任春杰　孙小东　宋来刚　刘晓飞	中国海油海洋石油工程股份有限公司
4	《基于智能算法的混合气源组分及发热量预测方法研究》	刘　喆　苏　怀　李　灿　周　靖　张　平	国家管网西气东输公司南京计量研究中心

表 7–11　2022 年中国石油石化计量论坛二等奖论文情况统计

序号	论文名称	作者	作者单位
1	《油气田公司天然气输差管理控制体系建设与实践》	张利华　李万俊　贺文广	中国石油西南油气田公司重庆气矿
2	《商品乙烷气体计量方式的选择与应用》	亢　春　索杏兰　晁宏洲　黄明基　邓玉发	中国石油塔里木油田公司
3	《高含硫原料天然气贸易交接计量方法研究》	王　辉　周柳玲　陈晓科	中国石油西南油气田公司天然气研究院
4	《高含水原油交接计量存在问题及量值溯源分析》	韩春红　马庆万	中国石油大庆油田设计院有限公司
5	《矿藏原油在线化验技术的研究及应用》	彭晓英　王　琦　朱玲美　赵海珍　谭　炜	中国石化胜利油田分公司胜利采油厂

续表

序号	论文名称	作者	作者单位
6	《2022 新型精密恒温槽盖的设计》	黄亚辉	中国石化天津分公司化验计量部
7	《车用尿素溶液加注机检定研究与应用》	曾勇昭　李　铭　何家惠	中国石化广西石油分公司
8	《扩容〈石油计量表〉提高催化油浆罐量计算准确性》	冯胜权　林海安	中国石化茂名分公司仪控计量部
9	《关于海上原油平台外输数字化计量检定方式的研究》	潘迁伟　刘复峰	中国海油能源发展股份有限公司销售服务分公司
10	《最小二乘法回归分析在计量标准量值溯源中的应用》	刘译文　伍开成　周　建	国家管网西气东输公司南京计量研究中心

表 7-12　2022 年中国石油石化计量论坛三等奖论文情况统计

序号	论文名称	作者	作者单位
1	《天然气能量计量技术现状及展望》	周　理　陈　辰　张　镨	中国石油西南油气田公司天然气研究院
2	《基于高温的腐蚀测厚变送器的设计》	窦磊磊　张广祥　于　文	中国石油吉林石化公司电仪中心
3	《可控震源智能计量技术的探讨》	马红伟　党卫中　王春强　张显桂	中国石油东方地球物理勘探有限责任公司
4	《高静压下差压变送器性能及天然气计量》	吴贝贝	中国石油新疆油田公司实验检测研究院
5	《多相流量计测试评价方法与应用》	王秋红　陈　亮	中国石油大庆油田设计院有限公司计量仪表室
6	《温度变送器（带传感器）现场检测影响因素探讨》	玥　红　李家乐　石文康	中国石化中原油田分公司技术监测中心
7	《推导式变组分气体质量流量计的原理与现场验证》	宋文其　刘晓云	中国石化扬子石油化工有限公司
8	《提高小配注量分注井计量精度对策研究》	彭太祥	中国石化江苏油田分公司石油工程技术研究院
9	GB/T 21451《罐（舱）自动计量系列标准应用解析》	孙　岩　毕海鹏	中国石化石油化工科学研究院
10	《油田回注水水质在线监测技术应用研究与探讨》	王新华　李　剑　康换苗	中国石化胜利油田分公司安全环保质量部
11	《温度变送器校准热电阻导线误差分析》	刘　潇　王宏峰	中海石油技术检测有限公司
12	《基于 GUM 法对油轮静态计量不确定度的研究》	朱晓明	宁波中国海油船务有限公司

续表

序号	论文名称	作者	作者单位
13	《圆形液体管道压力损失分析与计算》	张海鹏	中海石油技术检测有限公司
14	《天然气流量计检定流量智能化调节技术研究》	刘　喆　吴　岩　周　雷　王新晓	国家管网西气东输公司南京计量研究中心
15	《天然气管道气质分析取样位置设置分析》	张盖世	国家管网广东运维中心
16	《基于浙江省天然气流量计实流检定站的控制算法选择及功能设计》	苏祥伟　张　宇　沈国良　杨照林	国家管网浙江省天然气管网有限公司

2022年，中国石油石化计量论坛与中国计量协会“计量技术创新助力中国式现代化系列活动”同期召开。中国计量协会石油石化专业委员会在论坛现场对一、二、三等奖和优秀论文奖作者进行了表彰。中国石化出版社出版了《2022年中国石油石化计量论坛论文集》，论文集收入了一、二、三等奖和优秀奖论文；一、二、三等奖论文刊登在《工业计量》2023年第3期正刊（3月26日出刊）。协会会员、特邀嘉宾、计量仪器设备厂商代表以及部分论文作者共计38人出席了论坛。

第二节　中俄能源计量分组会议

中俄标准计量认证和检验监管常设工作组是中俄总理定期会晤委员会经贸合作分委会下的常设机构，设立的目的是保证双边进出口商品的质量和安全，大力促进双边贸易发展及消除贸易技术壁垒，简化检验和合格评定程序，以及加强在标准、计量、合格评定、认证和进出口商品检验领域的合作。中俄能源计量分组是常设工作组下的分支机构，设立的主要目的是促进能源计量领域的交流与合作。自2012年起，“中俄能源计量分组会议”每年召开一次，由中国和俄罗斯轮流主办。截至2023年底，已成功举办了12次分组会议。中国石油派员参加了全部会议，并承办了2013年在杭州、2015年在成都、2017年在武汉、2019年在青岛召开的会议。“十三五”以前会议举办情况见表7-13，“十三五”以来会议举办情况如下。

表7-13　“十三五”以前会议举办情况

序号	时间	地点
1	2012年5月	俄罗斯喀山市
2	2013年7月	中国杭州市
3	2014年5月	俄罗斯圣彼得堡市
4	2015年6月	中国成都市

一、2016年中俄能源计量分组会议

1. 会议基本情况

2016年6月21—24日，中俄总理定期会晤委员会经贸合作分委会标准计量认证和检验监管常设工作组能源计量分组第五次会议在俄罗斯喀山市全俄流量计量科学研究院召开。中方代表团由中国国家质量监督检验检疫总局计量司巡视员、中俄能源计量分组中方组长王步步率领；俄方代表团由俄罗斯联邦技术规范与计量署计量司司长、中俄能源计量分组俄方组长罗曼·亚历山大罗维奇·罗金率领。

双方听取了能源计量分组第四次会议以来中俄两国工作的组织情况汇报，并通报了中俄标准计量认证和检验监管常设工作组第十四次会议情况。中俄双方就能源计量领域国家法律、规范及标准装置的发展现状，开展国家标准装置测量能力互认国际比对的结果，天然气、原油及成品油品质参数检测方法及检测装置等情况做了交流。

中方受邀参观了俄罗斯鞑靼斯坦共和国标准计量检验中心及全俄流量计量科学研究院标准装置。双方对可能的合作方向提出了自己的建议，并确定了能源计量分组框架内合作项目。双方强调了为提高中俄能源保障领域科技合作效率，吸纳油气公司代表参加下一步计量合作的重要性及必要性。双方商定提出扩大合作形式的建议，并将建议提交中俄标准计量认证和检验监管常设工作组第十五次会议进行讨论。

2. 会议交流议题

中方主要交流了高压气体流量量值传递体系、天然气计量检测标准国标对标研究进展、中国与ISO气体超声对标研究进展、天然气压缩因子等物性参数计算对标研究进展、天然气取样和组成分析对标研究进展、天然气中含硫化合物对标研究进展、天然气水和烃露点测定对标分析等情况，详见表7-14。

表7-14 2016年中方交流项目

序号	中方交流项目
1	中国计量科学研究院（NIM）高压气体流量量值传递体系
2	天然气计量检测标准国际对标研究进展
3	中国与ISO气体超声对标研究进展
4	天然气压缩因子、密度、热值、沃泊指数计算对标研究进展
5	天然气取样和组成分析对标研究进展
6	天然气中含硫化合物对标研究进展
7	天然气水露点和烃露点测定对标分析
8	高压活塞体积管（HPPP）天然气计量原级标准装置建设进展
9	2011—2015年进口俄罗斯管输原油检验监管情况

俄方主要交流了天然气流量数量计量保障现状，气体流量标准比对，俄罗斯彼得堡门捷列夫计量科学研究院节能领域标准装置发展，天然气组分与气质俄罗斯标准与国际标准比较，中俄液体、气体流量国家标准双边比对，天然气取样、组分及物化参数检测方法，液体及气体燃料热值测量计量保障面临的新任务等情况，详见表 7-15。

表 7-15　2016 年俄方交流项目

序号	俄方交流项目
1	俄罗斯气体计量体系的现状和发展方向
2	能源供应领域标准装置现代化发展目标
3	液体和气体燃料热值测定计量保证新目标
4	天然气质量和组成俄罗斯与国际标准比对结论
5	天然气组成和物化性质的取样与测定方法
6	中俄液体流量计量国家标准比对

双方约定在第六次会议时，围绕能源计量分组第三次会议所列 11 项天然气计量参数的本国标准与 ISO 标准的对比情况，持续开展交流。

3. 会议共识及下阶段合作建议

中俄双方就下列议题进行了交流和磋商，并达成共识：一是中俄双方肯定了俄罗斯、中国标准与 ISO 国际标准对比方面所取得的成果，并将继续开展此项工作；二是中俄双方有意愿开展高压天然气实流计量量值传递方面国家标准的比较工作；三是中俄双方支持将中、俄、德三国比对结果提交 2016 年 FLOMENKO 流量计量国际大会；四是中俄双方商定标准比对计划；五是中俄双方对通过签署备忘录消除经济合作过程中的技术壁垒表示支持。

关于下一步合作的建议：一是中俄双方有意向将中方主导的气体流量标准比对结果提交 2016 年澳大利亚 FLOMENKO 流量计量国际大会；二是中俄双方表示将利用水流量标准装置开展两国液体流量国家标准的双边比对工作；三是中俄双方在 2016 年 8 月索契会议期间上报标准计量认证和检验监管常设工作组报告；四是中俄双方同意就上述合作事项确定联络人，完成纪要中各项任务；五是中俄双方确定在中国召开能源计量分组第六次会议。

二、2017 年中俄能源计量分组会议

1. 会议基本情况

2017 年 6 月 27—29 日，中俄总理定期会晤委员会经贸合作分委会标准计量认证和检验监管常设工作组能源计量分组第六次会议在中国湖北省武汉市召开。中方代表团由中国国家质量监督检验检疫总局计量司司长、能源计量分组中方组长谢军率领；俄方代表团由俄罗斯联邦技术规范与计量署计量司司长、能源计量分组俄方组长罗曼·罗金率领。

双方听取了能源计量分组第五次会议以来中俄两国工作进展情况汇报，并通报了中俄标准计量认证和检验监管常设工作组第十四次会议情况。双方对能源计量分组第五次会议

纪要任务的执行情况进行了交流，同时指出中俄在经济一体化和贸易领域取得了新的发展。

2. 会议交流议题

中方介绍了有关天然气流量计量与气质检测方面中国与国际标准比对情况、天然气组分及其品质（包含露点）的标准比对情况、天然气体流量计量标准及 HPPP 原级装置特性研究方面取得的新进展等，详见表 7–16。

表 7–16　2017 年中方交流项目

序号	中方交流项目
1	天然气计量检测标准对标进展概述
2	天然气计量标准对标研究进展
3	天然气检验标准对标研究进展
4	天然气中汞含量的测定对标研究
5	HPPP 原级标准装置不确定度评定
6	石油产品理化性质计量在中国计量院的研究进展
7	粒子图像测速仪（PIV）与激光多普勒测速仪（LDV）测速技术在天然气流量测量中的应用
8	原油中轻组分分析技术
9	2011—2016 年管输俄罗斯原油检验监管情况介绍和建议

俄方介绍了气体体积与质量流量测量原级标准的发展情况、利用层流罩对临界流喷嘴进行标定的新方法以及采用 PIV 和 LDV（激光多普勒测速仪）的天然气流量计量技术发展前景等，详见表 7–17。

表 7–17　2017 年俄方交流项目

序号	俄方交流项目
1	国家气体体积流量和质量流量原级标准的完善及用层流罩检定临界流喷嘴的方法
2	5～160t/h 范围内液体流量与数量国家标准的比对
3	天然气中汞含量测定的迫切性
4	开展工作条件下天然气计量工作时基于激光多普勒风速测量法的光学标准的使用
5	Vympel 公司在气体计量检测及计量保障领域的研发工作
6	全俄门捷列夫计量科学研究院在凝析气田产品质量和数量构成检测方面所采取的计量保障措施
7	俄罗斯在能源计量领域标定和计量的潜力
8	油气管道运行过程中易燃有毒气体和蒸气的检测特点
9	用于检验俄罗斯原油成品油物性组分检测准确性的标准样本
10	俄罗斯标准样本国家调节机制

双方肯定了气体流量计量国家标准比对工作所取得的成绩，并对从事相关工作的中俄双方专家的良好专业素养给予了高度评价。双方有意在2017—2018年继续开展液体流量量值国家标准比对工作，并商定流量范围。双方对国家计量法调节的范围和形式，特别是计量法的修改情况，包括标准物质情况进行了介绍。双方讨论了常设工作组第十四次会议纪要中提及的任务，包括创建油气领域标准化工作分组的建议。此外，俄罗斯对中国专家2017年8月派团赴全俄门捷列夫计量科学研究院访问计划及拟取得的成果表示关切。

3. 会议共识及下阶段合作建议

双方对能源计量分组第五次会议任务的高效完成表示肯定，认为在下一轮会议中有必要对所取得的工作成果进行通报。

在讨论报告过程中，双方交换了意见并就以下问题达成共识：一是中俄双方明确需要相互提供原油及其产品、天然气和其他能源进出口贸易计量领域内的现行国家法律法规、标准和其他文件；二是中俄双方继续开展中国计量科学研究院和全俄流量计量科学研究院关于液体（水）流量国家基准比对工作计划协商工作；三是中俄双方同意中方代表团与全俄门捷列夫计量科学研究院商定未来关于天然气、液化天然气质量检测领域现行国家标准比对以及可能的国家标准物质比对的联合工作计划；四是中俄双方同意就天然气能量计量方法开展交流并将结论提交下一次能源计量分组会议；五是中俄双方同意加强两国在能源领域相关计量国际建议和国际标准制修订活动中相互合作和相互支持，加强两国计量技术委员会间的合作；六是中俄双方计划继续加强硫化合物分析方面的合作，推进ISO 20676《天然气上游领域　用激光吸收光谱法测定硫化氢含量》标准的制定工作。

三、2018年中俄能源计量分组会议

1. 会议基本情况

2018年12月6—7日，中俄总理定期会晤委员会经贸合作分委会标准计量认证和检验监管常设工作组能源计量分组第七次会议在俄罗斯叶卡捷琳堡召开。中方代表团由中国国家市场监督管理总局计量司副巡视员、能源计量分组中方组长邓媛芳率领；俄方代表团由俄罗斯联邦技术规范与计量署计量司副司长、能源计量分组俄方组长果戈列夫·德米特里·弗拉基米洛维奇率领。

双方听取了能源计量分组第六次会议以来中俄两国工作进展情况汇报，并将能源计量分组第七次会议情况向中俄标准计量认证和检验监管常设工作组第十六次会议报告。双方强调了中国代表团于2017年9月25—28日在全俄门捷列夫计量科学研究院访问的积极结果，并讨论了双方共同合作的计划。

2. 会议交流议题

在第七次分组会议过程中，中方介绍了中国计量标准体系与管理、天然气中硫化氢及总硫含量测定国际标准、液态烃原级标准装置及流量量值溯源体系等内容，见表7-18。

表 7-18 2018 年中方交流项目

序号	中方交流项目
1	中国计量标准体系与管理
2	天然气中硫化氢及总硫含量测定国际标准
3	中低压 *mt* 法天然气原级标准装置及量值溯源体系
4	用于测定液态烃的一级基准设备及气流量值传递的溯源性

俄方专家介绍了石油及石油产品质量控制的标物、静态测量间接法测量油船气罐中液化天然气质量的计量保障、气体及液体流量计量器具与计量方法的完善等内容，见表 7-19。双方听取了专家关于天然气组成测量关键比对进展等情况的介绍。

表 7-19 2018 年俄方交流项目

序号	俄方交流项目
1	石油及石油产品中硫含量测定的计量保障
2	−40～150℃内的新型标准黏度样品
3	静态测量间接法测量油船气罐中液化天然气质量的计量保障
4	气体及液体流量测量器具与方法的完善
5	鉴于俄罗斯出口商向中国进行铁路供货时存在的问题，保障进出口铁路运输中货物质量的计量统一

3. 会议共识及下阶段合作建议

双方注意到两国油气公司（俄方俄罗斯石油公司、俄罗斯石油运输公司以及中方中国石油天然气集团有限公司）专家积极参与工作分组相关事务。双方交换了意见并就以下问题达成共识，双方同意开展以下工作：一是中俄双方同意将中俄进出口货物铁路运输过程中货物交接计量领域保障计量结果统一的联合工作计划的可行性列入下届会议议题；二是中俄双方同意继续进行液体国家标准装置比对；三是中俄双方同意进行天然气能量计量方法的交流；四是中俄双方同意在生态安全领域进行计量方法及参数统一合作；五是中俄双方商定继续就物理化学、能源计量以及双方其他感兴趣的科学研究成果进行交流；六是中俄双方在保证计量统一方面继续加强联系。

四、2019 年中俄能源计量分组会议

1. 会议基本情况

2019 年 9 月 17—19 日，中俄总理定期会晤委员会经贸合作分委会标准计量认证和检验监管常设工作组能源计量分组第八次会议在中国山东省青岛市举行。中方代表团由中国国家市场监督管理总局计量司副司长、能源计量分组中方组长张益群率领；俄方代表团由俄罗斯联邦技术规范与计量署计量司司长、能源计量分组俄方组长果戈列夫·德米特

里·弗拉基米洛维奇率领。

双方简要回顾了能源计量分组历次会议的交流情况，肯定了分组会议对促进两国油气贸易标准的统一和贸易发展发挥的积极作用，并就第七次会议纪要提出的天然气能量计量方法的交流、液体国家标准装置比对、中俄进出口货物铁路运输过程中货物交接计量领域保障计量结果统一等方面进行了交流和探讨。中方邀请俄方代表参观了中国青岛市计量测试研究院，部分俄方代表参观了国家石油天然气大流量计量站武汉分站，考察了HPPP高压气体流量量值溯源体系技术水平、能力和工艺特点。

2. 会议交流议题

中方介绍了中国国家计量技术规范体系概况、中国计量科学研究院水流量计量装置及比对进展、中国国家石油天然气大流量计量站南京分站量值溯源体系建设、用HPPP天然气流量原级标准装置校准音速喷嘴技术的研究、中国轨道衡量值传递体系及中俄口岸站轨道衡计量工作、铁路罐车量值溯源体系及国际贸易交接计量一致化方案等，详见表7-20。

表7-20　2019年中方交流项目

序号	中方交流项目
1	中国国家计量技术规范体系概况
2	NIM水流量计量装置及比对进展
3	国家石油天然气大流量计量站南京分站量值溯源体系建设
4	用HPPP天然气流量原级标准装置校准音速喷嘴技术的研究
5	中国轨道衡量值传递体系及中俄口岸站轨道衡计量工作报告
6	铁路罐车量值溯源体系及国际贸易交接计量一致化方案

俄方介绍了俄罗斯计量统一保障体系、俄罗斯液化天然气质量计量保障现状、俄罗斯天然气流量测量的计量支持和标准基础、全俄门捷列夫计量科学研究院烃类气体和石油产品质量控制标准样品、石油和石油产品中低浓度硫含量的测量计量保障问题等，详见表7-21。

表7-21　2019年俄方交流项目

序号	俄方交流项目
1	俄罗斯计量统一保障体系
2	俄罗斯液化天然气质量计量保障现状
3	俄罗斯天然气流量测量的计量支持和标准基础
4	全俄门捷列夫计量科学研究院烃类气体和石油产品质量控制标准样品
5	石油和石油产品中低浓度硫含量的测量计量保障问题
6	天然气发热量的确定

会议增进了双方对两国计量法律法规、计量保障体系以及有关油气水计量技术等方面的了解。

3. 会议共识及下阶段合作建议

中俄双方就下一步合作达成如下共识：一是中俄双方继续开展中俄水流量计量装置比对项目，同意开始准备比对技术协议；二是中俄双方同意继续交换在测量液化天然气的质量领域方面的规范和技术文件；三是中方同意相互合作和支持，协助俄罗斯对中国天然气大流量计量装置情况开展调研；四是中俄双方同意在欧亚计量合作组织（COOMET）框架下，开展石油和石油产品中硫含量的比对；五是中俄双方同意开展天然气标准样品制备过程经验交流；六是中方关注俄方 LNG 计量保障的工作进展情况，建议适时开展相关技术交流；七是中俄双方提出铁路罐体容积测量，包括在中俄贸易运作框架内铁路货车称重的方法是一个重要的问题；八是中俄双方委托各自工作；九是中俄双方同意确定负责人推进落实纪要中所确认的合作项目；十是中俄双方同意继续在物理化学测量、能源计量以及其他双方感兴趣的领域开展科学技术交流；十一是中俄双方在保证计量统一方面继续加强联系，在计量标准、计量技术保障体系和计量器具监督管理等方面进行交流，交换相关信息；十二是中俄双方同意于 2020 年在俄罗斯召开能源计量分组第九次会议，具体时间与地点由双方协商确定。

五、2020 年中俄能源计量分组会议

1. 会议基本情况

2020 年 11 月 23 日，中俄总理定期会晤委员会经贸合作分委会标准计量认证和检验监管常设工作组能源计量分组第九次会议以视频会议形式召开。中方代表团由中国国家市场监督管理总局计量司副司长、能源计量分组中方组长张益群率领；俄方代表团由俄罗斯斯坦达特计量部门首席执行官、能源测量计量保障分组联合主席、能源计量分组俄方组长古塞夫安东率领。

双方简要回顾了能源计量分组历次会议的交流情况，肯定了分组会议对促进两国油气贸易标准的统一和贸易发展发挥的积极作用，并就第八次会议纪要确定的水流量计量装置比对、测量液化天然气的质量领域方面的规范和技术文件交换、COOMET 框架下的石油和石油产品中硫含量的比对等任务执行情况进行了汇报。

2. 会议交流议题

中方介绍了中国计量科学研究院原油含水量计量进展情况、天然气能量计量技术规范的进展情况、中国用于天然气分析的标准物质制备、原油成品油量值溯源体系建设、中国国家石油天然气大流量计量站成都分站次级标准装置能力提升情况等，详见表 7–22。

俄方介绍了俄罗斯液化天然气消耗量和数量的静态和动态测量方法的相关文件、石油和天然气工业量热测量法、全俄门捷列夫计量科学研究院和中国计量科学研究院在石油产品中硫浓度测量比对当前进展情况、中俄水流量计量标准装置比对情况等，详见表 7–23。

此外双方还对原油中有机氯含量检测与控制方法进行了探讨。

表 7-22 2020 年中方交流项目

序号	中方交流项目
1	关于原油含水量计量研究进展的报告
2	关于天然气能量计量技术规范进展报告
3	中国天然气组成分析用气体标准物质制备报告
4	原油有机氯含量等质量指标的检测与控制方法探讨
5	中国原油成品油量值溯源体系建设
6	成都分站次级标准装置能力提升的报告

表 7-23 2020 年俄方交流项目

序号	俄方交流项目
1	关于油中吞食器定义的实验室间比对结果的报告
2	关于液化天然气消耗量和数量的静态和动态测量方法相关文件的报告
3	油气工业量热测量法——欧亚计量合作组织框架内煤基弹热量热计的比对报告
4	关于全俄门捷列夫计量科学研究院和中国计量科学研究院在石油产品中硫浓度测量比对当前进展情况的报告
5	关于中俄两国水流量计量标准装置比对的报告

3. 会议共识及下阶段合作建议

中俄双方就下一步合作达成如下共识：一是中俄双方强调在 COOMET 框架内确定石油含水量的必要性，并同意继续进行比对工作；二是中俄双方强调在 COOMET 框架内确定石油产品含硫量的必要性，并同意继续进行比对工作；三是中俄双方表达了在 2021 年进行水流量计量标准装置比对工作的意向；四是中俄双方计划在制备天然气标准样品和液化天然气质量控制领域继续合作并进行信息交流；五是中俄双方计划在检测和确定原油中有机氯含量方面组织合作并进行信息交流；六是中俄双方计划在保障计量一致性、测量技术计量保障和数字化领域，以及计量监管法律法规和标准方面继续加强联系和信息交流；七是中俄双方同意继续在物理和化学计量、能源计量以及其他共同感兴趣的领域进行研究成果的科技交流。

六、2021 年中俄能源计量分组会议

1. 会议基本情况

2021 年 10 月 25—26 日，中俄总理定期会晤委员会经济贸易合作分委会中俄标准计量认证和检验监管常设工作组能源计量分组第 10 次会议以视频形式召开。中方以国家市场监督管理总局计量司一级巡视员张益群为首要代表，中国计量科学研究院、中国石油和中国石化的代表参加了会议。俄方以俄罗斯联邦技术规范与计量署国家计量监督控制司副

司长阿索卡·扎哈尔为首要代表，全俄门捷列夫计量科学研究院附属单位全俄流量计量科学研究所、全俄物理工程和无线电工程测量科学研究所，以及全俄计量服务研究所相关人员参加会议。

双方就能源计量分组第 9 次会议纪要的执行情况交换了意见，并指出了中国和俄罗斯在天然气和石油产品比对工作中取得的进展，提出了在物理和化学计量、能源计量、生物材料组成特性以及其他双方共同感兴趣的领域开展研究的意愿。

2. 会议交流议题

中方介绍了中国高压气体流量比对情况、石油产品计量及分析技术进展、体积管标准表法溯源技术及应用、天然气能量计量发展现状及展望、中国天然气发热量直接测定技术现状和发展计划等，详见表 7–24。

表 7–24　2021 年中方交流项目

序号	中方交流项目
1	中国高压气体流量比对情况介绍
2	中国计量科学研究院石油产品计量及分析技术进展
3	体积管标准表法溯源技术及应用
4	天然气能量计量发展现状及展望
5	中国天然气发热量直接测定技术现状和发展计划
6	天然气场站能量计量系统性能评价报告

俄方介绍了中俄水流量计量国家标准比对准备、燃煤最高能量测量精度指标、液体体积国家原级标准国际比对、液体体积国家原级标准国际比对等情况，详见表 7–25。

表 7–25　2021 年俄方交流项目

序号	俄方交流项目
1	关于加强油品水分计量支持的展望报告
2	关于中俄水流量计量国家标准比对准备情况报告
3	欧亚计量合作组织框架内 744/RU–a/18 煤炭样品弹热量计比对结果报告 ——燃煤最高能量测量精度指标
4	关于全俄门捷列夫计量科学研究院和中国计量科学研究院 在石油产品中硫浓度测量比对的报告——当前现状
5	液体体积国家原级标准国际比对报告（国家原级标准 216—2018）
6	黏度的温度依赖性报告——石油和石油产品的重要特性
7	拉曼光谱法检测石油及天然气产品的在线检测能力
8	确保石油天然气配套产品数量与流量测量的标准参考数据

3. 会议共识及下阶段合作建议

中俄双方就下一步合作达成如下共识：一是中俄双方同意扩大能源计量分组工作范围，继续加强计量领域的合作；二是中俄双方同意在2022年开展水流量计量标准样品比对，并将比对结果纳入CCM.FF–K1.2015水流量国际关键比对；三是中俄双方同意在COOMET框架下继续开展石油产品中含硫量计量的合作；四是中俄双方同意持续开展原油水分计量技术交流和合作；五是中俄双方计划基于拉曼光谱和近红外光谱的成品油、原油快速检测技术计量开展合作；六是中俄双方计划开展原油有机氯和总氯含量测量方法的技术交流；七是中俄双方同意开展标准参考数据方面的合作；九是中俄双方将继续开展天然气工况压缩因子（密度）测试研究成果交流；十是中俄双方计划开展天然气高压环道标准装置技术交流和湿天然气计量技术交流；十一是中俄双方计划在保障计量一致性、测量技术计量保障和数字化领域，以及计量监管法律法规和标准方面继续加强联系和信息交流。

七、2022年中俄能源计量分组会议

1. 会议基本情况

2022年10月13—14日，中俄总理定期会晤委员会经贸合作分委会标准、计量、认证和检验监管常设工作组能源计量分组第11次会议以视频形式召开。国家市场监督管理总局计量司一级巡视员张益群任中国代表团主席，参加会议的有国家市场监督管理总局计量司，中国计量科学研究院、国家石油天然气大流量计量站南京分站、中国石化胜利油田分公司、国家石油天然气大流量计量站的代表。俄方代表团由俄罗斯联邦技术规范与计量署计量司司长奥索卡·扎哈尔带领，全俄流量计量研究所（VNIIR）、全俄门捷列夫计量科学研究院及其分支机构，以及全俄计量服务研究所（VNIIMS）的代表参加了会议。

会议强调了中国与俄罗斯在天然气和石油产品数量和质量测量的计量支持以及物理和化学计量领域的互动合作进展，并讨论了在先进技术领域的合作前景。

2. 会议交流议题

中方介绍了基于机器学习的超声流量计过程测量、激光可调吸收光谱法天然气水分仪的校准、石油产品无机元素含量标准物质的研制、中国计量科学研究院标准参考数据体系、中国LNG量值溯源体系的现状及发展方向等，详见表7–26。

表7–26　2022年中方交流项目

序号	中方交流项目
1	基于机器学习的超声流量计过程测量
2	激光可调吸收光谱法天然气水分仪的校准
3	国家石油天然气大流量计量站南京分站标准设备能力介绍
4	石油产品无机元素含量标准物质的研制

续表

序号	中方交流项目
5	中国计量科学研究院标准参考数据体系介绍
6	基于红外光谱有效特征谱段的油品快速分析研究及应用
7	管输原油自动计量技术研究与应用
8	中国天然气质量检测和流量测量标准体系的现状及发展方向
9	中国计量科学研究院密度测量研究介绍
10	中国 LNG 量值溯源体系的现状及发展方向

俄方介绍了气体量热法的计量支持方法、COOMET 824/RU/21 异辛烷中硫元素测定的比对结果、高压天然气体积流量装置的国家专用基准研制、天然气中机械杂质含量的测定、在商业操作中采用对照法提高石油质量测量准确度等，详见表 7-27。

表 7-27 2022 年俄方交流项目

序号	俄方交流项目
1	关于气体量热法的计量支持方法的报告
2	关于 COOMET 824/RU/21 异辛烷中硫元素测定的比对结果的报告
3	关于高压天然气体积流量装置的国家专用基准研制报告
4	俄罗斯生产的石油和石油产品的成分和性能标准样品概述报告
5	关于物质和材料物理常数和特性的标准参考数据开发和应用的合作
6	关于在商业操作中采用对照法提高石油质量测量准确度的报告
7	关于天然气中机械杂质含量的测定报告
8	关于在黏度和密度测量领域开展合作的提议
9	关于参加天然气区域关键比对 COOMET. QM-K118.2023 的提议

3. 会议共识及下阶段合作建议

中俄双方就下一步合作达成如下共识：一是在石油产品和天然气的物理和化学性质的参考数据、石油产品中氯和硫含量测量等领域进一步加强合作；二是中俄双方表示了对医学计量互动的兴趣，同意交换负责人的联系资料，探讨实施合作的具体领域和步骤。

八、2023 年中俄能源计量分组会议

1. 会议基本情况

2023 年 12 月 11—12 日，中俄总理定期会晤委员会经济贸易合作分委会标准、计量、合格评定和检验监管常设工作组能源计量分组第 12 次会议以视频形式召开。中俄计量合

作分组中方组长国家市场监督管理总局计量司一级巡视员张益群、俄方组长俄罗斯技术规范与计量署计量监管司司长扎哈尔·奥索卡分别率团出席会议。会议报告了第 11 次会议确定的各项任务执行情况，并就原油水分计量，原级温度、密度标准，测定石油产品中元素含量的标准物质等共同关注事项开展交流研讨。

2. 会议交流议题

中方专家介绍了中俄天然气流量标准装置量值传递技术研究、多气源天然气管网气质跟踪系统开发、核电领域高温液体流量计量研究、天然气组成分析用标准物质制备、中国 CCUS-EOR 项目中二氧化碳计量技术现状及发展方向等情况，详见表 7-28。俄方专家介绍了 10 MPa 天然气体积流量国家原级标准、动态黏度国家标准一致性比对研究、低温领域的研究进展、国家原级密度标准的现代化等情况，详见表 7-29。

表 7-28 2023 年中方交流项目

序号	中方交流项目
1	中俄天然气流量标准装置量值传递技术交流与高准确度检定校准研究应用
2	中俄原油含水化验探讨及天然气流量高压实流检定合作交流及激光可调吸收光谱法天然气水分仪的校准
3	天然气组成分析用标准物质制备过程的质量控制技术
4	中国 CCUS-EOR 项目中二氧化碳计量技术现状及发展方向
5	多气源天然气管网气质跟踪系统开发与应用
6	水流量比对
7	开发基于拉曼光谱和近红外光谱的成品油、原油快速检测技术
8	石油产品无机元素含量标准物质的研制
9	计量发展规划介绍
10	实施强制管理的计量器具范围及主要管理手段

表 7-29 2023 年俄方交流项目

序号	俄方交流项目
1	关于建立高达 10MPa 天然气体积流量国家原级特殊标准的结果
2	低温领域的研究进展
3	动态黏度国家标准一致性比对研究
4	论国家原级密度标准的现代化
5	使用 I 类计量器具直接传递单位体积液体方法的应用
6	组织实验室间比对，以控制煤和天然气等能源载体的质量
7	论国家原级温度标准的现代化
8	俄罗斯保障计量统一性的策略及相关立法

3. 会议共识及下阶段合作建议

中俄双方就下一步合作达成如下共识：一是中俄双方同意开展石油及其产品中氯元素的双边比对；二是中俄双方同意在管输原油检测及成品油快速检测等方面开展研究；三是开展高准确度油品流量、密度变化在线测量方法研究；三是中俄双方同意针对气体介质、压力对涡轮流量计性能影响开展合作研究；四是中俄双方同意深化在天然气计量标准建设、量值溯源等方面的交流和合作；五是中俄双方同意开展天然气体积流量国家基标准比对。

第三节 中俄天然气能量计量技术交流

一、概述

2017 年 8 月 20—25 日，根据中俄总理定期会晤委员会经贸合作分委会标准计量认证和检验监管常设工作组能源计量分组第五次会议安排，为推进中俄天然气计量检验方法的等效性和确保天然气计量检验结果的一致性，保障中俄天然气贸易交接公平公正，由中国石油计量管理、计量技术、检验技术、天然气贸易等领域 7 位专家，会同中国计量科学研究院组团，赴全俄门捷列夫计量科学研究院和俄气公司专题交流天然气计量检测技术。

二、交流内容

1. 全俄门捷列夫计量科学研究院交流内容

在全俄门捷列夫计量科学研究院，中方与俄方互相介绍了彼此在天然气分析检测方面的技术能力与现状，并参观考察了全俄门捷列夫计量科学研究院实验室。主要交流内容有：

（1）发热量直接测定技术，包括双方固体、液体和气体发热量直接测定技术、装置和不确定度水平，牵头或参与国内外比对情况及下一步发展计划。

（2）气体标准物质和量值溯源体系，包括双方气体分析的量值溯源现状，认证气体标准物质概况，牵头或参与国内外比对情况及下一步发展计划。

（3）天然气硫化物分析技术及标准，包括双方天然气硫化物（硫化氢、硫醇、有机硫、总硫等）含量分析技术和方法标准，在分析中使用的气体标准物质，以及 ISO 20676《天然气上游领域 用激光吸收光谱法测定硫化氢含量》国际标准制定过程中的比对试验情况。

（4）天然气产品、分析测试和能量计量标准，包括双方天然气产品标准，配套的取样、分析测试、能量计量标准的现状和采标情况以及下一步的发展方向。

2. 俄气公司交流内容

中方专家参观考察了该公司实验室和贸易计量站等，并重点交流了中国石油有关天然气计量（质量、体积、密度、压缩因子）和检验（烃类组成、氮气及二氧化碳等非烃组成、水露点及水含量、烃露点及烃含量、硫化合物、颗粒物、发热量、沃泊指数、气味强度等）的方法标准、标准装置和参与实验室间的比对情况。

三、交流共识及下阶段合作建议

此次交流，与全俄门捷列夫计量科学研究院就天然气能量计量中发热量测定、量值溯源等问题进行了充分的探讨，同时对俄气公司能量计量的实施经验和现状进行了深入了解，双方就后续合作开展天然气能量计量相关研究达成共识。俄罗斯天然气能量计量的丰富经验对中国的天然气能量计量技术、标准和管理体系的完善，以及能量计量试点推广起到了重要参考作用。

第四节　中国石油与俄气公司实验室合格评定互认

一、概述

2017 年，根据《中国石油天然气集团公司和俄罗斯天然气工业股份公司联合协调委员会标准化及合格评定工作组 2017 年工作计划》，中国石油和俄气公司联合协调委员会标准化及合格评定工作组联合制定了《中国石油天然气集团公司与俄罗斯天然气工业股份公司合格评定结果互认目的、原则、形式和机制》。为避免重复检测和校准，降低检测校准样品跨国运输成本，双方通过互认实验室认可结果的方式，即互相承认实验室的能力和公正性，实现对检测证书和校准报告的互认，使之成为双方合格评定互认的一部分，并为后续合格评定互认奠定基础，从而提高合作效率，保证贸易渠道疏通。

二、泵检测实验室互认

根据中国石油与俄气公司标准化及合格评定联合工作组工作计划，中国石油评审组（简称中方评审组）一行 5 人，2019 年 10 月 14 日前往莫斯科，与俄气公司评审组（简称俄方评审组）于 10 月 15—18 日，按照《〈泵设备：工业离心泵通用技术条件〉企业间标准开展产品检测的检测实验室联合评审工作计划和评审准则》，对俄罗斯产品认证与检测专家协会 NASTHOL 认证中心检测实验室（简称检测实验室）进行了联合评审。

中方评审组成员为：中国石油质量安全环保部副总工程师陈琳（组长）、石油工业标准化研究所高级工程师肖红章、大庆油田射孔器材有限公司高级工程师朱斌、中国石油大连石化公司高级工程师王瑞金、中国石油工程建设有限公司西南分公司设备工程师邢超。

俄方评审组成员为：俄气公司总工艺师库纳菲耶夫·米哈伊尔·伊利科维奇（组长）、总工艺师赫连诺夫·马克西姆·亚历山大罗维奇、全俄天然气工业研究院认证系统管理科高级专家耶罗菲耶夫·谢尔盖·尤里耶维奇、空间系统股份公司部长什里亚赫夫·谢尔盖·亚历山大罗维奇、天然气行业新技术设备生产商协会资质确认工作组组长阿尔米亚戈夫·安德烈·亚历山大维奇。

评审过程中，联合评审组对检测实验室法律地位、组织机构、质量管理体系、技术能力、实验装备、实验环境进行了全面评审。

三、评审过程

1. 召开首次会议

2019 年 10 月 15 日，在检测实验室会议中心召开了现场评审首次会议，中俄合格评定联合工作组全体成员与检测实验室主要管理人员参加。会议由俄方评审组组长库纳菲耶夫·米哈伊尔·伊利科维奇主持。会上俄方评审组组长介绍了联合评审的目的、依据、程序和范围，听取了检测实验室基本情况介绍，对评审组成员进行了分工，对评审具体细节进行了安排。

2. 观察实验室

首次会议结束后，联合评审组全体成员对实验室环境、仪器设备的配置是否满足检测标准要求进行了全面考察，观摩了检测人员操作试验过程。

3. 实施评审

按照联合评审组确认的评审准则，联合评审组对实验室管理体系运行情况、检测场地与环境、检测与测量设备、标准样品、辅助设备与其他技术保障设施、检测人员资质与经验、外来文件、检验检测报告等进行了全面考核。

4. 召开末次会议

末次会议于 2019 年 10 月 18 日在检测实验室会议中心举行。联合评审组全体成员与检测实验室主要管理人员参加了会议。会上，俄方评审组组长总结了评审过程，宣读了联合评审组评审意见，中俄双方评审组组长对检测实验室满足《泵设备：工业离心泵通用技术条件》企业间标准开展检验检测工作进行了确认。检测实验室最高管理者做了表态发言。

会上，俄方评审组组长、俄气公司总工艺师库纳菲耶夫·米哈伊尔·伊利科维奇对中方评审组全体成员的敬业精神和专业水准给予了充分肯定。

四、评审结论

联合评审组根据检测实验室评审结果认定：检测实验室符合 MKC 01-2018《泵设备：工业离心泵通用技术条件》企业间标准开展工业离心泵检测的检测实验室的要求。

联合评审组建议：认可产品认证与检测专家协会 NASTHOL 认证中心检测实验室作为按照 MKC 01-2018《泵设备：工业离心泵通用技术条件》企业间标准开展产品检测的检测实验室。

双方同意制作由双方标准化及合格评定联合工作组组长签字的中俄文认可证书，以适当的形式向实验室颁发。

第八章　计量技术机构与专业组织的建设

计量技术机构与专业组织是保障国家计量单位制统一和量值准确可靠的重要力量，在促进科技进步、保障贸易公平、推动企业高质量发展等方面发挥着重要的基础支撑和引领作用。中国石油持续加大资金投入，夯实计量基础能力建设，建成了拥有国内最高水平油气计量标准装置的“原油及成品油计量检测重点实验室”和“天然气质量控制和能量计量重点实验室”，提升了石油工业测井计量站、石油物探计量站、石油工业专用螺纹量规计量站等石油专用计量技术机构能力水平，建立健全了国家计量认证石油评审组，中国计量协会石油石化专业委员会，全国石油专用计量测试技术委员会石油物探、石油测井分技术委员会等专业组织，充分发挥了计量技术机构与专业组织对增强国家计量技术能力的战略支撑作用。本章介绍了中国石油计量技术机构与专业组织的基本情况、历史沿革和业务能力，以及“十三五”以来在科技攻关、标准编制、信息化建设、决策支撑等方面开展的工作。

第一节　国家石油天然气大流量计量站

一、基本情况

国家石油天然气大流量计量站（国家油气站）是国家依法授权建立的国家级专业计量站和法定计量检定机构。上级行政主管部门是国家市场监督管理总局计量司，业务归口管理在中国石油质量健康安全环保部，依托单位是大庆油田有限责任公司，具体工作由大庆油田设计院有限公司负责。国家油气站设有国家油气站办公室，下设计量管理室和量值传递室两个职能管理科室，以及计量检定室和计量仪表室两个业务科室。国家油气站的职责是负责建立原油、天然气、成品油、液态轻烃的流量及配套仪表的计量标准及社会公用计量标准，在全国开展授权范围内的量值传递，进行油气计量器具的计量检定、测试；同时还承担国家计量行政管理部门下达的计量标准考核、计量监督管理、技术仲裁、计量标准规范制修订、组织或参加计量比对、协助管理部门对分站实施考核等工作。

中国石油计量测试研究所（简称计量所）设在大庆油田设计院有限公司，与国家油气站实行站所一体的管理模式。计量所是中国石油的直属技术机构，主要担负油气计量方面的科学研究、工程设计、检定测试、人员培训、技术咨询服务。石油工业流量计量仪表质量监督检验中心也设在计量所，主要负责对中国石油采购的仪器仪表实施质量监督检验和其他企事业单位委托检验检测服务，并从事仪器仪表检测技术和可靠性及环境适应性研究工作。

国家油气站还负责国际标准化组织石油及润滑剂技术委员会石油动态计量分委员会

(ISO/TC 28/SC 2)、天然气技术委员会性质测量分委员会(ISO/TC 193/SC 2)的国内技术归口，承担全国石油天然气标准化技术委员会油气计量及分析方法分技术委员会与石油工业标准化技术委员会油气计量及分析方法专业标准化技术委员会秘书处工作，主要负责石油、天然气、稳定轻烃计量方法，油气田及管道计量工艺，石油、稳定轻烃、油气田液化石油气分析测试方法等领域的标准制修订。

国家油气站拥有一支长期从事油气计量检测、技术研究、工程咨询等业务的专业技术人员团队，在油气计量领域具有较强的检测、研发能力，油气计量技术处于国内领先水平。截至2023年底，在职员工64人，其中教授级高级工程师6人，高级工程师36人，硕士以上学历23人；国家一级注册计量师32人，国家二级注册计量师14人，国家计量标准一级考评员4人，法定计量检定机构国家级考评员1人。

二、历史沿革

1980年11月，石油工业部和国家计量总局联合下发《关于建立石油工业部原油大流量计量检定站的通知》(〔80〕油科字第1074号和〔80〕量总局传字第576号)，决定成立石油工业部原油大流量计量检定站。同年，在大庆油田计量自动化研究所的基础上成立了石油工业部原油大流量计量检定站(同时又是石油工业部计量测试研究所)。

1984年11月，国家计量局和石油工业部联合下发《关于建立国家原油大流量计量检定站的通知》(〔84〕量局准字第432号和〔84〕油科字第837号)，决定在石油工业部原油大流量计量检定站的基础上成立国家原油大流量计量检定站。

1991年5月，经国家技术监督局批准，国家原油大流量计量检定站更名为“国家原油大流量计量站”。

2008年3月，根据国家质量监督检验检疫总局《关于国家原油大流量计量站更名为国家石油天然气大流量计量站的通知》(国质检量函〔2008〕175号)，原油大流量站变更为现名称“国家石油天然气大流量计量站”。

由于国家油气站的行业地位和职能的重要性，站长一直由中国石油领导兼任，历任站长有金钟超、黄炎、周吉平、汪东进等。现任站长由中国石油副总经理黄永章担任。

为适应我国石油天然气工业发展对油气计量检定的需求，经国家政府计量行政部门批准，先后设立了17个国家油气站分站，分站业务上接受国家油气站指导，具体工作由依托单位负责。国家油气站及分站的情况见表8-1。

表8-1 国家油气站及分站情况

序号	站点名称	主要授权检定、校准项目	隶属关系
1	国家油气站	原油、成品油、天然气、轻烃计量器具	中国石油
2	成都分站	天然气计量器具	中国石油
3	塔里木分站	天然气计量器具	中国石油
4	榆林分站	天然气计量器具	中国石油

续表

序号	站点名称	主要授权检定、校准项目	隶属关系
5	福州分站（筹建）	天然气计量器具	中国石油
6	东营分站	原油、成品油计量器具	中国石化
7	天津分站（筹建）	天然气计量器具	中国石化
8	济南分站（筹建）	天然气计量器具	中国石化
9	南京分站	天然气计量器具	国家管网
10	广州分站	天然气计量器具	国家管网
11	乌鲁木齐分站	天然气计量器具	国家管网
12	北京分站	天然气计量器具	国家管网
13	武汉分站	天然气计量器具	国家管网
14	沈阳分站	天然气计量器具	国家管网
15	宁波分站	天然气计量器具	国家管网
16	贵阳分站（筹建）	天然气计量器具	国家管网
17	重庆分站	天然气计量器具	地方政府
18	烟台分站（筹建）	天然气计量器具	地方政府

三、业务能力

根据业务需要，国家油气站建立了原油和成品油流量计量检测、天然气和液态轻烃流量计量检测、水流量计量检测、密度及原油含水计量检测、容量检测、压力及温度计量仪表计量检测、油气水多相流量计量检测、流量仪表质量监督检测等多个实验室。截至2023年底，建有国家计量行政管理部门考核通过的17套社会公用计量标准、3套中国石油企业最高计量标准，拥有国家市场监督管理总局考核通过的10类仪表41种产品检验检测能力（检验检测机构资质认定CMA），在全国范围内开展原油、轻烃、成品油、天然气计量器具和流量配套仪表、辅助仪表的检定/校准以及中国石油仪表质量监督抽查检验，已取得授权开展的检定/校准项目26项，质量检验参数41项。

截至2023年，国家油气站的服务区域已覆盖国内陆上油气田及海上油气生产作业区，检定站点遍布全国30个省份，为600余座油气贸易交接计量站点提供计量仪表检定校准测试服务。每年承担中国石油及油气新能源板块、大庆油田主管部门下达的300余批次仪器仪表质量监督抽查检验任务。

借助油气计量技术优势及所在单位的设计咨询资质，国家油气站还为国内油气计量站提供可行性研究咨询、工程设计、调试建标等技术服务，牵头完成国家重点工程“西气东输计量测试中心工程”设计项目，开展了中俄原油管道漠河计量站、石油天然气站沈阳分站工程、石油天然气站贵阳分站工程、石油天然气站武汉检定点工程等多项重点工程设计任务。

四、科技攻关

国家油气站围绕提高油气计量检定水平，积极开展计量技术科研攻关，完善了体积管实液检定、质量流量计检定、高压大流量天然气实流检定等计量检定测试技术，提升了计量检定能力，拓宽了计量测试领域，支撑了重点工程建设，并取得丰硕的科技成果，获得省部级以上奖励30余项。“原油成套计量仪表研究”解决了国内原油长输管道起步初期大流量计量难题；“高压天然气计量检定及量值溯源体系关键技术研究”解决了高压大流量天然气计量标准建设中的技术难题；“俄罗斯原油天然气贸易计量标准研究”为中亚、中俄油气管道工程建设提供了技术支持。“十三五”期间，国家油气站承担了中国石油“油气计量关键技术与应用研究”项目，形成高准确度油流量原级标准成套技术，指导建设测量不确定度优于0.03%的质量法油流量标准装置，原油、成品油计量技术达到国际一流水平。2021—2023年，国家油气站牵头承担了中国石油基础性前瞻性技术攻关项目“油气计量技术研究”，着力解决了油气流量测量不确定度难以提升、石油专用计量量传方式亟待改进、油气计量智能化程度有待提高、天然气计量方式即将变革、矿场多相流计量能力需要完善等“卡脖子”的技术难题。

五、标准编制

国家油气站紧贴石油工业发展标准化重大需求，研制了一批领航标准，截至2023年底，牵头参与完成国家、行业标准制修订40项。“十三五”以来，通过建设重点实验室为技术标准转化搭建验证平台，将更多应用类技术成果转化为技术标准，及时将适应中国国情的国际标准转化为国家标准和行业标准，制修订国家标准9项、行业标准12项，其中GB/T 9109《石油和液体石油产品动态计量》系列标准的研制在石油和液体石油产品动态计量方面发挥了基础性、纲领性标准作用，该系列国家标准规范和统一了交接计量方式，保证了动态计量系统的准确性和可靠性，在中俄、中缅、中亚等国家能源战略通道项目中解决了跨境交接计量标准难题，支撑了国门计量，在大宗商品贸易中保护了国家利益，捍卫了中国技术主权，筑牢了国家能源安全屏障。系列标准分别获得2016年石油工业优秀标准奖、2020年中国石油优秀标准奖、2023年中国工程建设标准化协会标准创新奖。作为国际标准化组织石油产品和润滑剂技术委员会石油和相关产品测量分技术委员会（ISO/TC 28/SC 2）及美国石油学会石油测量委员会（API/COPM）国内技术归口单位，“十三五”以来，国家油气站组织行业专家完成投票200余次，以自主知识产权和专利技术为支撑向国际标准化组织提出4项中国提案，有力维护了国家在国际标准化工作中的权益。

六、信息化建设

国家油气站依托中国石油“石油天然气智能计量技术研究”课题，推进中国石油油气计量方面数字化转型、智能化发展，探索管控平台与计量器具智能自诊断、在线核查、远程专家服务等先进方法，支撑中国石油智能仪表、新型仪表智能运维和技术评价，提升计量管理水平。

同时，为满足中国石油对计量员管理要求，促进专业人才队伍的建设，国家油气站研究提出了线上计量培训与考核系统架构方案，满足多种形式的业务能力培训需求，为培养、选拔精通计量测试、量值溯源、计量管理的计量技术人才，打造经验丰富、技术过硬、能力突出的计量专业队伍提供技术支撑。

七、决策支撑

作为国家级专业计量站和中国石油计量技术机构，“十三五”以来，国家油气站承担了多项中国石油计量政策研究、基础类课题、工作任务，为中国石油科学决策发挥了重要的计量技术支撑作用。

国家油气站持续跟踪国内天然气流量计检定能力、天然气管网和市场规划情况，以及天然气流量仪表配备和分布情况，在充分考虑当时检定能力的基础上，研究提出了《2008—2020年天然气量值溯源体系完善方案》，并按照该方案在华北、华中、华南、西北等地区陆续建立天然气检定站点，已建成广州分站、乌鲁木齐分站、塔里木分站、武汉分站、榆林分站、北京分站、沈阳分站、宁波分站。2023年，通过充分调研，国家油气站提出了提升西南地区高压天然气实流计量检定能力，扩充东北地区低压天然气实流计量检定能力，新增东南地区天然气实流检定站。天然气检定站的陆续投用及检定能力提升，对保证天然气交接计量的准确、可靠，维护天然气市场的秩序，发挥了重要保障作用。

国家油气站承担的“油气管道体制改革对中国石油计量管理影响的对策研究”，完成对中国石油非管道单位与管道单位之间油气计量交接站配置、交接方式和交接原则的调研，分析了管网分离对中国石油油气交接计量工作的影响，从完善配置、管理制度、政策等方面提出了对策，适应了油气管道体制改革发展需要。

国家油气站承担的“油气计量方式与国际惯例接轨研究”，跟踪研究国际标准规范，借鉴先进经验、理念，紧抓标准发展趋势，建成与国际前沿接轨、适应新形势需求、匹配公司高质量发展战略的计量标准体系，为中国石油对油气计量方式与国际惯例接轨的决策提供了有力的技术支持。

国家油气站承担的“跨境计量站管理模式研究”，对中国石油原属跨境油气计量站的交接计量设施、交接参与方、海关监管实施等情况进行了调研，通过对我国陆上主要油气管道跨境计量站研究分析，为中国石油提升跨境计量站管理水平提出了措施建议。

国家油气站承担的“油气交接计量情况调查研究”，对中国石油所属下海油以及国储库、商储库交接计量现状、交接计量影响因素等进行了调研，通过对流量计实流检定、船舶计量检尺、船舶仓计量标准规范、人为影响因素等方面的研究分析，为中国石油交接计量管理提出了针对性建议。

国家油气站承担的“油气损耗情况调查研究”，针对损耗的内涵、主要影响因素，给出了损耗估算方法标准的修订建议，理清了损耗、交接差量和交接允差的关系，提出了制定油气损耗交接允差估算方法及定额指标操作方法建议。

国家油气站参与编制了中国石油“十三五”“十四五”计量业务发展规划，从服务国家、中国石油发展战略及主营业务重点需求出发，引导、支持所属企业、专业公司和技术机构夯实计量技术基础，提高计量服务水平，保障中国石油计量管理体制顺畅高效，量值溯源体系更加完善，计量服务保障能力更加有力，计量科技创新能力行业领先。

第二节　国家石油天然气大流量计量站成都分站

一、基本情况

国家石油天然气大流量计量站成都分站是国家计量行政部门依法设置和授权的国家专业计量站和法定计量检定机构，上级计量行政部门是国家市场监督管理总局计量司，上级业务主管部门是中国石油质量健康安全环保部，挂靠单位是中国石油西南油气田公司天然气研究院。成都分站下设流量检定室、技术研发室、生产技术室、质量标准室 4 个部门，负责建立、使用、维护天然气流量标准装置，承担我国天然气流量标准器具的量值传递与量值溯源职责；承担国家市场监督管理总局授权范围内天然气流量计量器具的检定 / 校准和检测任务；承担政府计量管理部门委托的强制检定、仲裁检定、计量标准考核、监督检查、技术培训等任务；承担中国石油计量主管部门下达的科研、标准、现场监督检查、计量技术推广等任务；开展天然气计量技术和检定方法的研究与验证；参与国家和行业的标准、规程、校验方法等编制。

成都分站拥有一支长期从事天然气计量检测、技术研究、技术咨询等业务的专业技术团队，在天然气计量领域具有较强的检测、研发能力，天然气计量技术处于国内领先水平。现有员工 37 人，其中教授级高级工程师及高级技术人员 13 人，硕士以上学历 12 人；国家一级注册计量师 15 人，国家二级注册计量师 14 人，国家计量标准一级考评员 1 人，法定计量检定机构国家级考评员 1 人。

二、历史沿革

国家石油天然气大流量计量站成都分站，原名四川石油管理局天然气计量检测中心，于 1995 年 11 月经四川石油管理局川油劳发〔1995〕99 号文件《关于成立四川石油管理局天然气计量检测中心的通知》批准成立，为四川石油管理局直属的质检机构（副处级）；1998 年 4 月，根据国家质量技术监督局《关于建立国家原油大流量计量站重庆天然气流量分站和国家原油大流量计量站成都天然气流量分站的通知》（质技监局发〔1998〕16 号），成立国家原油大流量计量站成都天然气流量分站；2008 年 3 月，根据国家质量监督检验检疫总局《关于国家原油大流量计量站更名为国家石油天然气大流量计量站的通知》（国质检量函〔2008〕175 号），变更为现名称“国家石油天然气大流量计量站成都分站”。

2008年，中国石油西南油气田分司机构进行整合时，将成都分站并入西南油气田公司安全环保与技术监督研究院。2012年12月31日，根据《关于西南油气田分公司天然气质量与计量业务整合的通知》，成都分站又整体转入西南油气田公司天然气研究院，行政上隶属于西南油气田公司天然气研究院。

成都分站历任站长有沙红天、师春元、周方勤、熊建嘉、乐宏等。现任成都分站站长由中国石油西南油气田分公司副总经理乐宏担任。

三、业务能力

根据业务需要，成都分站建立了天然气流量溯源、天然气流量检测、湿气计量检测、天然气管道内流场测试等多个实验室，拥有国家计量行政部门考核通过的4套社会公用计量标准、4套企业最高计量标准，并获得国家CNAS实验室认可授权，在全国范围内开展天然气计量器具、流量配套仪表、辅助仪表的检定/校准以及中国石油内部仪表质量监督抽查检验，已取得授权开展的检定/校准项目9项。

成都分站的服务区域覆盖全国主要省份，检定天然气贸易交接流量计约占全国天然气贸易交接流量计检定量的25%；同时承担中国石油14个所属企业流量仪表的产品质量监督检验任务，每年约60台。

四、科技攻关

成都分站围绕提高天然气计量技术水平，积极开展计量技术科研攻关，创新建立了双罐等臂自动替代法称量的天然气流量原级标准装置，建立了不确定度达到0.16%（k=2）的临界流文丘里喷嘴法次级标准装置，解决了现场0.5级高准确度流量计的溯源难题，建立了国内首套天然气流量环道标准装置，以及国内首套湿天然气流量测试评价装置等，提升了计量检定能力，拓宽了计量测试领域，支撑了重点工程建设，并取得丰硕的科技成果。“十三五”以来，获得省部级及以上奖励10余项，获得授权发明专利38件，实用新型专利5件，其中国际专利2件。发表论文60余篇，其中SCI论文7篇、EI论文7篇。

成都分站以中国石油“十四五”基础性前瞻性技术攻关项目为依托开展“油气计量技术研究”，针对天然气全产业链中的计量热点、难点，着力解决天然气流量测量不确定度难以提升、计量智能化程度有待提高、湿天然气计量能力需要完善等制约中国石油高质量发展的“卡脖子”的技术难题，完善国产化高中低压天然气量值溯源体系，构建能量计量示范基地及国家天然气产业计量测试中心，提升天然气领域计量保障服务能力，填补部分领域技术空白，支撑数智油田建设，助力油气增储上产。

五、标准编制

在计量标准规范方面，成都分站紧贴天然气工业发展对标准化的重大需求，研制了天然气流量测量系列标准，标准化的基础性、战略性作用在引领油气计量高质量发展的过程中进一步凸显。通过搭建国家市场监管重点实验室天然气质量控制和能量计量重点实验室、中国石油天然气质量控制和能量计量重点实验室等科技平台为技术标准转化试点，将更多应用类技术成果转化为技术标准，及时将适应中国国情的国际标准转化为国家标准和行业标准。“十三五”以来，成都分站牵头和参与制修订国家、行业和企业标准 17 项，规定了液化天然气计量系统建设、天然气计量设施配置、天然气流量计算、计量检定和能量计量等方面的技术要求，规范和统一了国内交接计量方式，保证了天然气贸易计量系统的准确性和可靠性，促进了天然气工业计量技术的发展，分别于 2016 年和 2020 年获得石油工业优秀标准奖和中国石油优秀标准奖。同时，成都分站积极推进标准国际化，以自主知识产权和专利技术为支撑向国际标准化组织提出 1 项中国提案。

六、信息化建设

为满足全国天然气计量方式向能量计量方式转变，以及天然气计量智慧化管理要求，成都分站依托中国石油西南油气田公司信息系统、远程诊断系统，建立了天然气能量计量示范系统及计量信息管理系统，为中国石油推进天然气计量方式转变、计量提质增效、资源有效利用、构建“高效、快捷、智能、开放”的计量资源共享式体系、促进计量业务高质量发展、实现各区域计量资源最优化利用提供支撑。

七、决策支撑

成都分站积极承担中国石油各类政策研究和基础类课题，为中国石油科学决策发挥计量技术支撑作用。

为适应油气管道体制改革发展需要，应对油气管道体制改革对中国石油计量管理产生的影响，成都分站通过承担“天然气能量计量对中国石油的影响及对策研究”，完成对中国石油非管道单位与管道单位之间天然气计量交接站配置、交接方式、交接原则和经济效益的调研，分析了管网分离对中国石油的天然气交接计量工作影响，从完善配置、管理制度、政策、生产运行等方面提出了对策。通过承担“天然气能量标准体系优化研究”项目，对国内天然气能量计量相关标准、国外相关标准的制修订进展等内容进行了调研和分析研究，提出了天然气能量计量标准体系的优化方案和实施规划，为全国石油天然气标准化技术委员会、全国天然气标准化技术委员会和全国容量标准化技术委员会等在标准制修订方面提出了针对性建议。

第三节　国家石油天然气大流量计量站榆林分站

一、基本情况

国家石油天然气大流量计量站榆林分站是国家计量行政部门授权建设的法定计量检定机构，上级业务主管部门是中国石油质量健康安全环保部，上级计量行政部门是国家市场监督管理总局计量司，行政隶属于中国石油长庆油田公司第二采气厂。主要职责是负责建立天然气的流量计量标准及社会公用计量标准，在全国开展授权范围内的量值传递，进行天然气计量器具的计量检定、测试；承担国家计量行政部门下达的计量标准考核、计量监督管理、技术仲裁、计量标准规范制修订等工作。建设天然气次级计量标准和工作级计量标准各一套，工作级计量标准2020年建标取得《计量标准考核证书》，2021年取得《社会公用计量标准》授权；次级计量标准2023年通过建标考核，取得《计量标准考核证书》。

榆林分站拥有一支从事天然气计量检测、技术研究的专业技术人员队伍，在天然气计量领域具有一定的专业技术能力。截至2023年底，在职员工19人，其中高级工程师2人，工程师4人，国家一级注册计量师4人，二级注册计量师1人。下设生产技术室和综合管理室两个职能管理组室，以及计量检定班负责检定操作，全面履行国家计量授权职责，承担全国范围内1.0级及以下中高压天然气流量计检定任务，以及流量计校准和测试等工作。

二、历史沿革

中国石油长庆油田公司在区域优势明显，资源、能力等条件成熟的情况下，于2012年向中国石油和国家质检总局递交了建立国家石油天然气大流量计量站陕西分站可行性研究报告。2014年，国家质量监督检验检疫总局下发《关于同意建立国家石油天然气大流量计量站榆林检定点的函》（国质检量函〔2014〕499号），同意长庆油田建设榆林检定点。2016年，长庆油田公司成立国家石油天然气大流量计量站榆林检定点工程项目组，并于2017年4月开工建设，2019年竣工通气调试。同年，国家市场监督管理总局发布《关于同意筹建国家石油天然气大流量计量站北京、沈阳、塔里木、榆林天然气流量分站的通知》（国市监计量函〔2019〕61号），榆林检定点升级为榆林分站。长庆油田公司正式成立榆林分站组织机构，隶属于长庆油田公司第二采气厂。榆林分站首任站长为时任长庆油田公司副总经理、安全总监的谭中国，2020年3月长庆油田公司任命蔺昉晓（正处级）为站长。2022年12月至2023年12月，由刘峰（正处级）担任站长。

三、业务能力

榆林分站建立了天然气计量检定实验室，建设次级计量标准和工作级计量标准各一套，其中次级计量标准装置是建设时国内最大的一体化橇装设备。榆林分站拥有超声流量计、涡轮流量计等5项常用流量计的检定/校准项目授权，可在全国范围内开展1.0级以上中高压天然气计量器具检定。

2021—2023年，榆林分站检定业务快速发展，年检定生产能力已达300台以上，在保障长庆油田天然气流量计量值溯源任务的同时，服务区域已扩展至陕西、甘肃、宁夏、内蒙古、青海、河南等中西部地区企事业单位，年检定量约占全国天然气贸易交接流量计检定总量的7%。

四、科技攻关

榆林分站围绕提升天然气工作级和次级标准装置能力水平，积极开展相关计量技术研究，优化调整计量标准相关配套和保障设施，两套计量标准装置先后通过建标考核，形成科技成果 2 项、论文 3 篇、QC 成果 2 篇、“五小”（小发明、小革新、小改造、小设计、小建议）成果 1 项，申报发明专利 1 项。2023 年，参与了长庆油田天然气能量计量试点项目和天然气掺氢输送先导试验项目。

五、标准编制

榆林分站积极参与国家油气站和其他分站牵头的相关科研项目和标准规范起草工作。负责起草《在线气体组分分析仪维护》和《气体超声流量计维护》2 项长庆油田企业标准，为所属企业计量管理工作提供了技术支撑。

六、信息化建设

为满足各方客户及自我管理的实际需求，提供更加便捷、优质、及时的服务，榆林分站建设了信息化计量管理系统，将流量计检定全流程环节信息化，提供多种方式信息共享，方便各方查询任意流量计的流程状态信息，并计划搭建大数据模型，系统分析周期检定流量计性能状态，智能化提供处理方案；研究自动检定操作的可行性，利用网络技术实现远程自动化检定。

第四节　国家石油天然气大流量计量站塔里木分站

一、基本情况

国家石油天然气大流量计量站塔里木分站，是国家计量行政部门依法设置和授权的国家专业计量站和法定计量检定机构，上级业务主管部门是中国石油质量健康安全环保部，上级计量行政部门是国家市场监督管理总局计量司，业务上接收总站的指导，行政隶属于中国石油塔里木油田公司实验检测研究院。塔里木分站承担计量行政部门和上级部门交办的检测任务，履行国家授权职责，开展天然气流量计的强制检定和科研工作。主要职责是负责保存、维护和使用天然气流量计量标准和社会公用计量标准，在授权范围内进行量值传递，开展强制检定及其他检定、校准和检测工作；开展天然气流量仪表的检定、校准和检测技术和方法的研究；负责授权范围内专业项目的计量管理，同时还承担国家计量行政部门下达的计量标准考核、仲裁检定、计量标准规范制修订等工作。

塔里木分站拥有一支长期从事流量计量检测、技术研究的专业技术人员队伍，在天然气计量领域具有较强的检测能力，天然气流量计量技术处于国内领先水平。截至 2023 年底，在职员工 30 人，其中高级专业技术职称 4 人，中级专业技术职称 4 人，国家一级注册计量师 3 人、国家二级注册计量师 10 人、国家计量标准一级考评员 1 人，国家计量标准二级考评员 2 人。

二、历史沿革

塔里木分站是根据国家质量监督检验检疫总局《关于同意筹建国家石油天然气大流量计量站广州、乌鲁木齐天然气流量分站和北京、武汉、塔里木检定点的通知》(国质检量函〔2011〕138号),于2015年7月15日开工建设,2016年11月15日完成施工,2017年7月15日试运投产成功,2018年12月25日塔里木检定点的"标准表法气体流量标准装置"通过国家市场监督管理总局的建标考核,同期于国家石油天然气大流量计量站合作开展天然气流量计的检测工作。2019年1月,国家市场监督管理总局发布《关于同意筹建国家石油天然气大流量计量站北京、沈阳、塔里木、榆林天然气流量分站的通知》(国市监计量函〔2019〕61号),根据该通知塔里木检定点升级为塔里木分站,并进行建标申请考核,同年取得授权证书。2020年1月,正式独立开展工作。塔里木分站站长由塔里木油田公司领导张强担任,常务副站长由实验检测研究院党委书记施英担任,副站长由实验检测研究院院长孙剑毅担任。

三、业务能力

塔里木分站建有一套标准表法气体流量标准装置和一套音速喷嘴次级标准装置,取得授权开展的检定/校准项目6项,可在全国范围内开展气体流量计的检定、测试和校准工作,主要承担输气管道压力4.5MPa以上、口径为DN50～400mm、准确度等级1.0级及以下气体流量计的检定、校准和测试任务。自塔里木分站成立以来,服务区域涉及国内陆上油田及部分天然气销售公司,2019—2023年共检定天然气流量计1350余台,约占全国天然气贸易交接流量计检定总量的8%,并承担了所属企业流量仪表的产品质量入库监督任务,年抽捡流量仪表100余台。

四、科技攻关

塔里木分站围绕提高油气计量检定水平,积极开展计量技术科研攻关,配套完善了音速喷嘴次级标准装置,并计划攻关配套流量积算仪检定技术,不断拓展流量检定项目。围绕完善天然气实流检定量值溯源体系,提升计量保障服务能力,填补部分领域技术空白,支撑数智油田建设,助力油气增储上产,取得多项计量技术创新成果,获得省部级以上奖励6项,获得授权发明专利4件、实用新型专利2件。

五、标准编制

塔里木分站积极参与标准化制修订工作,不断加强标准研究,提高自身能力水平,与上级业务部门和各级标准技术委员会紧密沟通联系,自成立以来主持或参与修订中国石油企业标准1项,所属企业标准2项,地方标准2项。

六、信息化建设

塔里木分站为提升自身信息化水平,在塔里木油田公司的支持下,开展了"实验检测数据库”项目建设工作，将任务委托、检定需求、证书信息等全部录入系统，并采取从检定软件直接采集检定数据方式，保障检定结果的准确可靠，进一步优化计量资源配置，提高量值管理能力，解决原系统库数据资源利用效率偏低问题，实现管理效能提升，构建“高效、快捷、智能、开放”的天然气流量计量资源共享库，促进塔里木分站计量业务高质量发展，实现计量资源最优化利用。下一步计划推进塔里木分站流量计量仪表检定方面数字化转型、智能化发展，通过平台建设，提升计量数据的融合、共享能力，最终实现管控平台与计量器具智能自诊断、在线核查、远程专家服务等先进功能，提升计量管理水平。

第五节　国家铁路罐车容积计量站吉林分站

一、基本情况

国家铁路罐车容积计量站吉林分站（简称吉林罐车站）是国家计量行政部门授权建立的法定计量检定机构，接受国家市场监督管理总局、国家认证认可监督管理委员会、国家铁路局、中国石油质量健康安全环保部、中国石油吉林石化公司和国家铁路罐车容积计量站指导和管理，行政上隶属吉林石化公司。吉林罐车站下设管理室、检定室，现有员工12人，其中高级技术职称1人，中级技术职称6人。拥有配套齐全的铁路罐车容积检定和罐体安全检测的测量设备及相关设施，设施和环境条件满足开展的检定、检测服务项目的要求。吉林罐车站连续多年被中国石油质量健康安全环保部评为年度“中国石油节能计量先进基层单位”。

二、历史沿革

1986年由化学工业部发文批准成立国家铁路罐车容积计量站吉林化学工业公司分站，1991年铁路罐车容积计量站吉林化学工业公司分站更名为国家铁路罐车容积计量站吉林分站。建站以来始终秉承“今天的检验检测质量是装置明天安全稳定运行的保障”的质量方针，历次复查审核顺利通过计量行政部门的计量考核，计量授权证书［证书号：（国）法计〔2021〕00053号］，授权开展吉林省和内蒙古通辽市区域范围内铁路罐车容积和液化气体铁路罐车容积强制检定及集装箱式罐车容积检定工作；同时持有国家级检验检测机构资质认定（CMA）证书（证书号：160021213827），开展铁路罐车罐体检测工作。

三、业务能力

吉林罐车站授权开展吉林省、内蒙古通辽市所授权区域范围内铁路罐车容积、液化气体铁路罐车容积、罐式集装箱容积强制检定工作，以及铁路危险货物罐车罐体安全检测工作，铁路罐车容积计量检定能力达1500辆/年，计量罐容积检定500台/年，同时参与国家铁路罐车相关检定规程、校准规范、技术规范的制修订，开展计量检定、校准、检测技术和货物运输安全研究，计量技术人员培训，建立、保存、维护和使用本专业的计量标准，负责本专业计量管理并承担有关的计量监督工作。

四、科技攻关

吉林罐车站参与研发了4项社会公用计量标准，即三维激光扫描仪标准装置、铁路罐车容积检定装置、罐车容积检定装置、容积三维激光扫描仪校准装置，保证了授权区域内铁路罐车容积量值传递的科学性、准确性和可靠性。其中，罐车容积检定装置是国内唯一的采用容量比较法同时开展中、大容量容器测量的国家级计量标准，准确度高，测量不确定度为0.08%（k=2），自动化程度高，技术处于国际先进水平；三维激光扫描仪标准装置是国内唯一采用三维激光扫描法开展铁路罐车容积检定的国家级计量标准，准确度和自动化程度提升明显，技术处于国际领先水平。

五、标准编制

吉林罐车站积极参与标准和规范规程制修订工作，先后参与了JJG 140—2018《铁路罐车容积检定规程》、JJG 184—2012《液化气体铁路罐车容积检定规程》的制修订，以及铁道、石化等行业和吉林地方计量检定规程的制修订，体现了中国石油在容积计量领域的领先地位。

六、信息化建设

吉林罐车站积极参与国家铁路罐车容积计量站研发铁路罐车智能装车和计量系统，铁路罐车智能装车和计量系统功能定位为专用线在轨车辆信息的智能识别、实时更新，车辆检定、安全检测状态的自动判断等。基于业务需求，吉林罐车站独立开发了“全国铁路罐车检定检测管理信息系统”，实现了用户检定检测申请到查询下载证书（报告）的全过程闭环流程管理，为铁路罐车装载的石油、化工产品等大宗散装液体货物的贸易结算提供依据，保证贸易结算公平公正，为铁路罐车装载危险货物提供安全装载量控制依据，杜绝危险货物超容、超载问题，保障铁路安全运输。

第六节　石油工业测井计量站

一、基本情况

石油工业测井计量站（简称测井计量站）位于西安，于1995年成立，承担石油测井行业质量监测、计量检定 / 校准和标准化技术归口任务。

测井计量站是国内唯一的石油测井行业专业计量站，在西安、大庆、盘锦、克拉玛依、天津等地建有不同类型、不同准确度等级的计量刻度标准装置共251台套，建成了核、电、声、核磁等测井计量刻度装置体系。拥有自然伽马、中子孔隙度、密度 / 岩性密度、自然伽马能谱4项行业最高标准装置。此外，还建有三相流标准装置、中子寿命标准装置、碳氧比标准装置、地层元素标准装置、固井质量标准装置等标准装置及配套设备。测井计量站标准装置的标称量值分布点广、设置合理，对新型仪器响应关系的建立具有独特优势。测井计量站以建设国内测井计量标准装置类型最全、水平最高的量值溯源中心为目标，为石油测井产业全产业链、全溯源链、全寿命周期的量值溯源和前瞻性的现代计量服务提供有效的计量支撑。

测井计量站现有员工56名，其中有硕士6名，高级工程师12名。在西安、大庆、盘锦、新疆、天津等地共设有6个作业班组，为石油测井行业提供就地就近的计量测试服务。

二、历史沿革

1995年1月，中国石油天然气总公司《关于成立石油测井仪器质量监督检测中心的通知》(〔95〕中油劳字第10号)，提出组建石油测井仪器质量监督检测中心，面向国内外市场，开展石油测井仪器质量监督检测工作。

1997年4月，中国石油天然气总公司《关于石油测井仪器质量监督检测中心更名的通知》(〔97〕中油劳字第238号)，将石油测井仪器质量监督检测中心更名为中国石油天然气总公司石油测井仪器计量站。业务工作由中国石油天然气总公司技术监督与安全环保局归口管理，专业技术工作接受总公司勘探局指导。

1998年8月，中国石油化工集团公司、中国石油天然气集团公司《关于重组后中国石油天然气集团公司和中国石油化工集团公司质量、计量、标准化工作管理职能划分的协调意见》(中国石化〔1998〕生字27号)，明确石油测井仪器计量站归属中国石油天然气集团公司，更名为中国石油天然气集团公司石油测井仪器计量站。

2000年4月，国家石油和化学工业局《关于同意将中国石油天然气集团公司技术检测机构冠名为石油工业技术检测机构的复函》(国石化政发〔2000〕20号)，成立石油工业测井计量站，授权承担石油天然气行业质量监测、计量检定/校准和标准化技术归口任务。

2019年，中国石油天然气集团有限公司计量专标委石油测井专业组秘书处设在石油工业测井计量站。

2023年，全国石油专用计量测试技术委员会石油测井分技术委员会秘书处设在石油工业测井计量站。

三、业务能力

测井计量站拥有计量标准考核证书36项，建有标准装置共251台套，建成了核、电、声、核磁等测井计量刻度装置体系。可对自然伽马、中子孔隙度、密度/岩性密度、自然伽马能谱工作标准井、刻度器和测井仪进行校准；对地层元素、中子寿命、碳氧比、电磁波电阻率、声波时差、井斜方位、固井质量、含水率等类型测井仪器进行刻度标定；依托全国石油专用计量测试技术委员会石油测井分技术委员会，组织开展石油测井国家计量技术规范的制修订工作。

测井计量站以建设国内测井计量标准水平最高、计量标准装置类型最全的量值溯源中心、新仪器研究开发试验中心、国产仪器检验校准中心、进口仪器的检测及仲裁中心为目标，研制计量标准装置、制修订计量技术规范、开展计量检测服务，为在全国石油测井行业内实现单位统一、量值准确发挥计量保障作用。

四、科技攻关

测井计量站持续开展石油测井专用计量技术攻关，完善石油行业标准装置建设，并取得丰硕的科技成果。自然伽马标准装置是自然伽马测井行业最高计量标准装置，国家市场监督管理总局授权号为〔1998〕国量标石油证字第189号，其API量值从美国休斯敦大学的自然伽马标准基准井中传递确定，标称值207.45API ± 1.98API；中子孔隙度标准装置是中子孔隙度测井行业最高计量标准装置，国家市场监督管理总局授权号为〔1998〕国量标石油证字第190号，其孔隙度量值采用体积法确定，标称值范围0.1%～100%；密度/岩性密度标准装置是密度/岩性密度测井行业最高计量标准装置，国家市场监督管理总局授权号为〔2006〕国量标石油证字第246号，其密度量值采用体积法确定，10个密度模块密度值范围为1.178～2.916g/cm^3，6个岩性密度模块光电吸收截面指数（Pe值）范围为0.24～8.93b/e；自然伽马能谱标准装置是自然伽马能谱测井行业最高计量标准装置，国家市场监督管理总局授权号为〔2007〕国量标石油证字第176号，其铀（U）、钍（Th）和钾（K）量值通过化学元素分析确定，标称值范围：钾0.1%～6%，铀0.1～22μg/g，钍0.1～60μg/g。此外，还开展了“核测井（中子寿命、C/O能谱）计量校准技术研究”“声波测井计量校准技术研究”“电法测井计量校准技术研究”“可控源核测井标准量值传递及监测技术研究”等项目，通过多年努力建成了核、电、声、核磁等测井计量刻度标准体系，发挥行业计量站作用，开展了大量的量值溯源和传递工作，为我国测井仪器研发和工程服务提供了有力支撑和可靠保障。

五、标准编制

测井计量站按照石油测井专用计量技术发展要求，制定了一批引领测井计量发展的标准，先后负责起草国家计量技术规范、行业标准12项。其中，“十三五”期间制定的行业标准SY/T 6852—2019《石油核测井仪刻度规范》规范了11种常用的核测井仪器刻度方法；制定的行业标准SY/T 7077—2016《自然伽马刻度器校准方法》、SY/T 7079—2016《补偿中子测井仪校准方法》、SY/T 7082—2016《补偿中子测井仪刻度器校准方法》确保了相应测井计量器具量值溯源链条的完整、量值准确。

六、信息化建设

测井计量站依托中油测井公司工程作业智能支持中心（EISC）系统开展计量刻度信息化、数字化技术研究，开发了计量管理信息系统。该系统将计量检定业务信息化，具备证书和条码自动生成及证书签批、签字盖章、上传和下载、检定到期预警和消息通知、移动 App 扫码查询、计量器具管理、计量标准规范共享、计量检定核查及数据统计分析等功能，实现计量器具动态、实时管理。

第七节　石油物探计量站

一、基本情况

石油物探计量站（简称物探计量站）是中国石油所属计量技术机构，是全国石油行业专业从事物探计量的专业技术机构，中国石油按照授权计量站进行管理，行政管理隶属东方物探公司装备服务处，业务由东方物探公司生产管理处指导。主要承担石油专用计量器具量值溯源工作，进行计量技术研究、开发计量测试装置，开展计量测试服务，解决物探计量器具的溯源问题，为企业提供计量技术保障和服务。同时承担全国石油专用计量测试技术委员会石油物探分技术委员会、计量专标委石油物探计量专业组秘书处职责。

物探计量站建立了 11 项物探常用和专用计量标准，检定和校准能力涵盖了大部分物探核心计量器具，取得中国石油批准单项计量授权，建立了石油物探专用计量溯源体系，其中 3 项是中国石油工作计量标准装置。为了适应物探现场施工校准测试需求，多数校准装置可以实现现场校准测试。建立了大地测量仪器检定 / 校准标准装置，取得了河北省市场监督管理局计量授权，具备全球导航卫星系统（GNSS）、全站型电子测速仪和水准仪检定能力。

物探计量站现有员工 17 名，均具有中国石油颁发的计量检定员证。其中，高级工程师 5 人，工程师 7 人，国家一级注册计量师 2 人，国家二级注册计量师 11 人，严格按国家或行业有关规程或规范开展检定 / 校准工作。

二、历史沿革

1991 年，在石油工业部物探局地调五处的基础上筹建测量仪器检定站，1996 年建立河北省授权站（河北省石油物探计量站）。1998 年由装备研究所筹建石油物探专用计量站，2000 年合并为石油物探计量站，2009 年更名为石油物探计量中心。

2019 年，中国石油计量专标委石油物探专业组秘书处设在物探计量站。

2023 年，全国石油专用计量测试技术委员会石油物探分技术委员会秘书处设在物探计量站。

三、业务能力

根据业务需要，物探计量站建有主要计量标准 36 台套，建立了大地测量仪器检定、石油物探专用仪器校准以及地震检波器、电缆测试实验室，可以开展大地测量仪器检定，石油物探专用计量器具校准，地震检波器、物探电缆等测试，开展部分通用仪器仪表校准、测试等业务。年检定 / 校准仪器设备 2600 余台套、检波器 500 余只，电缆样品 20 余组。同时持续开展计量技术研究、测试方法研究，完善物探计量溯源体系。

四、科技攻关

石油物探专用计量器具参数多为复合参数，无法直接溯源至国家基准，计量标准装置需要自己研发，且大多数设备为国外进口，技术指标高，技术封锁，壁垒难以打破，研发难度高。物探计量站积极开展计量技术攻关、计量标准装置研制工作，围绕提升石油物探计量能力，保障地震勘探生产质量开展计量技术攻关，引领国内物探行业计量技术进步。完善了陆上勘探仪器包含数字地震仪、浅层折射仪、地震检波器、激发系统等溯源方法；数字检波器、可控震源校准方法研究取得新突破。海上勘探仪器包含海洋节点仪器、双检检波器、气枪激发控制器等溯源方法取得新突破，压电检波器校准方法进一步完善。

陆续完成检波器测试仪第二、三代的研发及更新；数字地震仪校准装置，填补了国内空白，可以开展国外物探采集设备的校准，打破了国外垄断；完善了压电检波器校准溯源链，更新了校准方法；室内磁力仪检测系统，消除了野外磁力仪比对测试的各种弊端；遥控爆炸系统校准装置，解决了仪器与激发同步校准问题；物探专用计量理论的研究，解决了国外设备无法溯源到国家基准的难题，把复合参数通过算法模型转换为法定计量单位，溯源到国家基准，确保采集数据的质量。计量核查装置及核查比对方法研究，指导开展不能现场校准计量器具的核查比对，保障计量数据质量。基本解决了石油物探专用计量设备校准难题，同时为物探计量设备国产化提供了计量测试技术、方法和数据的支持。

五、标准编制

物探计量站紧跟物探计量领域标准化需求，充分发挥全国石油专用计量测试技术委员会和计量专标委石油物探计量专业组作用，组织开展石油物探专用计量技术发展趋势、计量技术需求、计量校准测试技术与方法研究。研制了一批引领物探计量发展的全国计量技术规范以及行业、企业标准，涵盖在用石油物探专用计量器具，完善了计量标准体系。同时，注重开展双语版计量标准制修订，调研国际项目各大油公司物探标准使用及执行情况，逐步与国际标准接轨。

六、信息化建设

为进一步提高石油物探计量校准效率，实现数字化转型、智慧化发展，物探计量站依托东方物探公司计量管理系统，实现了计量“互联网 +”管理体系的数字化实验室管理。依托计量平台，实现计量器具管理显形化，将证书内容等信息实现动态管理，及时更新，做好计量器具周期内质量控制；实现了计量技术要求、标准规范等技术文件在线管理，用户随时可查阅利用，避免施工过程中标准规范不一致或不明确等情况，为质量控制提供保障；实现了计量测试过程全部原始数据的存储分析，通过对大量真实有效的实验数据分析，助力科研，为计量器具的产品研发、技术定型提供数据支撑。依托“智能化地震队”实现了计量器具数据信息智能化管理，终端随时可查。

第八节 石油工业专用螺纹量规计量站

一、基本情况

石油工业专用螺纹量规计量站（简称螺纹计量站）于1986年由石油工业部建立，挂靠单位为中国石油集团工程材料研究院有限公司，上级业务主管部门为中国石油质量健康安全环保部。

螺纹计量站的职责是负责建立石油专用螺纹量规的计量标准，进行量值传递；管理与规划石油专用螺纹量规量值传递网；制定有关石油专用螺纹量值计量方法标准；负责培训和考核石油专用螺纹量规计量检定人员、石油螺纹检测人员；对石油系统内有关石油专用螺纹量值发生的纠纷进行仲裁；对外提供公正计量测试数据。

螺纹计量站还负责中国石油计量专标委石油专用螺纹计量专业组的秘书处工作，主要负责组织开展石油专用螺纹计量标准化工作、研究工作和学术交流活动，组织制修订和维护中国石油计量标准体系表中石油专用螺纹计量专业部分，制修订石油螺纹计量领域的标准。

螺纹计量站拥有一支长期从事石油专用螺纹计量检测、校准、技术研究的专业技术人员队伍，现有员工10人，其中教授级高级工程师及高级技术人员8人，具有硕士及以上学历人员8人；国家一级注册计量师2人，全国几何量长度计量技术委员会委员1人、全国石油专用计量测试技术委员会委员1人。

螺纹计量站拥有超过1000m^{2}的恒温恒湿实验室（20℃ ±1℃，湿度50%～70%），同时拥有全系列API钻具螺纹地区基准量规41套，钻具、油管、套管及抽油杆螺纹校对量规220余套，以及高精度三坐标测量机、五轴测量机等10余台先进精密计量设备。

二、历史沿革

1986年11月14日，石油工业部印发《关于建立石油工业部石油专用螺纹量规计量检定站的通知》(〔86〕油科字第659号)，决定在宝鸡石油机械厂建立石油工业部石油专用螺纹量规计量检定站，以加强石油专用螺纹量规的统一管理，建立量值传递系统，确保量值的统一。

1988年7月，石油工业部印发《关于改变石油管材试验研究中心的隶属关系的通知》(〔88〕油劳字第439号)，将螺纹计量站由宝鸡石油机械厂划归石油管材研究中心管理，并更名为中国石油天然气总公司石油专用螺纹量规计量检定站。

1999年，中国石油下发《关于原中国石油天然气总公司质量、标准、计量、安全、环保、节能等有关机构更名的批复》(人劳字〔1999〕第15号)，决定挂靠中国石油天然气集团公司管材研究所的原总公司石油工业专用螺纹量规计量检定站更名为中国石油天然气集团公司石油专用螺纹量规计量站。

2000年，为保障石油天然气行业技术检测与标准化工作的延续性，国家石油和化学工业局下发《关于同意中国石油天然气集团公司技术检测机构冠名为石油工业技术检测机构的复函》（国石化政发〔2000〕20 号），同意中国石油天然气集团公司石油专用螺纹量规计量站冠名为石油工业专用螺纹量规计量站，并授权承担石油天然气行业计量检定（校准）技术归口任务，隶属关系和挂靠单位不变。

三、业务能力

根据业务需要，螺纹计量站建立石油螺纹单项参数检查仪校准装置、石油抽油杆螺纹量规校准装置和石油螺纹量规校准装置共 3 套计量标准装置，并取得国家市场监督管理总局和陕西省市场监督管理局颁发的计量标准考核证书。

螺纹计量站在全国范围内开展钻具接头螺纹校对量规，钻具接头螺纹工作量规，油管、套管及管线管校对量规，油管、套管及管线管工作量规，石油螺纹单项参数检测仪，抽油杆 / 泵螺纹校对量规及工作量规，普通公英制螺纹量规校准工作。已取得授权开展的校准项目 7 类，校准参数 61 项。

螺纹计量站每年承担石油天然气行业约 14000 套（件）石油螺纹量规、单项参数测量仪和特殊螺纹量具的计量校准工作。螺纹计量站累计为油田及油井管生产企业培训螺纹检测技术骨干逾 5000 名。

四、科技攻关

螺纹计量站围绕提高石油螺纹计量水平，积极开展计量技术科技攻关。“十三五”以来，承担了多项国家级与中国石油的重点研究项目，包括国家重点研发计划课题“高负载、高密封 13Cr/110SS 特殊螺纹接头测量、计量与认证技术”和“高精度三维螺纹综合测量仪在锥管螺纹和石油螺纹领域的应用开发”，中国石油项目课题“石油天然气量值溯源和传递技术研究”，中国石油基础研究和战略储备技术研究基金项目“石油专用螺纹量值智能检测及传递技术研究”。通过深入研究，螺纹计量站提升了石油螺纹计量检测计量能力，拓宽了计量测试领域，并取得丰硕的科技成果。建立了基于二维非接触测量的螺纹单项参数和综合参数智能检测技术，提出了石油专用螺纹智能检测系统校准方法，形成了石油专用螺纹量值计量测试及传递体系，开发了一套集产品检测设计、检测实施、质量分析一体化的石油专用管螺纹数字化检测系统，实现了检测流程的全面数字化升级。

五、标准编制

螺纹计量站为满足石油工业发展对螺纹相关标准的重大需求，制修订国家标准、行业标准、企业标准共计 19 项，包括主导制定 GB/T 9253—2022《石油天然气工业　套管、油管和管线管螺纹的加工、测量和检验》、GB/T 22512.2—2008《石油天然气工业　旋转钻井设备　第 2 部分：旋转台肩式螺纹连接的加工与测量》等国家标准，以及 SY/T 7418—2018《抽油杆螺纹量规校准方法》、SY/T 6860—2012《石油专用锥度螺纹校对量规校准方法》等行业标准，参与制定 JJF 1108—2012《石油螺纹工作量规校准规范》。其中，SY/T 6860—2012《石油专用锥度螺纹校对量规校准方法》采用国际先进的三坐标测量技术研究成果，首次为石油专用锥度螺纹校对量规的关键参数构建了测量与数据处理模型。该标准于 2020 年获中国石油优秀标准奖。

六、信息化建设

为提升螺纹计量校准效率与质量，实现数字化转型与智慧化管理，螺纹计量站依托挂靠单位中国石油工程材料研究院，建立了基于“互联网 +”的数字化实验室管理平台。该平台严格遵循 ISO/IEC 17025 标准的技术要求和管理要求，强化了协同管理，还实现了校准项目的动态管控与全程可视化，管理人员可实时监控项目进展。同时通过设备自动数据采集、数据智能处理及证书快速生成等智能实验功能，显著提升了校准效率与质量。此外，平台还累积了丰富的校准数据，为石油螺纹计量器具的多维度大数据分析提供了坚实的数据基础，助力计量科研探索。

七、决策支撑

螺纹计量站已建成中国石油螺纹计量的最高计量标准装置和工作计量标准装置，体现了行业领先的技术水平。同时，该站还构建了包括特殊螺纹在内的我国油井管螺纹量值溯源体系和先进的检测技术体系，妥善处理多起石油管材螺纹质量异议，为油井管的国产化进程奠定了坚实基础，显著提升了油井管性能与质量，进而为油气田的勘探与开发提供了强有力的技术保障。

第九节 国家计量认证石油评审组

一、基本情况

为了更好地开展石油行业质检机构和专业检测实验室的计量认证工作，1989 年由国家技术监督局与中国石油天然气总公司联合发文，成立国家计量认证石油评审组。石油评审组设在中国石油天然总公司科技发展部，后调整到为中国石油质量健康安全环保部。

石油行业改革重组后，鉴于中国石油、中国石化和中国海油三大公司专业领域相同，为了统一规范石油石化行业资质认定工作，国家认证认可监督管理委员会对石油评审组的工作机制、工作范围进行了调整。目前石油评审组由中国石油、中国石化、中国海油三家国家石油公司共同组成，石油评审组设组长 1 人、副组长 3 人，中国石油作为组长单位，组长由中国石油质量健康安全环保部主管领导担任，副组长分别由中国石油、中国石化和中国海油计量主管部门领导担任，负责协调本公司的资质认定工作。石油评审组下设办公室，办公室挂靠在中国石油勘探开发研究院标准化研究所，设主任 1 人、副主任 2 人、秘书 2 人。石油评审组及办公室组成人员详见表 8-2。

石油评审组以“协商一致、统一规范、协同推进”为工作原则，实行工作例会制，每年年初由组长主持召开工作会议，总结上一年度石油石化行业国家级资质认定工作，研究、部署下一年重点工作。评审组办公室，主要负责与国家市场监督管理总局认可检测司、中国石油、中国石化和中国海油三大公司计量主管部门以及获证检验检测机构和实验室间的联络 / 协调工作，并承担石油评审组日常具体工作。

表 8–2　石油评审组及办公室人员

成员	姓名	工作单位	职务
组长	赵玉柱	中国石油质量健康安全环保部	副总经理
副组长	李武斌	中国石油质量健康安全环保部节能计量处	处长
副组长	尉忠友	中国石化科技部技术监督室	副经理
副组长	毛云萍	中国海油科技与信息化部标准与科技交流处	副处长
办公室主任	尹月辉	石油工业标准化研究所	所长
办公室副主任	焦学锋	中国石油质量健康安全环保部节能计量处	部门专家
办公室副主任	王梦颖	石油工业标准化研究所	室主任
专家	肖红章	石油工业标准化研究所	
秘书	孙建峰	石油工业标准化研究所	

二、历史沿革

1989 年 12 月 8 日，国家技术监督局与中国石油天然气总公司共同发布《关于成立“国家计量认证石油评审组”的通知》(〔89〕中油科字第 791 号)。根据《中华人民共和国计量法》的规定，为了更好地开展石油行业质检机构和专业检测实验室的计量认证工作，在国家技术监督局计量认证办公室下，成立国家计量认证石油评审组。石油评审组设在中国石油天然气总公司科技发展部，其办公室设在石油勘探开发科学院。中国石油天然气总公司所属的产品质量监督检验中心（站）、对外出据公正数据的专业检测实验室，必须经计量认证并取得认证合格证之后，才能对外开展产品质量检验和其他检测活动，出具的检验结果才具有法律效力。

2004 年 4 月 26 日，国家认证认可监督管理委员会发布《关于对国家计量认证行业评审组重新调整和确认的通知》(国认实函〔2004〕103 号)，针对行业情况变化，国家认监委对行业评审组重新进行调整和确认。石油评审组主管部门为中国石油质量安全与环保部，具体工作单位为石油工业标准化研究所计量认证办公室。

2018 年 3 月，国家市场监督管理总局按《国务院机构改革方案》，承接原国家认证认可监督管理委员会职责，改革后所属认证监督管理司、认可与检验检测监督管理司承担该委员会具体职责，对外仍保留国家认监委的牌子。作为最早成立的国家级行业评审组之一，石油评审组在“十三五”期间也进行了调整。调整后，由中国石油、中国石化、中国海油三家国家石油公司共同组成，中国石油作为组长单位，石油评审组挂靠在中国石油质量健康安全环保部，石油评审组办公室挂靠在石油工业标准化研究所。

三、工作职责

石油评审组主要职责包括：负责受理石油石化行业（含中国石油、中国石化、中国海油、国家管网、石油院校等）检验检测机构资质认定申请，对申请单位提交的各类证明文件和资料进行仔细审查，确保其完整、合规；组织对申请单位进行初审、预审、正式评审等工作，评审合格报国家市场监督管理总局审批、发证；组织开展石油石化行业国家级检验检测机构监督检查，规范检验检测机构合规运营，促进石油石化检验检测行业的健康发展；做好国家级资质认定评审员管理、检验检测技术交流及实验室间比对等工作，持续提升评审员和从业人员的专业技能水平，确保检测结果的准确性和可靠性。

四、评审员队伍

石油评审组共有国家级资质认定评审员 97 名（详见本书第五章），其中国家级主任评审员 11 名。评审员中教授级高级工程师 6 人，高级工程师 84 人，工程师 7 人。

第十节　全国石油专用计量测试技术委员会分技术委员会

一、基本情况

全国专业计量技术委员会是由市场监督管理总局批准成立，负责制定国家计量技术规范，提供计量技术政策咨询，开展学术研讨交流，进行计量科普宣传和知识传播的技术性非法人组织。为了进一步加强石油专用计量量值溯源管理，提升石油专用计量技术水平，2019 年中国石油、中国石化及中国海油三大石油公司计量主管部门共同开始筹建全国石油专用计量技术委员会。2021 年 7 月 6 日，市场监督管理总局正式以文件形式批复，同意成立全国石油专用计量测量技术委员会（简称技术委员会）。技术委员会代号为 MTC42，秘书处设在中国石化胜利石油管理局有限公司。现有委员 30 人，主要来自三大石油公司、优势企业、国内高校、科研院所和计量测试技术机构。目前，技术委员会下设了三个分技术委员会和一个直属工作组。分别是石油物探分技术委员（MTC 42/SC 1）石油钻（录）井分技术委员会（MTC 42/SC 2）、石油测井分技术委员会（MTC 42/SC 3）、石油加工及产品检验检测工作组（MTC 42/WC 1）。

中国石油承担了全国石油专用计量测试技术委员会石油物探分技术委员会（MTC 42/SC 1）（简称物探分委会）和全国石油专用计量测试技术委员会石油测井分技术委员会（MTC 42/SC 3）（简称测井分委会）的建设工作。2023 年 9 月，国家市场监督管理总局批准成立了物探分委会和测井分委会，物探分委会秘书处设在东方物探公司，测井分委会秘书处设在中油测井公司，分委会第一届委员覆盖了石油物探、石油测井领域的各个专业。物探分委会第一届委员名单见表 8-3，测井分委会第一届委员名单见表 8-4。

表 8-3 物探分委会第一届委员名单

序号	职务	姓名	单位
1	主任委员	张建军	东方物探公司
2	副主任委员	张 伟	中国石化石油工程公司地球物理公司
3	副主任委员	赵福军	中国海洋石油集团有限公司
4	秘书长	易昌华	东方物探公司
5	副秘书长	于 静	中国石化石油工程地球物理公司科技信息部
6	副秘书长	刘 铮	中海石油（中国）有限公司深圳分公司
7	委员	甘志强	河北省石油物探计量站
8	委员	张显桂	河北省石油物探计量站
9	委员	张子龙	中国计量科学研究院
10	委员	邢亚敏	西安石油大学
11	委员	郝 娟	北京理工大学
12	委员	吴明华	大庆油田有限公司勘探公司
13	委员	王学刚	中国石油长庆油田公司勘探事业部
14	委员	姜保刚	东方物探公司装备服务处
15	委员	罗兰兵	英洛瓦（天津）物探装备有限责任公司
16	委员	杨继春	英洛瓦（天津）物探装备有限责任公司
17	委员	王永芳	河北省石油物探计量站
18	委员	余正杰	东方物探公司西安物探装备分公司
19	委员	曹建明	天津海龙石油地球物理勘探有限公司
20	委员	吴学兵	中国石化石油工程地球物理公司
21	委员	刘洪清	中国石化石油工程地球物理公司武汉勘察公司
22	委员	徐雷良	中国石化石油工程地球物理公司胜利分公司
23	委员	尚洪猛	中国石化石油工程地球物理公司北斗运营服务中心
24	委员	刘立彬	中国石化胜利油田分公司油气勘探管理中心
25	委员	秦广胜	中国石化中原油田分公司物探研究院
26	委员	宋志翔	中国石化石油物探技术研究院有限公司
27	委员	阮福明	中海油服务股份有限公司
28	委员	陈 刚	中海油技术检测有限公司
29	委员	王建花	中海油研究总院有限责任公司勘探开发研究院

续表

序号	职务	姓名	单位
30	委员	王伟辉	河北赛赛尔俊峰物探装备有限公司
31	咨询委员	袁海滨	大庆石油管理局有限公司技术监督中心
32	咨询委员	代伟平	中国石化胜利油田分公司技术检测中心
33	顾问委员	李　明	大庆油田有限责任公司

表 8-4　测井分技术委员会第一届委员名单

序号	职务	姓名	单位
1	主任委员	陈　宝	中油测井公司
2	副主任委员	熊兆洪	中国石化胜利石油管理局有限公司
3	副主任委员	訾志军	中海油田服务股份有限公司
4	秘书长	王　飞	中油测井公司
5	副秘书长	潘　军	中国石化经纬有限公司
6	副秘书长	郭书生	中海石油（中国）有限公司海南分公司
7	委员	王江波	石油工业测井计量站
8	委员	谢关宝	中国石化石油工程技术研究院
9	委员	孙志远	中国电子科技集团公司第二十二研究所
10	委员	龙　啸	川庆钻探公司安全环保质量监督检测研究院
11	委员	沈金松	中国石油大学（北京）
12	委员	张占松	长江大学
13	委员	冯相君	中油测井公司
14	委员	孙建伟	中油测井公司物资装备处
15	委员	袁海滨	大庆石油管理局有限公司技术监督中心
16	委员	张先华	大庆油田有限责任公司测试技术服务分公司
17	委员	李　鹏	中油测井公司质量安全监督中心
18	委员	何绪新	中油测井公司技术研究院
19	委员	齐宝权	中油测井公司西南分公司
20	委员	杨新宏	中油测井公司市场生产处
21	委员	饶海涛	中石化经纬有限公司技术发展部
22	委员	葛　鹏	中石化经纬有限公司地质测控技术研究院

续表

序号	职务	姓名	单位
23	委员	冯亦江	中石化经纬有限公司江汉测录井分公司
24	委员	高向军	中石化经纬有限公司胜利测井公司
25	委员	李阳兵	中石化经纬有限公司西南测控公司
26	委员	王　瓒	中国石化胜利油田分公司油藏动态监测中心
27	委员	蔡　军	中海石油（中国）有限公司上海分公司
28	委员	冯　进	中海石油（中国）有限公司深圳分公司
29	委员	吴建农	杭州瑞利声电技术有限公司
30	咨询委员	高旭辉	陕西省计量科学研究院
31	咨询委员	熊昌友	航空工业北京长城计量测试技术研究所
32	咨询委员	李　明	大庆石油管理局有限公司技术监督中心
33	咨询委员	柴德民	中国石化胜利油田分公司
34	咨询委员	李　剑	中国石化胜利油田分公司安全环保质量管理部
35	咨询委员	刘海涛	中国石油井筒质量检测中心

二、工作职责

分委会在国家市场监督管理总局的指导下，负责组织制订国家石油物探 / 测井专用计量技术规范，组织开展石油物探 / 测井专用计量领域内技术服务、技术培训、咨询服务等工作，主要职责包括：

（1）组织开展石油物探 / 测井专用计量技术规范制修订工作，确保计量标准的准确性和统一性。

（2）负责组织实施石油物探 / 测井专用计量基准、标准量值比对等工作，保证测量结果的准确性。

（3）组织石油物探 / 测井计量测试技术的研究，推动技术创新和行业发展。

（4）组织专业培训和交流，提升行业整体计量测试技术水平。

（5）为国家石油物探 / 测井专用计量监管提供技术支撑和咨询服务。

三、计量技术规范制修订

截至 2023 年底，物探分委会和测井分委会共承担了 3 项国家计量技术规范的编制，分别是《石油地震检波器校准规范》《石油专用自然伽马刻度器校准规范》及《石油专用补偿中子刻度器校准规范》，已编制完成，提交报批。

第十一节　中国计量协会石油石化专业委员会

一、基本情况

中国计量协会石油石化专业委员会（简称石专委）是由中国石油、中国石化和中国海油共同发起，经原国家质检总局批准成立、民政部注册登记的全国性、非营利性的社会组织，是中国计量协会的分支机构。石专委由石油石化企事业单位计量技术机构、测量设备生产厂商、大专院校和计量技术专家组成，秘书处设在中国石油计量测试研究所，作为委员会的办事机构。石专委共有委员和会员 54 人，其中主任委员 1 名，副主任委员 5 名。秘书处设秘书长 1 人，副秘书长 1 人。石专委成员名单见表 8–5。

表 8–5　石专委成员

序号	职务	姓名	单位
1	主任委员	赵雪峰	大庆油田有限责任公司
2	副主任委员	郑宏伟	国家石油天然气大流量计量站南京分站
3	副主任委员	宋　彬	国家石油天然气大流量计量站成都分站
4	副主任委员	史小东	中国石化胜利油田分公司
5	副主任委员	孙　钟	海洋石油工程股份有限公司
6	副主任委员	孟　涛	中国计量科学研究院
7	秘书长	肖　迪	国家石油天然气大流量计量站
8	委员	焦学锋	中国石油
9	委员	毕海鹏	中国石化
10	委员	赵福军	中国海油
11	委员	周　阳	国家管网北京油气调控中心
12	委员	季寿宏	浙江浙能天然气运行有限公司
13	委员	包福兵	中国计量大学
14	委员	何　欣	北京康斯特仪表科技股份有限公司
15	委员	金锦明	科隆测量仪器（上海）有限公司
16	委员	王晓刚	北京极达测控设备技术有限公司
17	委员	贾文涛	丹东意邦计量仪器仪表有限公司
18	委员	王　勇	金卡智能集团股份有限公司

续表

序号	职务	姓名	单位
19	会员	时晟楠	中国石油计量测试研究所
20	会员	袁海滨	大庆石油管理局有限公司技术监督中心
21	会员	姜　波	中国石油大连石化公司质检计量中心
22	会员	贲　涛	中国石油大庆石化公司
23	会员	杨学军	石油工业原油及石油产品质量监督检验中心
24	会员	陈　亮	石油工业流量计量仪表质量监督检验中心
25	会员	赵晨阳	中国石油昆仑能源有限公司
26	会员	王华青	中国石油中油国际管道公司
27	会员	何　敏	中国石油西南油气田公司质量安全环保处
28	会员	杨雪峰	中国石油抚顺石化公司
29	会员	陈健飞	中国石化胜利海上石油工程技术检验有限公司
30	会员	王智锋	中国石化山东胜工检测技术有限公司
31	会员	郁　周	中国石化金陵分公司
32	会员	王嘉彬	中国石化天然气分公司生产运行部
33	会员	孙晓东	海洋石油工程股份有限公司特种设备分公司
34	会员	黄冬虹	北京市燃气集团有限责任公司计量检定中心
35	会员	黄沃文	广州广电计量检测股份有限公司
36	会员	杨敬东	浙江能源天然气集团有限公司
37	会员	温　凯	中国石油大学（北京）
38	会员	徐　英	天津大学
39	会员	徐　明	国家石油天然气大流量计量站武汉分站
40	会员	吴　岩	国家石油天然气大流量计量站广州分站
41	会员	祁　伟	国家石油天然气大流量计量站北京分站
42	会员	梁　宏	国家石油天然气大流量计量站乌鲁木齐分站
43	会员	朱　勇	国家石油天然气大流量计量站塔里木分站
44	会员	邱　惠	国家管网西气东输管道分公司生产运行处
45	会员	李　伟	国家管网管道分公司沈阳调度中心
46	会员	王志学	国家管网北方管道有限责任公司

续表

序号	职务	姓名	单位
47	会员	周 宇	艾默生过程控制有限公司
48	会员	殷兴景	浙江苍南仪表集团股份有限公司
49	会员	郭长永	霍尼韦尔（中国）有限公司
50	会员	陶朝建	天信仪表集团有限公司
51	会员	孙学军	北京史宾德科技发展有限公司
52	会员	胡方明	杭州中兴达科技有限公司
53	会员	张建昌	开封仪表有限公司
54	会员	王京安	北京博思达新世纪测控技术有限公司

二、历史沿革

石专委前身为石油计量分会，分会成立于2007年5月，是以中国石油、中国石化和中国海油为主体设立的中国计量协会分支机构。通过组织举办“中国油气计量论坛”、编辑出版电子刊物《石油计量通讯》、参与世界贸易组织贸易技术壁垒协议（WTO/TBT）通报协调活动等，较好地发挥了桥梁和纽带作用，促进了我国石油行业计量事业的发展。

依据《中国计量协会章程》，2021年12月17日，石油计量分会以线上会议的形式组织召开了委员和会员代表大会，委员和会员主体主要由中国石油、中国石化、中国海油和国家管网组成，参会委员和会员52名，投票52票，通过了将石油计量分会更名为石专委的议题。

三、工作职责

石专委承担了中国计量协会、政府主管部门委托的行业管理工作，就行业发展规划和有关重大技术经济政策、法规，向政府主管部门提出建议。石专委跟踪国际法制计量组织相关文件、国际建议和国际标准，为石油石化行业计量技术和计量管理提供决策技术支持，推动石油石化计量工作与国际惯例接轨；协助并参与石油石化计量行业相关标准、国家计量技术法规、石油石化行业团体标准的制修订工作，维护企业、会员、消费者的合法权益；开展技术交流与合作，加强会员之间的组织与协调，加强与国内外计量组织及有关学术团体的沟通。采取多种形式，宣传计量法律法规，组织计量工作者的继续教育和技术培训，传播先进的科学管理经验和先进技术，不断提高计量人员的素质；加强行业自律，反映行业需求和建议，维护石油石化行业整体利益；开展技术咨询服务，推动石油石化企业完善计量基础工作，促进计量工作在节能降耗、提质增效等方面发挥积极的作用；加强计量工作的宣传，组织编辑出版有关计量工作的信息、资料和刊物，推广典型经验。

四、标准编制

石专委紧跟石油石化计量工作需求，积极组织开展团体标准规范制修订工作。截至2023年，先后组织立项编制标准规范12项。其中，《石油天然气计量检定站检查规范》已正式发布，《用场站型气体流量标准装置在线检定流量计的一般要求》等11项已通过立项批准。

第九章　应用案例

“十三五”以来，中国石油计量工作在油气生产、炼油化工、储运销售、工程技术服务等业务领域，围绕服务主营业务发展，强化交接计量管理、推进计量检定校准能力建设、开展石油专用计量技术研究、加强计量信息化建设、拓宽国内外计量交流与合作，计量工作的支撑保障能力和水平不断提升，有力促进了企业高质量发展。本章收集了中国石油所属部分企业的一些典型做法和经验总结。

第一节　体积管等精度量值传递技术及应用❶

一、案例概况

1. 背景摘要

体积管作为检定石油和液体石油产品流量计的标准计量器具，其量值传递的准确性和稳定性至关重要。原油、成品油流量量值传递系统主要采用的量值传递链为：一等标准金属量器（最大允许误差 ±0.005%）→二等标准金属量器（最大允许误差 ±0.025%）→体积管（测量不确定度 0.05%）→流量计（最大允许误差 ±0.20%），体积管的检定方法主要采用二等金属量器作为上级标准进行传递的容积法（水驱法）。在规模较大的计量站都配备体积管和二等标准金属量器，计量站配备的二等标准金属量器一般由国家或省级计量检定机构检定，国家油气站利用计量站配备的二等标准金属量器定期对体积管进行检定，然后再用体积管对工作流量计进行周期检定，实现原油、成品油流量量值传递。

2. 案例简介

随着能源消费的增长，体积管的检定需求增大。中国石油在用体积管约 130 台，中国海油海上平台体积管约 20 台，每年需要检定的体积管约 80 台。水标前，需对体积管进行清洗，每年产生含油污水约 4500m^3，不符合绿色发展要求。尤其对于设备密集、有紧密设计要求的海上平台来说，清洗体积管及检定体积管过程中产生的污水更是难以处理，且海上平台体积管容积普遍较大，如再配套设计体积管水标定系统及与之匹配的二等标准金属量器，将显著增加海上平台建设投资与管理成本。此外，二等标准金属量器受运输条件、检定机构差异等因素影响，无法保证量值一致。

为解决水驱法检定体积管面临的难题，国家油气站依托原油及成品油计量检测重点实验室已建的油流量原级标准装置开展了体积管等精度量值传递技术研究，建立了“标准表法体积管检定装置”，并已成功应用于陆上站库和海上石油平台体积管检定。等精度传

❶ 本节内容由国家石油天然气流量计量站提供。

递法检定体积管是实流检定方式的一种，使用现场实际输送介质作为检定介质开展检定工作，检定前不需要清洗体积管，既省去了烦琐的工作流程，提高了检定工作效率，又不产生污油、污水，绿色环保。该项技术填补了行业领域空白，解决了特殊场景油流量体积管实流检定难题，实现了绿色、准确量值传递。

二、案例具体做法

1. 案例详情

体积管等精度量值传递技术方法以标准表法为基础，通过比较法溯源被检体积管的量值。检定操作按下述 3 个步骤依次进行：用主计量标准器移动式体积管检定标准流量计，确定流量计系数；用标准流量计检定被检定的体积管，确定被检定体积管的标准容积；用主计量标准器移动式体积管再次检定标准流量计，再次确定流量计系数，确认标准流量计系数在运行期间没有发生明显的变化，且第 1 步和第 3 步确定的流量计系数之差不能超过 0.02%。以上 3 个步骤依次连续完成，且每个步骤的检定次数应不少于 5 次，连续 5 次的检定结果重复性应在 0.02% 范围内，否则无效，应按上述 3 个步骤重新进行检定。如判定检定数据有效，用第 1 步和第 3 步确定的流量计系数平均值来计算确定被检定体积管的标准容积值。

1）解决的关键技术问题

（1）以移动式高准确度的活塞体积管作为主计量标准器，采用在线实流检定技术。与传统水驱法检定体积管相比，采用实际介质在接近体积管操作条件下进行检定，能够修正介质物性、运行条件、安装条件、环境条件等差异对体积管标准容积值的影响。

（2）通过比选，确定了双螺旋涡轮流量计作为标准表，配置前置放大器增加流量脉冲计数，采用双脉冲计时技术，避免用体积管等精度传递技术检定球式体积管时标准表脉冲丢失，提高了检定的准确度。

（3）体积管等精度传递技术用主标准器与现场工艺连接，依托现场实际工况条件，避免了检定前清洗体积管内壁等繁杂的工作，操作更简洁，工作效率更高。

2）指标完成情况

该技术适用于可串联安装移动式体积管的陆上站库和海上平台，被检体积管的检测开关信号能够接入标准计量设备的控制模块中，或者流量计的脉冲信号能够接入被检计量设备的控制模块中。适用介质为商品原油与成品油，适用工况条件为温度 5～35℃、相对湿度 30%～85%、大气压力 86～106kPa。

2. 具体成效

截至 2023 年，该技术已经在中国海油海上平台和大庆油田储运销售公司北油库、技术监督中心、各采油厂等进行了应用，已检定体积管 100 余台，具备大范围推广潜力。

1）大庆油田

2021 年以来，国家油气站采用等精度量值传递技术为技术监督中心的两台编号为 1201 和 D1504015 的球式体积管进行了多次检定测试服务，经与水驱法比对，体积管等精度量值传递方法检定体积管容积值变化均小于 0.05%，在正常变化范围之内，详见表 9-1。

表 9-1　大庆油田典型案例明细表

检定单位	体积管编号	检定年份	体积管容积值 / L	体积管容积值变化量 / %	检定方法
大庆油田技术监督中心	1201	2020	4004.2904	0	水驱法
		2021	4003.2279	−0.026	标准表法
		2022	4004.1237	0	标准表法
		2023	4003.2090	−0.027	标准表法
	D1504015	2021	1995.3577	0	水驱法
		2022	1995.1411	−0.01	标准表法
		2023	1996.1264	+0.038	标准表法

2）中国海油

中国海油在海上平台逐步推进该项技术应用。“十三五”以来，国家油气站采用等精度量值传递技术为中国海油深圳分公司恩平作业区“海洋石油 118”平台和中国海油天津分公司蓬勃作业区“海洋石油 117”平台的球式体积管进行了多次检定测试服务，经与水驱法比对，体积管等精度量值传递方法检定体积管容积值变化均小于 0.05%，在正常变化范围之内，详见表 9-2。

表 9-2　中海油典型案例明细表

检定单位	体积管编号	检定年份	体积管容积值 / L	体积管容积值变化量 / %	检定方法
中国海油深圳分公司	10219-30	2015	9992.2555	0	水驱法
		2018	9995.2864	0.03	标准表法
		2022	9991.0250	−0.01	标准表法
中国海油天津分公司	MDP-626AC	2012	11358.7930	0	水驱法
		2016	11357.8370	−0.01	标准表法
		2019	11360.3694	0.014	标准表法

三、案例创新点

1. 案例实施创新点

（1）建立了油流量等精度量值传递模型。基于流量计体积管法计算模型，结合油流量等精度量值传递模型技术要求，形成了流量计系数反算体积管方法；掌握了同等测量不确定度水平油流量标准装置溯源结果间的关系，明确了等精度量值传递的技术边界条件，为该技术的研发与应用提供了理论基础。

（2）建立了体积管实流量值溯源途径。利用等精度量值传递技术方法，在实流工况条件下对体积管进行量值溯源，降低了检定工况与实际工况差异对体积管检定结果测量不确定度的影响，解决了体积管传统检定方法易造成体积管内壁损伤、产生含油污水难以处理、油流量量值无法统一的难题，促进了油流量量值溯源体系完善。

2. 推广价值

应用体积管等精度量值传递技术，完善了油流量现场量值传递方式，丰富了量值传递手段，减少被检单位前期准备时间与现场检定时间，保障体积管量值溯源的及时性，减少含油污水排放，匹配中国石油绿色发展战略，提升计量管理水平。

第二节　CPLog 多维高精度成像测井系统推动测井装备跨入成像阶段❶

一、案例概况

1. 案例简介

我国油气的主要接替资源是以“深、低、非、老”为主的复杂油气藏，储量探明率不足 35%，勘探开发潜力巨大，其精准探测和准确评价迫切需要多维成像测井装备。长期以来，这些技术装备均被斯伦贝谢、哈利伯顿、贝克阿特拉斯等国际公司垄断，在国家“十三五”重大专项和中国石油科研项目的大力支持下，历经 5 年集中攻关，研制成功 CPLog 多维高精度成像测井系统，实现了从二维到三维测量、由一孔之见到一孔远见、从均质到非均质各向异性地层评价的跨越式发展。

CPLog 多维高精度成像测井系统实现了从井筒到井旁、从传统采集向多维多域的技术跨越，声波探测深度 80m、微电阻率成像特征精度 2.5mm、核磁共振微孔精度 10nm，实现复杂储层“望远镜”和“显微镜”精细测量。CPLog 多维高精度成像测井系统标志着国内测井技术由集成创新向自主创新的重大转变，满足了复杂、非常规油藏勘探开发的技术需求。

2. 背景摘要

CPLog 作为最主要的石油测井专用计量器具，是在集成 EILog 优势技术的基础上，以网络化、模块化、标准化及智能化设计为核心，以高性能测井芯片、高精度传感器、高可靠机电工艺、远程测井、人工智能及工业设计创新应用为手段，统一高速传输平台、统一采集处理软件平台、统一机电硬件及软件接口标准，研制新一代智能远程高速采集与传输平台，升级地层成像、一串快测井下系列，成功打造出一套测得更精、探得更远、作业更高效的新一代远程智能化测井系统。

❶ 本节内容由中油测井公司提供。

二、案例具体做法

1. 案例详情

1）研发多维高精度成像测井设备

（1）研发 iWAS 智能测井采集系统。以网络化、模块化、标准化及智能化设计为核心，支持 CPLog 全系列井下仪器，满足超深井可靠大数据高速传输的需要，实现远程测井作业和协同工作（图 9-1）。

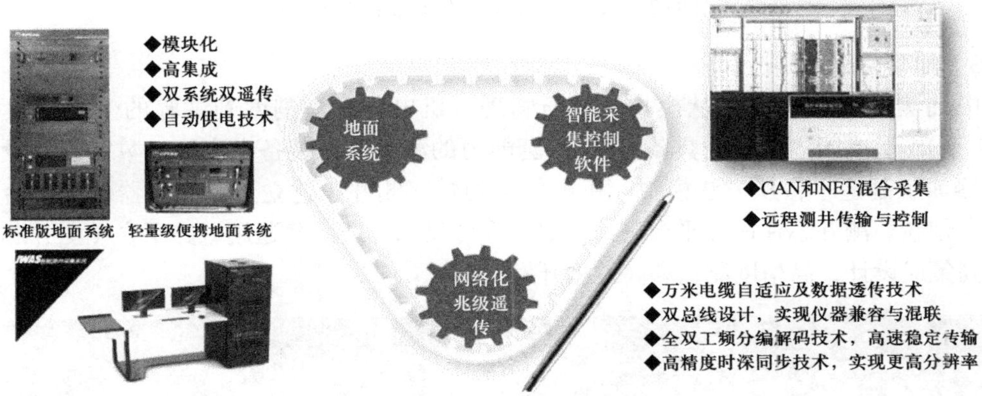

图 9-1 iWAS 智能测井采集系统

（2）研发三维感应成像测井仪。该仪器除具有阵列感应功能外，还能够提供地层水平电阻率、垂直电阻率、各向异性、地层倾角和方位角信息，有效提高复杂储层油气准确识别和饱和度定量评价能力，4 项技术指标（承受温度 / 压力、探测深度、电阻率测量范围、适应钻井液）处于国际领先水平。

（3）研发 ALT 方位阵列侧向成像测井仪。该仪器提供从井眼、侵入带到地层深部 6 条电阻率曲线，用于计算地层电阻率与成像、薄层渗透层侵入特征识别与评价、油气饱和度计算，地层倾斜与方位、渗透率表征等。能真正反映井周不同深度各向异性，在裂缝型复杂储层测量中发挥独特作用。

（4）研发 MCI 微电阻率成像测井仪。突破基于点阵电极的高分辨率探测、井壁智能推靠和电阻率定量刻度等关键技术，实现碳酸盐岩孔隙结构精准探测，有效识别裂缝孔隙和基质孔隙，地层特征分辨率达 5mm。

（5）研发 MRT 多频核磁共振测井仪。规模应用的 MRT 居中核磁信噪比高，实现了储层有效孔隙度的精准探测，新研制的 iMRT 偏心核磁回波间隔短，能满足盐水钻井液等复杂井筒条件下储层微纳米级孔喉精准探测。

（6）研发 MPALF 远探测声波测井仪。横波反射远探测测量和纵波反射方位分辨等关键技术，首创了反射声波测井，探测深度从 3m 延伸到 80m 以外，刷新测井探深国际纪录。

2）开发采集处理解释一体化软件

中油测井公司开发了五代采集处理解释一体化软件 LEAD（图 9-2），包括模块 520

余个，源代码 330 余万行，实现测井大数据基础平台与中国石油梦想云平台数据共享，建立岩石物理库和地层水数据库，形成 7 大数据库系统。

图 9-2　采集处理解释一体化软件发展历程

3）配套完整的制造保障体系

中油测井公司建成了从模拟、岩石物理、机电仿真、刻度到试验的十大研发平台（图 9-3），形成国内最大的具备年产 50 套能力的测井成套装备生产线。数字仪器设计与传感器加工制造平台从方法模拟、机电仿真到数字测井，建立全流程仪器研发平台，支撑自主创新。测井芯片研究平台突破 MCM 设计技术打造测井通用电路平台（测井芯片），支撑高集成设计、高精度测量和高效率开发。

图 9-3　从模拟到试验的十大研发平台

2. 具体成效

（1）CPLog 多维高精度成像测井系统，获省部级科技奖 4 项，中国石油十大科技进展 3 项，中国石油专利银奖 1 件，授权发明专利 11 件，登记软件著作权 29 件，在重点期刊发表论文 50 余篇，其中 SCI/EI 收录 15 篇。CPLog 多维高精度成像测井系统入选中国石油十大科技创新成果，并亮相代表我国科技创新最高水平的“十三五”科技创新成就展。

（2）具有完全自主知识产权的 CPLog 多维高精度成像测井系统已成为中国石油测井的主力装备，结束了高端先进测井技术主要依赖进口的历史，改变了国产测井装备低水平重复、标准不统一的局面，形成了规模制造能力。

（3）CPLog 多维高精度成像测井系统充分发挥“看得更清、探得更远、测得更精、评价更准”的复杂油气藏探测优势，在长庆、大庆、塔里木等 8 个国内油气田 27 个区块应用，累计测井 100 余井次，促进远程地面采集与高速传输平台和 5 种多维高精度成像等仪器规模应用，为非常规复杂储层测井打造新利器。

三维感应累计测井百余井次，在大庆油田砂泥岩薄互层、古龙页岩油等储层评价方面应用效果显著，准确识别出纹层状页岩储层；在西南油气田火山岩气藏，为低阻气层准确识别提供了重要技术支撑。

微电阻率成像实现裂缝、孔洞、沉积构造等毫米级地质特征描述，在塔里木轮探×井创造了亚洲陆上最深测井纪录 −8882m，突破了测井“珠峰”高度。

青海油田浒园沟地区致密油层发育，常规测井对有效油气层识别困难，应用 MRT 居中型核磁共振测井仪后，N_1 油层厚度从 10m 增加到 57m。

在吐哈油田萨××井未替换盐水钻井液情况下，用 iMRT 偏心型核磁共振仪器测井成功，解决了在低电阻率盐水钻井液、大井眼条件下核磁共振测量难题，大幅降低成本，提高了时效。

华北油田苏 8× 井应用远探测声波识别裂缝，解释Ⅱ类有效缝洞储层 62.4m，在上马家沟组酸化压裂试油获得高产，日产油 93.23t，日产气 $6.47 \times 10^4 m^3$。在长 8× 井实现井旁百米外地质体的清晰探测。

三、案例创新点

1. 案例实施创新点

（1）远程智能通信与控制技术。建立地面井下全网、低耦合架构，采集软件智能化调度车载数据中心信息整合的技术体系，打通远程测井传输与控制通道，推动测井作业向远程智能化转变，全面促进测井服务自动化。

（2）万米电缆高速传输技术。突破井下电缆带宽限制，创新调制解调算法，解决同步均衡、数据透传等技术瓶颈，数据传输速率从 100kbit/s 提升到 1Mbit/s。

（3）复杂阵列化探测器设计与实现技术。创建了基于多参数地层建模的探测器优化设计仿真平台，攻克了高温高压受限空间材料优选和结构优化等关键技术，形成了高灵敏、高可靠、系列化阵列成像传感器。

（4）多通道高精度高集成并行采集技术。采用高精度数字化和并行数据采集的方式，实现实时、多方位、多通道、多频微弱信号的采集，解决纳安微弱信号检测与处理等技术难题。

（5）高可靠动力系统及机电一体化设计技术。采用双向高压高流量柱塞泵动力系统，8 组独立碟簧驱动杆系，实现分动高推力双层八臂分动推靠器。一体注塑 48 电极密封体设计，实现了电极承压高且绝缘密封；极板过线空腔充油平衡设计提高了信号传输可靠性。

（6）多维高精度数据处理及反演成像技术。攻克多维探测器和多尺度地层三维高精度建模、高速数值模拟、模型与数据双驱动反演等技术，通过井周不同尺度信息（mm—m—30m）的联合反演，实现井周裂缝精细刻画及远探测油藏描述。

2. 推广价值

（1）形成具有全部自主知识产权的高端装备。中油测井公司作为项目长组织“十三五”国家重大专项测井项目，先后创新 EILog 快速与成像测井系统和 CPLog 多维高精度成像测井系统，结束了先进技术依靠进口的历史，使测井公司业务覆盖录井、随钻测导、裸眼井测井、工程测井、生产测井、桥射联作射孔和测试测控，技术上跨入国际先进水平。

（2）规模应用 CPLog 多维高精度成像测井系统。截至 2021 年，CPLog 成套装备已推广应用 347 套，下井仪器 2.24 万支，软件 1400 套，在满足自身需求的同时还远销海外 6 个国家，成为中国石油的主力装备；CPLog 多维高精度成像测井系统成为解决复杂地质和工程难题的“撒手锏”，更好地保障了我国复杂储层的研究和开发。通过海外推广，促进 CPLog 多维高精度成像测井系统性能整体提升，功能全面完善，实现海外测井服务提档升级，提升公司 CPLog 成套装备品牌效应。

（3）推动石油专用计量标准体系持续发展。中油测井公司以石油工业测井计量站为核心，建成 93 口实体模型井（包括 4 口全国最高标准井），共 118 个标准层位，满足核、电、声、核磁共振等类型仪器的物理模拟与计量刻度，为 CPLog 成套装备研发、制造、应用发挥了必不可少的计量保障作用。

第三节　抽油机井智慧诊断

——原油工况智能诊断、计产及关键工艺指标计算[1]

一、案例概况

1. 背景摘要

长庆油田地处鄂尔多斯盆地，为典型的低渗透、低压、低丰度的“三低”油藏，单井产量低、油井数量多、生产管理压力大。同时，油区横跨陕西、甘肃、宁夏、内蒙古四个省份，开发区域地表沟壑纵横、梁峁交错、地形复杂，点多线长面广。特殊的油藏和地形地貌条件给油井开采提出了巨大挑战：一是传统现场巡测、人工解释的方法发现工况异常油井就像是“大海捞针”，既消耗了大量的人力物力，又不能及时发现问题井，劳动生产效率低；二是日产液量逐井单量，动液面旬度测试，含水率周度取样化验，系统效率、泵效、能耗、平衡度季度测试，工作量巨大，传统“人盯眼看、量油测气”的管理模式严重制约抽油机井精细化管理。这些客观现实的挑战成为油田研究和实践抽油机井智慧诊断计量技术的内在动力。

2. 案例简介

通过构建抽油杆—油管—井液三维动力学机理模型，实现地面示功图精准转换井下泵功图，同时借助先进的机器学习、人工智能技术，对地面示功图、井下泵示功图、功率图等数据深度挖掘应用，创新设计油井工况智能诊断、示功图计产等算法，形成了可复制推广的抽油机井智慧诊断计量技术体系，实现抽油机井智能工况诊断、示功图计产及相关工艺指标计算（图 9-4）。

[1] 本节内容由中国石油长庆油田公司提供。

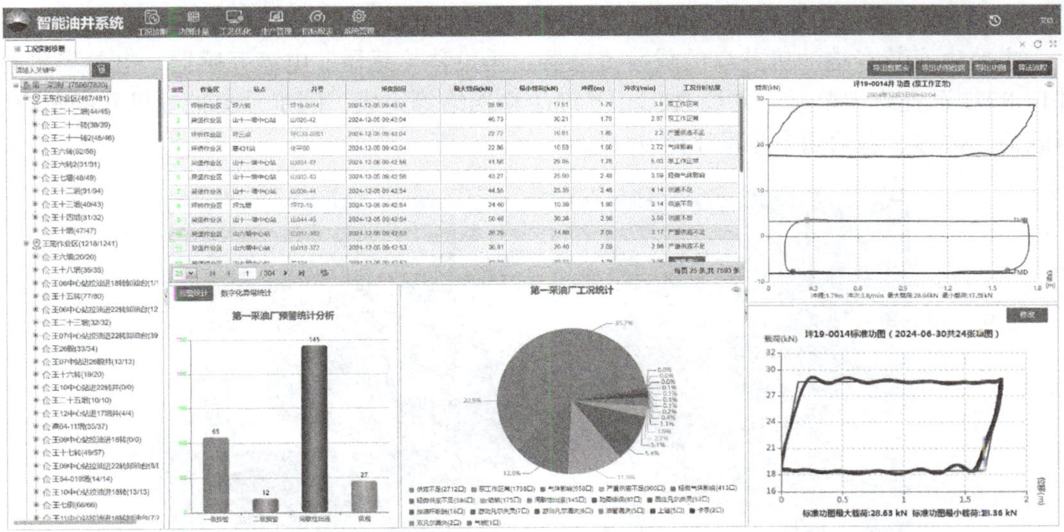

图 9-4 抽油机井智慧诊断计量系统界面

二、案例具体做法

1. 案例详情

抽油机井智慧诊断计量系统主要由数据采集、数据分析、结果发布三个单元组成。其架构如图 9-5 所示。

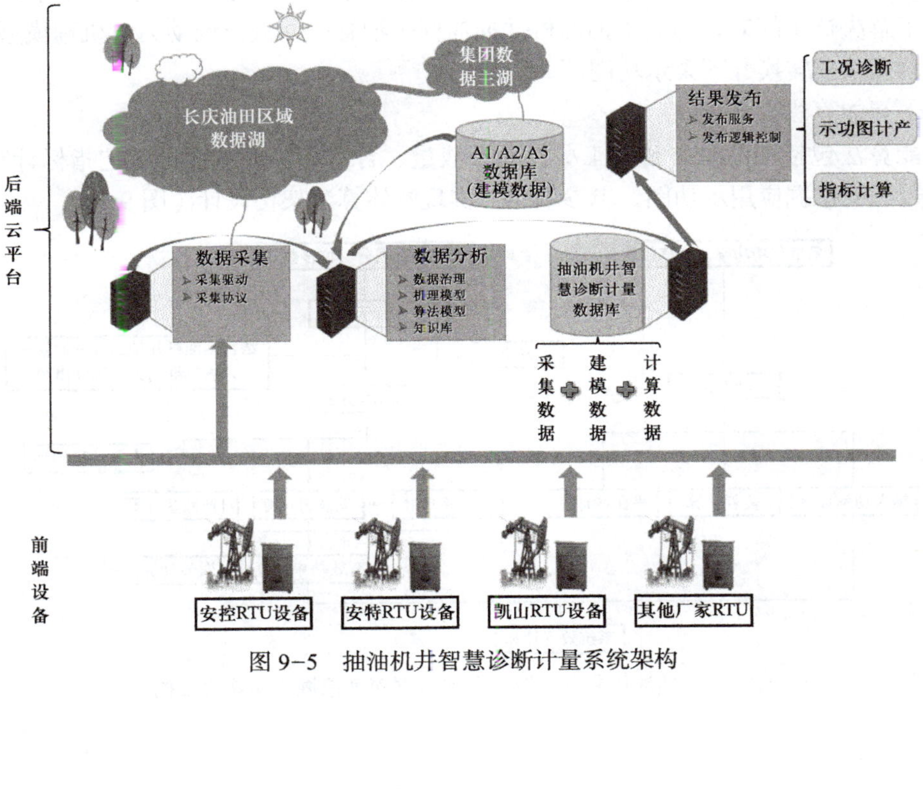

图 9-5 抽油机井智慧诊断计量系统架构

1）数据采集（井场）

主要由安装在抽油机井口的载荷传感器、角位移传感器、电流互感器、电参采集器、井口 RTU 远程终端单元、井场 RTU、光纤传输网络等组成，同步采集抽油机井的瞬时悬点载荷、位移、有功功率参量（图 9-6）。

图 9-6　数据采集及传输单元

2）数据处理（云平台）

主要包括机理模型构建及智能算法设计两个方面。

（1）机理模型构建。

抽油机井系统是一个复杂的振动系统（包含抽油杆、油管和井液三个振动子系统），因此在实际应用中，地面示功图受惯性载荷和振动载荷的影响，并不能直接用来诊断计量。为了解决这个问题，建立了抽油机井抽油杆—油管—井液三维动力学机理模型，实现地面示功图精准转换井下泵示功图。

（2）智能算法设计。

智能算法包括抽油机井智能工况诊断及液量、含水率、动液面等工艺指标计算方法，主要通过深度挖掘应用示功图、电参数据，实现整体算法架构设计（图 9-7）。

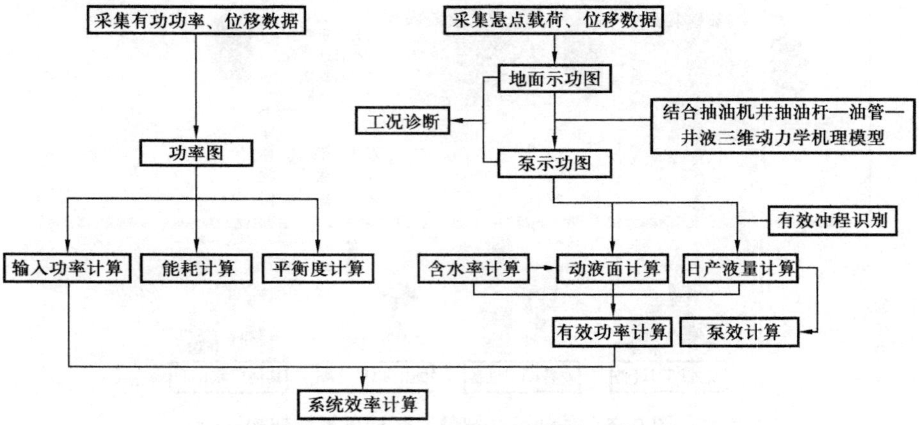

图 9-7　抽油机井示功图、电参数据深度挖掘智能算法架构

①“五联”智能工况诊断算法。

建立单井标准示功图样本库及故障示功图样本库，并对不同工况地面示功图、泵示功图进行特征分析和提取，形成载荷变化趋势分析、几何特征分析、标准示功图关联分析、CNN 神经网络诊断及交叉点分析的“五联”工况诊断架构，实现有杆泵井工况的智能识别。

载荷变化趋势分析算法：通过采取机器学习技术，自动分析一个阶段载荷变化趋势（一般为 30 天），诊出轻微结蜡、严重结蜡及间歇性出液工况。几何特征分析算法：主要根据不同工况泵示功图的明显几何特征差异，诊出轻微气体影响、严重气体影响、轻微供液不足、严重供液不足、脱筒工况。标准示功图关联分析算法：主要通过当前实时采集地面示功图与预设的标准示功图进行对比分析，从而诊出卡泵、断脱、游动阀失灵、固定阀失灵、双阀失灵及油管漏失等工况。CNN 神经网络诊断算法：构建神经网络自学习训练诊断体系，诊出游动阀漏失、固定阀漏失及出砂等疑难工况。交叉点分析算法：在抽油机井上下死点附近找寻上、下冲程载荷曲线是否存在交叉点，用于诊出油井上碰、下碰工况。

② 泵示功图有效冲程智能识别计产算法。

泵示功图有效冲程识别主要采用分区域曲率识别方法，在泵示功图的高载荷段找出曲率变化最大的两个点，位移小者为固定阀开启点，反之为固定阀关闭点；在低载荷段找出曲率变化最大的两个点，位移小者为游动阀关闭点，反之为游动阀开启点，分别计算固定阀启闭点的位置差和游动阀启闭点的位置差，则有效冲程为其中较小者。

单张示功图折合日产液量计算：

$$Q=(1440NS_p\pi D^2/4)/B_V$$

式中 N——冲次（通过 RTU 获得），min^{-1}；

S_p——有效冲程（通过泵示功图求得），m；

D——泵径，m；

B_V——原油体积系数。

在实际生产中，地面示功图间隔一定时间采集上传，因此采用示功图法计产时，通过对时间加权计算全天示功图日产液量。

③ 含水率计算。

在原油的开采过程中，单井含水率是重要的地质数据，关系到能否维持较高的单井产量和采收率，及时发现生产井的问题。

单张地面示功图求解含水率：抽油机井上冲程悬点静载荷为抽油杆柱在井液中的重力与柱塞面积上的液柱重力之和。抽油机井下冲程悬点静载荷仅为抽油杆柱在井液中的重力。因此，通过地面示功图上下悬点载荷受力分析，便可推算井液密度，进而求得油井含水率。抽油机井日平均含水率计算：采用对时间加权的方法（与示功图计产类似），利用全天采集的地面示功图可计算油井日平均含水率。

④ 动液面计算。

油井动液面数据直接反映了地层的供液情况及井下供排关系，是进行采油工艺适应性评价和优化的重要依据。

单张泵示功图求解动液面：建立一个冲程内固定阀、游动阀开启时刻作用在柱塞上的受力平衡方程，推算得出抽油机井沉没压力；建立沉没压力反推动液面模型，利用当前时刻采集地面示功图转换的泵示功图可推算油井动液面。抽油机井日平均动液面计算：采用对时间加权的方法（与示功图计产类似），利用全天采集的地面示功图转换的泵示功图可计算油井日平均动液面。

⑤ 系统效率计算。

油井系统效率数据直接反映机采系统管理水平。

单张地面示功图及功率图系统效率计算：包括有效功率计算、输入功率计算和系统效率计算三类。

a. 有效功率计算：有效功率是指将井内液体举升到地面所需要的功率。其计算公式如下：

$$P_{有效}=\frac{Q\rho_1 g}{86400}\left(L_f+\frac{(p_t-p_c)1000}{\rho_1}\right)$$

式中 Q——采集示功图折算日产液量，m^3/d；

ρ_1——井液密度，kg/m^3；

L_f——油井动液面，m；

p_t——油压，MPa；

p_c——套压，MPa。

b. 抽油机井系统输入功率计算：输入功率主要通过功率图计算求得，在实际生产中，RTU 每隔 10min 回传一张功率图，功率图是由一个冲次内同步采集位移及功率绘制而成，共计 200 组位移、功率数据。因此，抽油机在当前冲次下的平均输入功率计算如下：

$$P_{输入}=\sum_{i=1}^{200}P_i/200$$

c. 系统效率计算：系统所完成工作的有效功率和输入功率之比。

抽油机井日平均系统效率计算：采用对时间加权的方法（与示功图计产类似），利用全天采集的地面示功图与功率图计算油井日平均系统效率。

⑥ 泵效计算。

油井泵效数据直接反映机采系统供排协调水平。

单张地面示功图泵效计算：它是通过当前采集的地面示功图计算得到的油井日产液量与机采系统理论日产液量的比值。抽油机井日平均泵效计算：采用对时间加权的方法（与示功图计产类似），利用全天采集的地面示功图可计算油井日平均泵效。

⑦ 能耗计算。

油井能耗主要用来反映抽油机井耗电情况。

单张功率图输入功率计算：抽油机输入功率为功率图中全部功率数据的均值。单井全天平均输入功率计算：采用对时间加权的方法（与示功图计产类似），利用全天采集的功率图可计算油井日平均输入功率。单井全天能耗计算：日平均输入功率乘以 24h 即为抽油机井日耗电量。

⑧ 平衡度计算。

平衡度是反映抽油机井平衡状态的重要指标。

单张功率图平衡度计算：为下冲程平均有功功率与上冲程平均有功功率之比。抽油机井平衡度计算：采用对时间加权的方法（与示功图计产类似），利用全天采集的功率图可计算抽油机平衡度。

3）结果发布（云平台）

采集示功图、电参数据经数据处理单元处理后，其采集数据、抽油机井基础数据、计算结果数据分类进行存储、网页信息发布。云平台主要由数据库服务器、Web 服务器组成，数据库服务器用来存储采集数据、抽油机井基础数据及计算结果数据；Web 服务器向不同管理单元及岗位人员提供软件系统 Web 信息浏览服务。

2. 具体成效

抽油机井智慧诊断计量技术已在长庆油田 13 个采油单位全面推广应用，覆盖 87 个作业区 48128 口井，取得了较好的效果。

1）工况诊断方面

一级工况（需要安排小修作业）无漏报，系统诊出率 100%，转变了“人工逐井浏览示功图找躺井”的被动局面。通过分析对比 48000 余口井日常工况诊断结果，工况诊断准确率高达 90% 以上。

2）示功图计产方面

针对长庆油田低渗透油井，示功图计产与单井液量平均相对误差在 ±15% 以内。通过对比不同油藏区块的 48000 余口井，受采集数据与基础数据质量影响，示功图计产液量与现场单井液量误差在 ±15% 以内的油井占比 80.3%。

3）其他工艺指标计算方面

通过开展系统关键工艺指标分析模型现场试验比对：含水率计算平均绝对误差在 10% 以内，动液面计算平均绝对误差在 60m 以内，系统效率平均绝对误差在 1.5% 以内，能耗平均绝对误差在 3.5kW·h 以内。

三、案例创新点

1. 案例实施创新点

（1）形成了抽油机井物联网配套建设标准体系，配套载荷传感器、角位移传感器、电流互感器、电参采集器及 RTU，并组建光纤传输网络，示范引领抽油机井数字化、智能化建设。

（2）构建了工况智能诊断“五联”方法，实现有杆泵井工况类型的全覆盖，提高了复杂工况的诊断符合率，一级工况油井诊出率达 100%。

（3）基于“分区域曲率计算”的泵阀启闭点确定方法，精准识别泵示功图有效冲程，油井示功图计产误差在 15% 以内。

（4）创新了示功图、电参计算油井含水率、动液面、系统效率、泵效、能耗、平衡度等工艺指标的方法，其中含水率计算平均绝对误差在 10% 以内，动液面计算平均绝对误差在 60m 以内。

2. 推广价值

抽油机井智慧诊断计量技术在油田数字化、智能化建设中发挥了基础性作用：一是助推了油井管理方式的转变，由过去的“人工巡检、现场测试、专业解释”转变为“电子巡井、自动分析、智慧决策”，实现了工业生产与信息管理有机融合；二是助推了油井管理和现场安全管理水平的提升，油井故障的及时发现与排除，对有效生产时率的提升和本质安全管理提供了保障；三是助推了企业管理效率提升，由于大幅度减少了劳动工作量，劳动强度降低，使企业管理效率进一步提升，对从事采油工艺现场管理、技术研究和油田数字化、智能化建设工作的技术人员具有较强的实践意义和推广价值。

第四节　以智慧计量推进天然气产供储销一体化管理❶

一、案例概况

1. 背景摘要

大庆油田有限责任公司天然气分公司（简称天然气公司）是天然气加工、净化、原油稳定、长输管道管理及储运销售于一体的专业化公司，是全国规模最大的溶解气加工处理基地之一。天然气公司的主要产品包括天然气、轻烃和二氧化碳，供应油田原油生产，并为 11 个大工业用户提供原料和燃料，供给覆盖 220 多万个民商用户、1000 多万人口，涉及交通运输、学校、医院、商场等民生领域。

随着业务的不断扩大，管理复杂性增加，天然气供需不平衡的问题愈发突出。传统的计量方式已无法满足现代生产的精确调配要求，导致生产与供给之间频繁出现偏差；海量的生产管理数据未能得到充分利用，传统的数据管理和分析能力已不堪重负，数据孤岛现象严重，直接影响管理决策的效率；长输管道因其复杂的地理和环境条件而面临更高的安全风险，现有的监控手段难以有效预防和应对潜在的突发事故。

为应对这些挑战，在国家绿色低碳发展战略的指引下，天然气公司积极推动现代先进测量体系的建立与完善，着力构建智慧计量体系，积极引入人工智能（AI）技术，深入推进计量与业务的深度融合。实施全流程的数据数字化改造，利用智能计量设备提高数据采集的精准度，并通过异常数据诊断模型和数据解析重构算法，优化数据分析流程，确保数

❶ 本节内容由大庆油田有限责任公司提供。

据的高质量应用；开发并应用基于AI的生产调度系统，通过实时监控和智能预测，实现生产控制流程的优化和资源的高效配置；在管道安全管理方面，采用多参数算法的电位补偿模型，建立非稳流泄漏检测系统，全面提升管道运行的安全性。通过这些举措，实现天然气的高效开发和快速调控，筑牢国家能源安全屏障，助力油田高质量发展。

2. 案例简介

计量数据主要是指计量活动产生的原始数据及其衍生数据，是国家大数据体系的重要组成部分，也是重要基础性战略资源。为充分发挥计量数据在天然气开发领域的指导作用，解决天然气供需不平衡矛盾，天然气公司建设了产供储销一体化应用平台，通过构筑天然气生产计量大数据分析体系，强化计量数据智慧化采集、分析和应用，打破了传统决策体系受数据孤岛制约的落后局面。

该平台具备两大特点：一是立足生产管理要求，实现全过程计量数字化，搭建了由计量参数监控模型、异常参数诊断模型、管道泄漏检测等组成的安全计量模型，提升了管道的本质安全和供气安全；二是着眼产供储销联动调配目标，构建了外销气量预测模型、外输气量即时修正模型、储气库销储数据库等组成的智慧计量模型，将储气库的“呼吸”功能发挥到最大，大幅降低了注采设备无序启停造成的能源浪费。安全计量模型和智慧计量模型共同构成了AI自动调控模型这把破解油气生产难题的金钥匙。

二、案例具体做法

1. 案例详情

1）全面数据整合，夯实智能基础

为应对天然气生产和管理过程中日益复杂的数据分析需求，天然气公司开展全面数据整合治理工作，建立天然气一体化应用平台。平台每年存储的在线数据和历史数据可达500G，涵盖生产、供应、储存、销售等全产业链的各个环节。为了释放这些海量数据的潜力，开发异常测量数据诊断模型软件应用，精准识别过滤无效数据，提升数据的整体质量。同时，平台集成数据解析重构算法，对历史数据进行深度清洗和重构，确保数据的一致性和可用性。

为确保数据能够实时反映生产状态，平台建立实时监测和异常工况报警系统，能够在检测到数据异常的瞬间发出警报，并通过参数变化的超前预警功能，为生产操作提供及时的调整建议。通过多维度的数据分析能力，平台深入分析了气体流速、输配率、进出平衡比等关键指标，全面掌握生产过程中的细节，加快产业链的业务协同，形成数据驱动的智能决策体系。

2）深化精细管理，破解操作难题

为提升生产运营效率，在夯实数据基础后，着力深化精细化管理，针对生产过程中存在的具体操作难题展开深入优化。全面梳理生产流程中的关键瓶颈，识别出在多源数据处理、设备管理及操作复杂性等方面存在的主要问题。为解决这些问题，引入自动化管理系统，对关键计量器具的管理流程进行全面升级，开发智能切换模块，实现计量表在不同工况下的自动切换，避免人工操作失误；建立分级授权机制，确保不同级别的操作人员只能访问和操作相应权限范围内的设备，进一步提升管理的安全性和可靠性。大幅减少人工干预，提升操作的简便性和准确性。通过实施精细化管理，成功破解生产运营中的复杂难题，提升生产效率和操作稳定性，为企业的高效、安全运行提供有力支持。

3）人工智能调度，提升生产效率

为进一步提升生产效率，在数据整合和管理优化的基础上全面引入人工智能技术，以优化生产调度流程。开发基于人工智能的生产调度系统，利用深度学习算法，实时分析全产业链的生产数据，结合历史数据、市场需求和天气变化等外部环境因素，进行精准的生产调度预测。实时调整生产计划，确保资源的最优配置，避免传统调度方式中资源浪费和调度不准确的问题。

该调度系统具备即时修正功能，能够根据实时数据的变化，动态调整生产策略和气量供应，确保生产过程的连续性和稳定性。系统通过智能分析全天用气峰谷规律，自动执行错峰用气调度，优化气田气、伴生气和气库气的协调生产。提升生产效率和资源利用率，降低能源消耗，大幅减少人工干预的频率，实现生产过程的全自动化和智能化，为企业的持续高效运营提供强有力的技术支撑。

4）安全风险防控，强化系统稳定

为确保生产过程的安全性和系统的长期稳定运行，天然气分公司高度重视安全风险的防控，特别是在天然气长输管道的管理方面。开发基于多参数算法的电位补偿模型，该模型能够精准计算并动态调整管道在复杂地质条件下的电位补偿，尤其是在土壤电阻率、湿地环境和季节变化等因素影响下，有效防止管道的电化学腐蚀。

通过大数据平台建立非稳流泄漏检测模型，实时监测管道的运行状态，精准识别泄漏边界条件，排除瞬变流干扰。该系统可以在管道发生潜在泄漏时迅速发出警报，并指导应急响应，减少事故的发生概率和事故损失。通过优化电位补偿和泄漏检测系统，强化管道的安全防护能力，确保生产系统的长期稳定运行。整体而言，这些安全防控措施显著降低了事故风险，为企业的安全生产和持续稳定运营提供了坚实的保障。

2. 具体成效

1）节能减排，降碳环保

通过非稳流泄漏等 AI 模型逆向计算，可将管线漏点定位精度提高 85%，应急响应速度提升 2 倍以上，长输管道事故放空量降低 80%。

2）精准供气，进出平衡

综合应用气量预测、错峰控制等（图 9-8），将上下游供需匹配精度提升 32.4%，岗位员工操作频次降低了 97%。

3）数字赋能，精准调配

利用外输气量即时修正模型，周期性计算预测量、实时量、压力比等参数，及时调整输气量设定值，实现了控制策略实时调整，气量全程跟踪，控制效果量化评价，实现管网调配由被动反应向主动干预的供气方式转变。

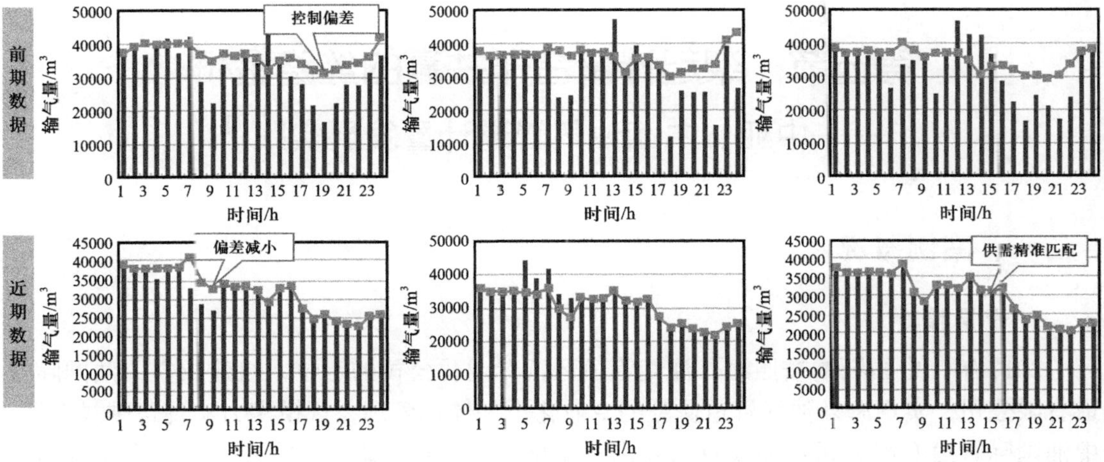

图 9–8 气量预测模型投用效果前后对比

三、案例创新点

1. 案例实施创新点

1）集成智能计量，打造全程管理体系

核心创新点在于集成智能计量技术，全面覆盖天然气产供储销各个环节，打造了一个高度智能化的全程管理体系。通过将计量数据与生产流程深度融合，天然气分公司构建了AI自动调控模型，实现对天然气生产全过程的精准监控和智能调控。智能计量系统不仅实时采集和分析生产数据，还能自动识别并处理异常情况，确保生产过程的高效性和稳定性。这一创新突破了传统的管理模式，使得企业能够更快速地响应市场需求和生产变化，显著提升了运营效率和安全性。

2）优化智能调度，提升协同运行效率

在智能计量的基础上，引入人工智能技术，开发基于深度学习的智能调度系统，大幅提升全产业链的协同运行效率。该系统能够实时分析生产数据，结合市场动态和环境因素进行精准预测与调度，确保资源利用的最优化。该系统具备即时修正功能，能够根据实时数据动态调整生产策略，减少能源浪费，实现全自动化和智能化的生产管理。提高生产效率，还减少对人工干预的依赖，推动企业生产管理的全面升级。

2. 推广价值

智慧计量的成功实施在技术创新上取得显著成果，也为油气行业智能化转型积累重要经验。该成果通过将计量数据全面数字化、管理流程网络化、调度系统智能化，实现天然气生产的高效、精准、安全管理，显著提升生产效率和资源利用率，降低运营成本，达到节能减排的目标。助力企业快速上产，提质增效，为油气行业的智能化转型提供宝贵经验，彰显智慧计量在推动油田高质量发展中的关键作用。具有广泛的适用性，能够在全国范围内的油气田开发中推广应用，推动油田向数字化、智能化方向迈进，加速构建高效、精准的现代产业体系，为油田行业的未来发展奠定坚实基础。

第五节　架起计量合作共赢的丝路金桥

——中亚、中缅油气管道计量发展实践[1]

一、案例概况

1. 背景摘要

2017 年，中国石油按照海外油气管道运营专业化公司的定位，组建成立中油国际管道有限公司，实现海外油气管道业务的专业化、一体化管理，规模实力实现跨越式发展。中油国际管道有限公司业务涉及乌兹别克斯坦、哈萨克斯坦、塔吉克斯坦、吉尔吉斯斯坦、缅甸和中国 6 个国家，管理 9 条管道、1 个 30×10^4t 级原油码头，管道总里程超过 1.1×10^4km，原油输送能力 4800×10^4t/a，天然气输送能力 820×10^8m^3/a。

中亚油气管道是我国西北方向重要的能源通道，项目建设与管道运营将中国与中亚地区相连，实现优势互补、战略共赢、价值共创、利益共享，是"丝绸之路经济带"建设的先行者和践行者，深化了我国与中亚油气合作。

中缅油气管道是我国西南方向重要的能源通道，项目建设拓展了我国进口油气资源海上通道，成为"孟中印缅经济走廊"和"21 世纪海上丝绸之路"建设的先导示范项目。

中亚、中缅油气管道经过土库曼斯坦、乌兹别克斯坦、哈萨克斯坦、缅甸和中国，在各个过境国由中国石油投资成立的合资公司独立建设和运营。长输油气管道输送损耗是油气管网设施运营企业控制输气成本的一个关键指标。在过境国合资公司股权决策机制下，中亚油气管道过境国合资公司同股同权，中缅油气管道过境国合资公司涉及 4 国 6 方，不同国家的政策背景和意识倾向存在较大差异，计量问题多样化。

"一带一路"沿线国家天然气流量量值溯源能力不强，面临无法进行 DN400mm、DN300mm 气体超声流量计实流校准等问题。中亚、中缅油气管道需要通过引入先进计量技术、创新计量管理模式来解决这些问题。

2. 案例简介

中亚、中缅油气管道是"一带一路"能源合作的典范，同时也是中国石油在计量技术和管理方面的创新实践，为我国跨境油气计量提供了宝贵的经验。中油国际管道有限公司通过合资公司的桥梁，与合作伙伴共寻跨国油气管道量值溯源难、计算方法不统一等问题的解决之道，确保了跨国油气管道按时投产、正常运营，同时促进了油气计量的国际互认，彰显了中国油气计量能力。

在校准能力互认方面，中亚天然气管道 DN400mm 气体超声流量计送到中国国家油气站进行首次检定，中缅天然气管道 DN300mm 气体超声流量计 2019 年以后也送到中国国家油气站进行周期检定。在流量计算方法互认方面，中乌天然气管道合资公司（ATG）在

[1] 本节内容由中油国际管道有限公司提供。

中方专家建议下，天然气流量计算方法采用与中国标准计算方法一致的美国天然气协会（AGA）标准。

在规程标准互认方面，中缅原油管道刮板流量计、体积管的周期检定，均是委托中国的计量机构按中国检定规程赴缅甸检定或远程检定。中缅原油管道马德岛首站采取船舱计量，委托国际认可的独立检验机构，出具两份商检报告，一份按国际标准化组织（ISO）标准和美国材料与试验协会（ASTM）标准，另一份按中国国家标准。

二、案例具体做法

1. 案例详情

从管道设计、建设再到商业运营，计量技术和管理创新一直贯穿于中亚、中缅油气管道计量工作的每个环节。通过合资公司平台，中方在贸易计量方面摸索出了一套海关、商检、货主（也是托运方）、承运方都能接受的计量计算方法、计量仪表检测方法、贸易交接方式，获得合资公司合作伙伴的认可。

1）境外大口径气体超声流量计在中国的量值溯源

（1）中亚天然气管道乌兹别克斯坦境内 DN400mm 气体超声流量计在中国国家油气站进行首次检定。

计量设备在当地投用需要经历“三道关”：设备须在乌兹别克斯坦国家标准委员会（Uzstandard，乌兹别克斯坦国家最高计量管理机构）完成注册方具备在乌兹别克斯坦使用的资格；而取得注册证书的设备又须由 Uzstandard 强制检定后方可投入使用；同时，进行设备注册又必须进行出厂检定。

由于中亚天然气管道乌兹别克斯坦境内计量系统的全部单体设备，包括气体超声流量计、流量计算机、色谱分析仪等均未在乌兹别克斯坦注册，落地使用需要重复检定三次，且可能延误管道投产时间。因此，为节约时间、避免重复检测，经与 Uzstandard 协商，将所有计量系统单体设备的注册检定与使用前检定合并为一次，检定合格后即颁发注册证书与检定证书。

其中，DN400mm 大口径气体超声流量计在乌兹别克斯坦首次使用，乌兹别克斯坦本土没有能力进行实流检定。中乌天然气管道合资公司将超声流量计首次检定（三次合并为一次的检定），交由通过中国合格评定国家认可委员会（CNAS）实验室认可的中国国家油气站南京分站承担。在中国进行首次检定，弥补了乌兹别克斯坦无法实流检定大口径流量计的不足，也彰显了中国石油天然气大流量计量检定能力。

（2）中缅天然气管道缅甸境内 DN300mm 气体超声流量计在中国国家油气站进行周期检定。

缅甸未建立大口径天然气流量量值溯源体系，无法进行 DN300mm 流量计的实流校准。中缅天然气管道公司中方专家与缅甸电力能源部协调，经天然气购买方和其他 5 位股东沟通确认，从 2019 年开始，中缅天然气管道全线 18 台大口径流量计均送到中国国家油气站南京分站或北京分站进行周期检定，依据中国检定规程 JJG 1030《超声流量计》、国际标准 ISO 17089《封闭管道中流体流量的测量—气体超声波流量计》进行全量程校准。

2）中乌天然气管道合资公司（ATG）流量计算方法多边互认

2009年，中亚天然气管道投产时，天然气计量沿用原苏联国家标准（GOST标准），而GOST标准中没有关于气体超声流量计的计量标准。ISO标准和美国AGA报告有相关标准，中国计量标准参考ISO标准和美国AGA报告制定。

经ATG与乌兹别克斯坦Uzstandard充分沟通，列出AGA、ISO、GOST和中国国家标准计算方法异同点，以及流量计算机内置AGA算法的优势。最终乌兹别克斯坦Uzstandard认可了AGA的计算方法，相关成果体现在ATG的输气协议规定中：采用AGA No.8号报告计算天然气压缩因子；以热力学温度293.15K、绝对压力101.325kPa为标准参比条件进行商业交接。同时，ATG其他计量方法也采用了AGA标准。涵盖了天然气压缩因子的计算、超声波流量计计量原理、天然气气质、标况压力及温度的要求、流量计和流量计算机本体的技术规格及性能要求、天然气中声速的测量等。与上述内容相同的中国计量标准与AGA标准内容等同或等效。

3）中国计量规程直接落地中缅原油管道

与一般跨国输油管道不同，中缅原油管道所输送的原油并非产自管道项目所在国——缅甸，属于过境原油。经中缅合资公司中方不懈努力，用于中缅原油管道交接的缅甸马德岛首站、南坎末站均使用中国的参比条件20℃和101.325kPa（绝压），采用质量单位计量。中缅边境南坎原油计量站贸易计量系统所用的刮板流量计、体积管均按中国的检定规程进行周期检定，并委托中国计量机构的人员入境检定并出具检定证书。新冠肺炎疫情期间，为了保障计量合规性，创新采用远程方式完成检定。

4）中缅原油管道马德岛首站的中国标准转换

位于缅甸的马德岛首站计量交接分为两部分：一部分为船主与货主的计量交接，执行国际标准，计量参比条件为15.56℃（60℉）和101.325kPa（绝压），体积交接；另一部分为货主（也是托运方）与承运方的计量交接，执行中国标准，计量参比条件为20℃和101.325kPa（绝压），以质量单位交接。在法律上，这两个交接计量应该是相互独立且互不影响的作业，但为了简化计量交接程序，中方专家创新提出一次计量两次交接，即商检按照ISO标准和ASTM标准用于货主与船主交接，计量数据再按照中国国家标准进行转换，转换后的数据用于货主与管道承运方的交接。经中缅原油管道公司中方股东协调，各方均接受此计量模式。

2. 具体成效

（1）中亚、中缅天然气管道合资公司DN400mm/DN300mm气体超声流量计送中国国家油气站进行首次检定和周期检定，此举在计量方面树立了标杆，产生了标杆效应。通过与中国国家油气站的合作，其他国家可以学习和了解中国在计量领域的先进技术和管理经验，促进技术交流和合作。中国计量体系赢得“一带一路”沿线国家的信任，为跨国能源合作提供有力支持。

（2）中乌天然气管道合资公司（ATG）流量计算方法多边互认，凸显了中亚天然气管道的国际化。可以统一天然气多边计量标准，确保不同管道系统之间的计量一致性；可以减少计量过程中的误差和风险，避免因为不同计量标准造成的计量差异；有助于对多边计量进行统一监督和审计，确保计量过程的合规性和透明性；使得多边的计量数据交流更加便捷和高效，有利于实时监控和数据共享；有助于不同国家和地区之间的合作与交流，促进跨国计量合作和发展。

（3）中缅原油管道运营中执行中国标准，将中国先进的计量技术、计量管理经验纳入生产运行，为缅甸员工提供更多来中国计量交流和培训的机会，为缅甸提升计量技术及能力建设提供帮助。

（4）中缅原油管道马德岛首站的中国标准转换，维护了交接双方的利益，消除了温度对原油计量交接准确性的影响，统一中缅原油管道首、末站计量参比条件，减小了计量系统误差。中国检测机构赴缅甸检定刮板流量计，为缅甸提供计量校准测试服务，进一步加强“一带一路”沿线国家计量技术交流。

三、案例创新点

1. 案例实施创新点

（1）推动了“一带一路”沿线国家在油气管道领域的计量校准证书的国际互认。中亚、中缅天然气管道 DN400mm/DN300mm 气体超声流量计送中国国家油气站进行首次检定和周期检定，获得乌兹别克斯坦、哈萨克斯坦、缅甸计量管理部门的认可，促进了计量国际互认，有效消除了贸易壁垒。

（2）实现我国油气管道优势技术标准“走出去”，在“一带一路”沿线国家落地。

（3）通过管输协议的方式，直接引入中国原油计算参比条件，未明确的方面直接执行中国计量标准。在运营中，中缅原油管道按照中国标准开展计量和贸易交接工作，彰显了中国的计量技术和管理水平。

2. 推广价值

通过中亚、中缅油气管道计量工作实践，可以看到，“一带一路”沿线国家合资公司计量合作是一项重要而复杂的任务，需要在理论和实践中不断探索和创新，以满足各方的需求，保护各方的利益，共同推动“一带一路”沿线国家的计量国际化发展。中亚、中缅油气管道在合作方式和运行模式等方面所做的探索，以及在商业贸易交接计量等方面总结的方法，为中国天然气的多元化进口找到了一条有效可行的途径。

第六节　尼日尔 Agadem 一期原油计量系统[1]

一、案例概况

1. 背景摘要

2008 年 6 月中国石油与尼日尔政府签署 Agadem（阿加德姆）区块产品分成协议，2009 年 1 月 Agadem 上下游一体化项目正式获得中国国家发展改革委批复。2011 年 11 月，

[1] 本节内容由中国石油尼日尔公司提供。

Agadem 一期建成原油产能 100×10^4t/a 的油田，全长 462.5km，输油能力 100×10^4t/a 的管道和 100×10^4t/a 处理能力的炼厂分属于尼日尔上游项目（包括油田与长输管道）和炼厂项目两个独立项目运作。

Agadem 油田位于尼日尔东南 Termit 盆地，在首都尼亚美以东 1400km，面积 27516km^2。Agadem 油田包括 Sokor、Goumeri&Goumeri W-1、Agadi&Gololo W-1 区块 5 个油藏断块，设计产能为 100×10^4t/a。Agadem 油田单井产量为 158～1510bbl/d（25～240m^3/d），气油比为 0～5166.04ft^3/bbl（0～919.56m^3/m^3），原油倾点为 5～58℃。Agadem 油田主要包括电动潜油泵（ESP）油井 88 口（气井 1 口）、注水井 4 口、回灌井 2 口、中心处理站（CPF）1 座、原油转接站（FPF）1 座、混输泵站（BS）1 座、丛式井台（PAD）9 座、计量站（OGM）5 座。截至 2022 年 12 月底，一期 Agadem 油田累计生产原油超过 940×10^4t。

尼日尔 Agadem 一期原油计量系统的主要设备包括油田 CPF 与管道首站之间的生产计量流量计和管道末站与炼厂之间的商业交接计量流量计。因中间的长输管道具有正输和反输功能，所以位于首站和末站两端的流量计均可进行正输和反输计量。

2. 案例简介

尼日尔 Agadem 油田 Sokor 油区的原油经过 FPF 站增压泵将原油通过 FPF—CPF 集输管线输送至 CPF 站，Agadi 和 Gololo-W 油区的原油经过 PAD2 的混输泵输送至 1$^\#$ 阀室 T 接并入 FPF—CPF 输油管线，最终与 Sokor 油区来油混合后输送至 CPF 站。Agadem 油田一期生产的原油在 CPF 站进行集中脱水处理，脱水处理合格的原油经过站内给油泵、CPF 计量橇系统计量后输送至管道首站。首站接收上游 CPF 来油，到达末站后直接进入 SORAZ 炼厂原油储罐，工艺概况如图 9-9 所示。

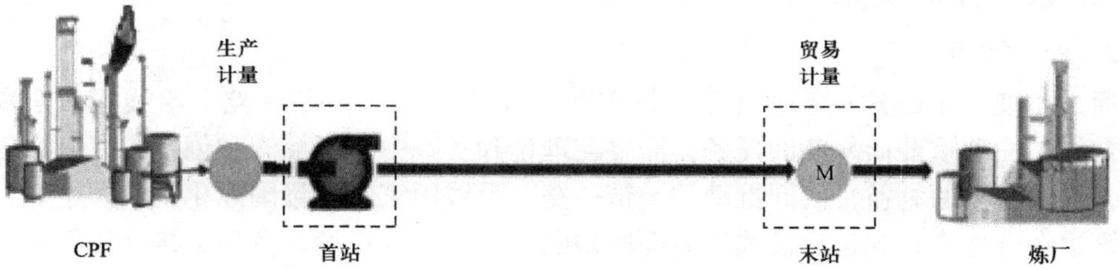

图 9-9　Sokor 油区的原油工艺流程图

首站计量系统和末站交接计量系统均为艾默生公司提供的 Daniel 超声波流量计。主要包括液体超声波流量计 Daniel LUSM 3800、流量计算机 Daniel S600、流量计检定系统、PLC 系统、上位机系统等（图 9-10）。当原油流经计量系统时，在计量系统的管路上装有流量、压力、温度等传感器对原油参数进行测量，测量数据反馈至流量计算机测算出工况下原油的修正流量，操作员可在上位机系统中对流量、仪表参数和系统的阀门状态等进行监控。

CPF 站和管道首站之间的计量装置，作为油田产量计算依据，为生产参数控制提供参考。管道末站与炼厂之间的流量计的计量结果作为贸易计算依据，用以计算成本、利润及服务报酬等。同时，分别位于管道首、末两端的两套流量计（图 9-11）又可以相互佐证，出现不合理偏差时，就及时采取措施进行校准，确保流量计始终处于准确计量状态。

图 9-10　CPF 与管道首站之间流量计

图 9-11　管道末站与炼厂之间流量计

自项目投产以来，尼日尔 Agadem 一期原油计量系统始终保持稳定运行，计量数据准确，为 Agadem 油田一体化项目的安全稳定运行提供了可靠的保障，同时也为上游项目与炼厂项目之间的贸易结算提供了准确可靠的数据。建立了一套符合具体实际情况特点的操作方法，并且在执行过程中全程由尼日尔政府监督见证，并得到各方的认可，为原油贸易提供了公正的交易环境和信任基础。

二、案例具体做法

1. 案例详情

1）计量设备和标准

尼日尔 Agadem 油田首站计量系统和末站交接计量系统均分别设置两路计量装置，一用一备。每路均配备球阀、消气过滤器、整流管、液体超声流量计、压力变送器、温度变送器、调节阀、电动球阀、止回阀等。超声波流量计对经过油品的流态有要求，所以需设置整流管。为了避免整流管发生堵塞，同时也为减少油品中的机械杂质对流量计和调节阀的损害，在整流器前设置了带消气功能的过滤器。流量计管路的工艺流程如图 9-12 所示。

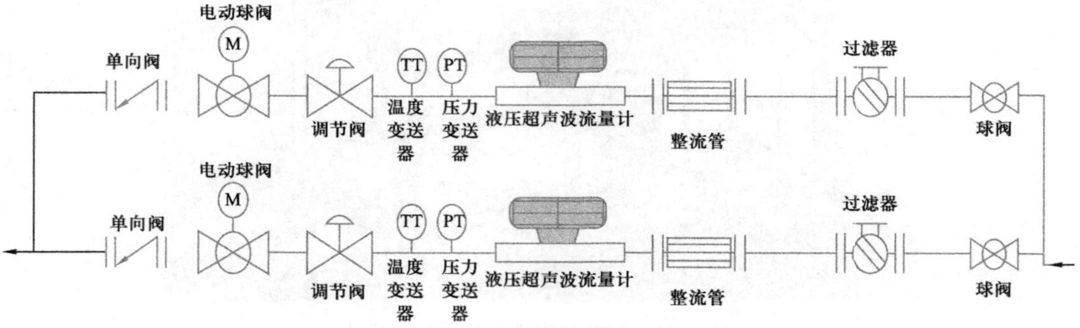

图 9-12　流量计管路工艺流程图

整流管与液体流量计相连，并要求整流管的长度需达到 8*D*（*D* 为管径），整流管上游的直管段长度最小需要 5*D*，压力变送器位于超声波流量计下游最少 2*D* 位置处，温度变送器位于超声波流量计下游最少 3*D* 位置处。

流量计将所测到的流量信号传输到配套的流量计算机上。流量计算机接收压力、温度等信号，组成流量计量系统，并通过相应的标准进行流量计算、显示、存储和贸易结算管理。相关数据可在站控系统、SCADA 调控中心显示和存储，也可通过网络与上、下游进行数据交换（首站的计量数据可以在油田和管道控制系统之间传递，末站的计量数据可以在管道与炼厂控制系统之间传递）。流量计系统的相应技术参数指标见表 9-3。

表 9-3　流量计系统技术参数

栏目名称		技术参数
计量标准		API MPMS 4，5.8，21
状态方程		API MPMS CH 11.1 53A/54A 2004
不确定性 /%		0.25
参考条件（标况）	压力 /MPa	0.101325
	温度 /℃	20
计量数据单位		m^3

在计量过程中，需要利用油品的一些物性参数进行分析计算，如原油的含水量、密度等参数，因此在 CPF 和管道末站还分别设置油品分析实验室，这些设备能够对原油的密度、温度、含水量等进行精确测量和分析，作为计量系统的一部分。

2）上、中、下游一体化项目计量机制

根据上、中、下游一体化项目生产运营的实际需求，建立整体计量系统，有效协同油田生产与管道末端的贸易交接。

每日晚上 24：00 读取当天的流量计读数（m^3），与上一日 24：00 的流量计读数之差作为当日输送量基础数据。

在管道末站，尼日尔上游项目与津德尔炼厂进行贸易交接时，以《中国石油国际勘探开发公司计量管理规定》和原油销售协议为基础，末站计量人员每日 08：00 和 14：00 分别取两次油样，对油品密度、含水量、凝点、黏度等参数进行测定。然后根据测量的含水量、密度等参数计算当日的净原油交接量，换算为标准状态下的体积量（bbl）。并根据流量计日报编制日交接凭证；每周一末站计量人员、炼厂计量人员、尼日尔政府代表三方共同监督取样，并由末站计量人员和炼厂计量人员分别对油品物性进行测定，相互对比，以此获得三方对数据的认可；每月底根据日交接凭证，汇总编制月度交接凭证，并经管道、炼厂及尼日尔政府代表三方审核签字，确保原油交接计量的准确性和可靠性。

此外，油田 CPF 计量装置的计量数据虽然不作为贸易交接凭证，但其计量数据一方面可以作为油田生产运行的指导参数，同时也可以与管道末站流量计计量数据相互进行对比验证。当发现管道首、末站流量计的数据出现异常偏差时，就能及时发现并分析偏差出现的原因，从而可以及时调整油田生产运行参数误差或者避免贸易交接出现大的结算误差。在保证计量数据精准的同时，也进一步提高上游 CPF 生产数据的准确性和可靠性。自投产以来到 2022 年底，CPF 流量计数据与管道末站流量计数据对比如图 9-13 所示。

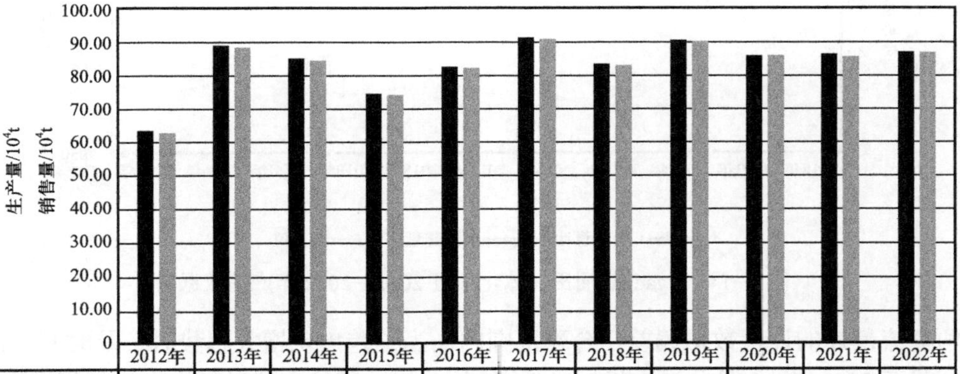

	2012年	2013年	2014年	2015年	2016年	2017年	2018年	2019年	2020年	2021年	2022年
■ 生产量	63.33	89.43	85.34	74.60	82.79	91.56	83.39	90.87	86.19	86.56	87.25
■ 销售量	62.73	88.74	84.71	74.59	82.60	91.26	83.15	90.60	86.00	85.84	86.92

图 9-13　CPF 流量计数据与管道末站流量计数据对比

从图 9-13 中可见，CPF 流量计数据和管道末站流量计数据保持了很好的一致性。同时，根据进、出管道系统的计量数据也可指导控制管道输送损耗。

3）流量计标定和验证

为确保计量设备和方法的准确性，尼日尔上游项目公司公开招标具有国际认证检定资质的第三方机构定期对计量设备进行校准和验证。这包括对超声波流量计系统两年一次的检定，流量计温度、压力变送器每年一次的准确性校验等。所有标定过程由三方代表共同见证，通过检定和校验，确保计量设备的可靠性和准确性，提高原油计量的精度和可信度。因为可以利用管道末站贸易交接流量计对 CPF 站流量计进行对比，因此可以适当延长 CPF 流量计的检定周期，也节省了上游计量装置的检定费用成本。最新一次 CPF 站和管道末站流量计共同标定于 2022 年 5 月完成。

4）数据管理和报告

尼日尔公司上游项目部建立了严格的数据管理系统，确保原油计量数据的安全、准确和可追溯性。计量数据和相关信息被记录、存档和报告，包括原油的含水量、温度、密度指标等。这些数据可供内部管理、外部审计和财务结算使用，保障交易双方的权益和利益。

2. 具体成效

CPF 和末站计量系统核心检测单元采用无插入部件的超声波流量计，减少计量系统因介质污染引起的计量误差，流量计测量准确且运行稳定，日常维护工作量较少。

通过该原油交接计量案例的实施，尼日尔 Agadem 油田一体化项目能够确保原油交接计量的准确性和可靠性。这有助于保障原油资源的正常流通和贸易活动的公正性，同时也维护了交易双方的权益和信任。以往各年产销数据如图 9-14 所示。

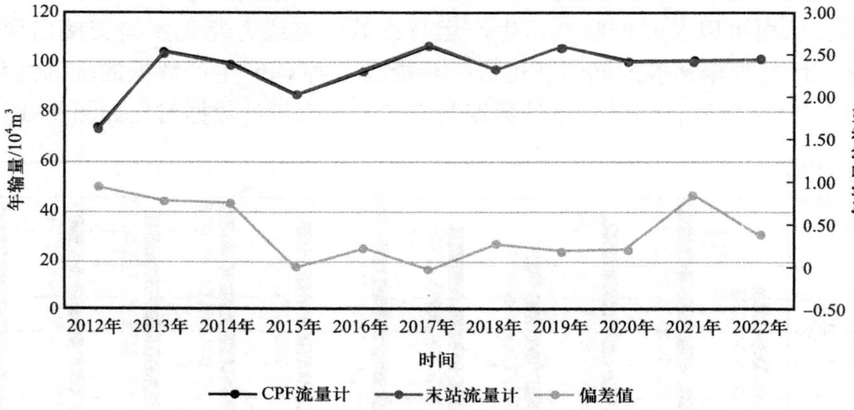

图 9-14 Agadem 油田一体化项目 2012—2022 年产销数据图

两套流量计的计量数据偏差在合理范围内，当偏差出现增大趋势时，及时开展流量计检定。截至 2023 年 11 月，该套机制已经运行 12 年，贸易交接过程未发生任何计量纠纷。

三、案例创新点

1. 案例实施创新点

（1）通过尼日尔 Agadem 油田一体化项目计量系统的运行，建立了生产与贸易计量的有效关联，形成了符合实际情况的计量机制，两套流量计系统计量数据相互验证，提高了系统的可靠性和计量的准确性。

（2）通过计量数据对比，指导油田和管道的生产运行，使一体化项目的总体产销平衡，避免在生产运行过程中出现冒罐等风险事件，同时也可指导管道运行过程中及时采取措施有效控制输送损耗。

2. 推广价值

尼日尔 Agadem 一期原油计量系统，为油田的安全稳定运行提供了可靠的保障，同时也为上游项目与炼厂项目之间的贸易结算提供了准确可靠的数据。该系统建立了一套符合具体实际情况特点的操作方法，在执行过程中全程由尼日尔政府监督见证，并得到各方的认可，为原油贸易提供了公正的交易环境和信任基础，企业的品牌形象和市场竞争力也得到了极大提高，Agadem 油田已经走在了“一带一路”沿线国家计量愿景的前列，为进一步加深中尼双方开放合作奠定了坚实的基础。

第七节　可控震源一致性测试方法在中东地震采集项目中的应用❶

一、案例摘要

1. 背景摘要

东方物探公司在海外勘探作业中，鉴于当地严苛的安全标准与环保要求，可控震源施工广泛应用，尤其中东地区的沙特阿拉伯、阿曼、阿联酋等国家，几乎全面依赖于震源施工，且油公司对施工要求多是震源高效采集作业，勘探任务重，施工期短。可控震源作为地震勘探领域的关键技术装备（图 9–15），其工作状态直接决定地震数据采集的质量。依据施工规范，可控震源需每月进行一致性测试，以确保其性能稳定。传统有线一致性测试方法存在显著弊端：测试过程中，震源需停止施工，手动建立震源与采集阵列之间的物理连接，方可实施测试。此流程不仅耗时耗力，更关键的是，它严重扰乱了原本就高效紧凑的施工计划，导致勘探成本上升与整体效率下降。因此，探索并实施一种无须中断施工的震源一致性测试方法，以显著提升作业效率，已成为亟待解决的重要课题，其紧迫性与重要性不言而喻。

图 9–15　可控震源

2. 案例简介

2021 年，中东某油公司首次使用了东方物探公司自主研发的 G3iHD 地震勘探采集系统，该系统支持新型的 VSS 一致性测试方法。可以实现震源无须停工、无须与采集排列

❶ 本节内容由东方物探公司提供。

物理连接，在正常生产状态下即可完成一致性测试，节省人力物力，提高生产效率。相比于传统的有线一致性测试方法，VSS 一致性测试具有不需要将震源物理连接到采集排列、不需要指定特定数据来进行分析、不需要指定测试时间、拥有更高的时间同步精度四大优势，实现了甲乙双方双赢。

二、案例具体做法

1. 案例详情

可控震源的工作状态主要可以分为振动性能、仪器的同步性及参考信号的正确性三个方面。可控震源的振动性能主要指可控震源在激发地震波时实际出力信号与理论设计信号的相似程度：在地表条件相同的情况下，实际出力信号与理论设计信号相似度越高，则说明可控震源的振动性能越好。评判震源机械状态的指标有相位、畸变、出力等。

为了测试震源的工作性能，尤其是验证并确保震源参考信号与真参考信号的同步性和一致性，通常会在开工时和施工过程中的每个日历月对可控震源进行一致性测试。一致性测试震源的特征信号通过有线排列传回仪器主机，与仪器的真参考信号进行比较、分析。

传统的有线一致性测试方法需要将震源集结至仪器主机附近，将震源特征信号通过线缆与采集站模拟通道物理连接。每个模拟通道只能调返并记录一个信号，通常需要调返震源的参考信号、力信号、平板加速度信号和重锤加速度信号四个特征信号。在进行有线一致性测试前，仪器主机需要调整到测试模式，并保持正常生产时的电台延迟设置。震源准备好后，仪器主机通过无线电台启动震源，然后将震源特征信号通过地面设备传回到仪器并记录数据文件（图 9-16）。最后，将数据文件在室内通过第三方软件进行详细的震源一致性测试分析以评价震源的工作状态。传统有线一致性方法需要停炮后集结震源，占用大量正常的采集生产时间，造成经济效益和施工效率的双重损失。

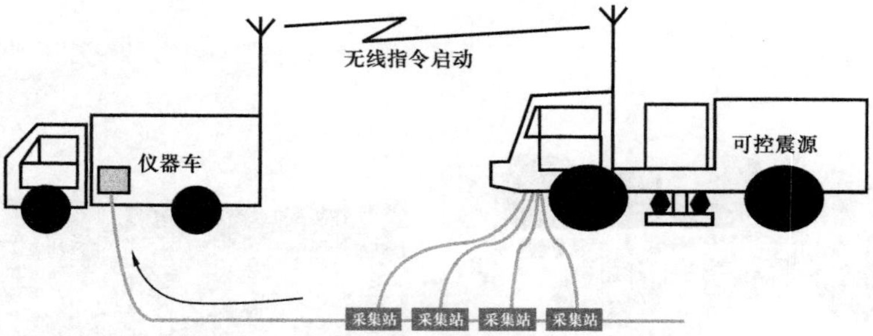

图 9-16 传统有线一致性测试方法简图

新的 VSS 一致性测试方法是从震源译码器中提取震源力信号、震源参考信号，与编码器中的真参考信号合成一个测试文件，对合成后的文件再进行分析比对。使用 GPS 时间约定启动方式时，编译码器间的启动延迟时可控制在 10μs 以内。利用 G3iHD 仪器的有线一致性分析功能选取合成后的测试文件进行逐道的一致性对比结果分析，以确保测试结果可用，室内依然可以通过第三方软件进行详细分析。新型 VSS 一致性测试方法在保证了与常规的震源有线一致性测试相同效果的情况下，不耽误震源正常生产，不需要震源与采集排列进行物理连接，拥有更高的时间精度且可以使用任意时刻的箱体数据进行分析，分析结果更加贴近可控震源生产时的真实工况。VSS 一致性测试是可控震源一致性测试方法的一次重要革新。

2021 年，东方物探公司自主研发的 G3iHD 仪器系统连同包括 VSS 一致性测试方法的一系列中英文配套标准首次进入中东物探市场，如 G3iHD 采集系统可控震源一致性测试技术规程（technical specification for vibrator similarity test with Gsi HD acquisition system）。为了让“东方标准”更快速地得到甲方的全面认可并保障新标准在施工现场得以平稳实施，东方物探公司成立技术攻关团队，累计召开公关会议 30 余次，累计跟踪问题 174 项，解决问题 153 项，为“东方标准”在中东市场顺利扎根和项目的稳产提效奠定了坚实基础。

2. 具体成效

在新型 VSS 一致性测试技术的推广进程中，油公司初期对此创新方法持审慎态度。东方物探公司技术攻坚团队采取了双管齐下的策略以赢得油公司的信任与接纳。首先，团队深入细致地阐述了新方法的理论基础，详尽剖析了其运行机理，并针对对方提出的每一项疑问给予了耐心且周密的解答，旨在从根本上消除油公司对新技术的不确定性，确保他们对新型 VSS 一致性测试方法形成全面而深刻的理解与认知。

与此同时，为了进一步增强说服力，东方物探公司技术团队精心策划并实施了一系列全方位、多角度的实验验证方案。这些实验不仅全面考察了新型 VSS 一致性测试方法的可行性与质量控制成效，还通过实际数据直观展现了其在提升效率、降低成本及保障地震数据质量方面的显著优势。通过这一系列理论与实践并重的验证过程，油公司最终对 VSS 一致性测试方法给予了高度认可与肯定。

该新型 VSS 一致性测试方法已在中东地区某重要地震数据采集项目中成功应用逾两年，其实际应用效果令人瞩目：不仅有效降低了生产成本，大幅提升了作业效率，还确保了地震资料的高品质，为甲乙双方带来了显著的经济效益与合作共赢的局面。

VSS 一致性测试方法在东方物探公司承担的中东某特大可控震源高效采集项目全面应用两年多以来，操作流程清晰方便、质控手段完善、效果明显，解决了因传统有线一致性测试停工造成的生产效率下降问题。VSS 一致性方法成功助力项目在 2022 年打破了甲方物探年产量纪录，并在 2022 年 5 月打破了甲方物探月产量纪录。并且其可以使用任意时刻的任意箱体数据进行分析的特性，使得甲方及地震队的质控人员随时检测震源一致性状态的设想变为可能，进一步提升了物探施工的质控水平，提高了地震采集资料的品质。在直接经济效益方面，VSS 一致性测试方法每年为项目节省了约 120h 的停炮测试时间，以生产时效 1000 炮计算，每年的直接经济贡献超过 100 万美元。

三、案例创新点

1. 案例实施创新点

与常规的震源有线一致性方法相比，使用新型 VSS 一致性测试方法时，仪器主机通过电台发送启动指令给译码器，译码器会记录每个震次的震源特征信号。为了验证特征信号的一致性，从震源译码器中提取震源力信号、震源参考信号，与编码器中的真参考信号合成一个测试文件，对合成后的文件再进行分析、比对。

相比于传统有线一致性测试，新型 VSS 一致性测试方法在实现逻辑上进行了革新，使得其在与传统有线一致性等效的情况下，省去了一系列的烦琐步骤，消除了传统有线一致性测试造成的停炮时间，是可控震源一致性测试的一次革命性创新。

2. 推广价值

新型 VSS 一致性测试方法是一种快速高效的震源一致性测试方法，其原理新颖明确，已在国内外多个地震采集项目上应用，其效果已得到了充分验证，并且得到了国内外主流石油公司的广泛认可。该一致性测试方法是对物探在线计量、智能计量手段的探索，可为地震采集项目降低生产成本，提高生产效率，提升质控水平，具有广泛的推广价值与应用潜力。该方法已经推广应用到巴基斯坦、哈萨克斯坦、乌兹别克斯坦、尼日利亚、乍得、印度尼西亚、孟加拉国等国家和地区。

第八节　创新高温腐蚀测厚技术应用助力静设备安全稳定运行[1]

一、案例概况

1. 背景摘要

石化装置生产具有高温、高压、易燃易爆、有毒有害的特点，随着炼制高硫、高酸值原油的比例逐年上升，这些物质产生腐蚀尤其在高温部位表现突出，例如常减压蒸馏、催化裂化、重油催化裂化、加氢裂化、加氢、焦化、重整等影响普遍，高温高压设备泄漏，将会造成严重后果，高温容器和管线腐蚀减薄的实时在线监测问题，已成为炼油化工企业迫切需要解决的难题之一。

2. 案例简介

针对吉林石化公司合成气脱硫塔和三催化高温热油管线易腐蚀，极大影响安全稳定生产的问题，为解决高温管线和容器在线测厚难题，经吉林石化公司科研立项攻关，开发了具有自主知识产权，可以对高温易腐蚀设备和管线进行厚度监测与变送，实现高温腐蚀裕度监测的高温腐蚀测厚变送器（图 9-17），在设备温度范围为 −20～500℃时，分辨率达到 0.1mm，满足防爆要求，具有 RS485 通信输出，可实现外表面夹紧安装。自 2015 年进行探头高温适应性考核，2017—2020 年完成高温腐蚀测厚变送器研制开发，性能达到目标要求，取得了防爆认证，填补了高温腐蚀厚度监测国内空白。从 2020 年开始，已在合成气装置和三催化装置稳定运行 4 年，2024 年大检修新增使用 35 台，系统运行稳定，腐蚀速率曲线监控效果较好。

[1] 本节内容由中国石油吉林石化公司提供。

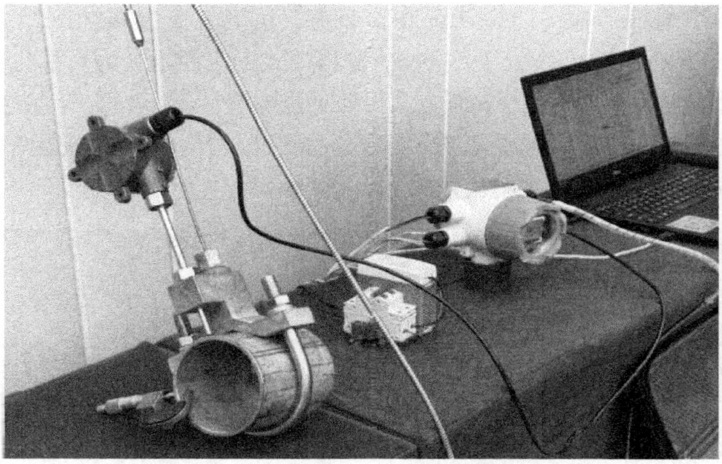

图 9-17 高温腐蚀测厚变送器

二、案例具体做法

1. 案例详情

1）高温腐蚀测厚变送器的研制

自主研发高温腐蚀测厚变送器可实现 -20～500℃设备温度范围在线实时厚度采样，信号调理成 RS485 信号远程传输到腐蚀监测平台。高温腐蚀测厚变送器是由高温测厚传感器、测量装置组件、信号调理放大器组件、补偿通信传输组件、壳体及夹具组成，通过数据运算分析出介质与腐蚀速率的关系曲线及腐蚀的类型，提出腐蚀的防护手段，达到闭环腐蚀控制，实现设备的本质安全。研制中解决的技术难题包括：

（1）解决超声传感器探头的技术选择和抗高温问题。选用性能稳定的锆钛酸铅系压电陶瓷（PZT）探头。为抗高温加装抗高温保护性外壳，并在探头芯体和保护壳间填充导电抗高温材料，保证性能且抗高温不易损坏。2015—2017 年，在炼油厂三常压高温热油管道进行了探头适应性 3 年考核，抗高温效果良好。

（2）解决信号调理放大转换技术。信号调理电路是衔接超声探头与处理器的关键部位，信号调理电路分为超声波发射电路、超声波接收电路、单片机控制电路、计数器电路、显示电路、键盘电路、电源电路、RS485 通信电路等多个部分，每个模块既要实现其功能，又要与其余模块实现数据传输。电路的先进性、稳定性和可靠性直接决定测量精度。

（3）解决不同材质、不同厚度、不同温度下声速传播衰减厚度校正补偿技术。固体材料中的声速随其温度升高而降低，热态材料每增加 100℃声速下降 1%，在 -20～500℃的温度变化中，正确得到声波在高温被测设备中传输的实际声速，直接影响测量厚度精度。比较常用的 20 碳钢、Q345 碳钢、316 不锈钢、304 不锈钢和 15CrMo 铬钼钢等材质，要测定其从 -20～500℃的温度变化中声速的实际变化，运用补偿技术正确得到声波在高温被测设备中传输的实际声速，进而得到不同材质不同温度下的实际测量厚度，然后用三点二阶双牛顿补偿算法，对声速随温度变化进行补偿校正，进而得到高温下实际测量厚度。

（4）解决输出通信传输、防爆认证和安装夹具问题。高温腐蚀测厚变送器采用有线RS485或无线（WirelessHart/5G/Lora/Zigbee）输出模式；应用场合为石油化工防爆场合，对变送器进行防爆结构设计；变送器安装方式为外夹具安装，不影响生产前提下快速布置。

（5）解决高温腐蚀变送器监测点选取问题。腐蚀监测部位的正确选择直接决定了腐蚀监测效果的好坏，设备测试与现场应用如图9-18所示。

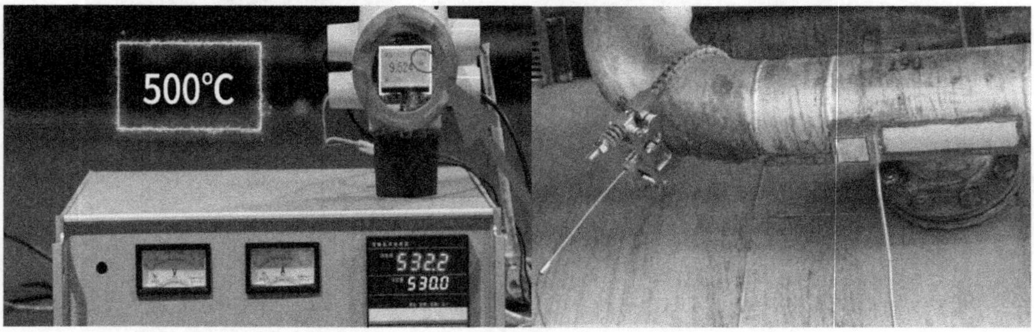

图9-18 设备测试与现场应用

（6）高温腐蚀变送器的技术指标：

检测厚度范围为1～20mm；适用于20碳钢、316不锈钢、Q345碳钢、304不锈钢、15CrMo铬钼钢等材质；检测分辨率为0.1mm；检测管线外径为10～508mm；耦合方式为金箔耦合；被测设备温度为−20～500℃；通信接口为RS485；防爆等级为隔爆Exb Ⅱ CT4～T6。

2）腐蚀与防护完整性管理平台开发

腐蚀监测的远程自动化，有利于缩短监测周期，管理人员足不出户就可以通过该系统随时观测到设备腐蚀状况；实现远程数据传输；减少所需的人力；降低监测成本。一旦出现故障，监控系统平台会报警提示，维护人员就能够在最短的时间内赶到现场，及时排除故障。该平台架构如图9-19所示，平台硬件系统组成如图9-20所示。

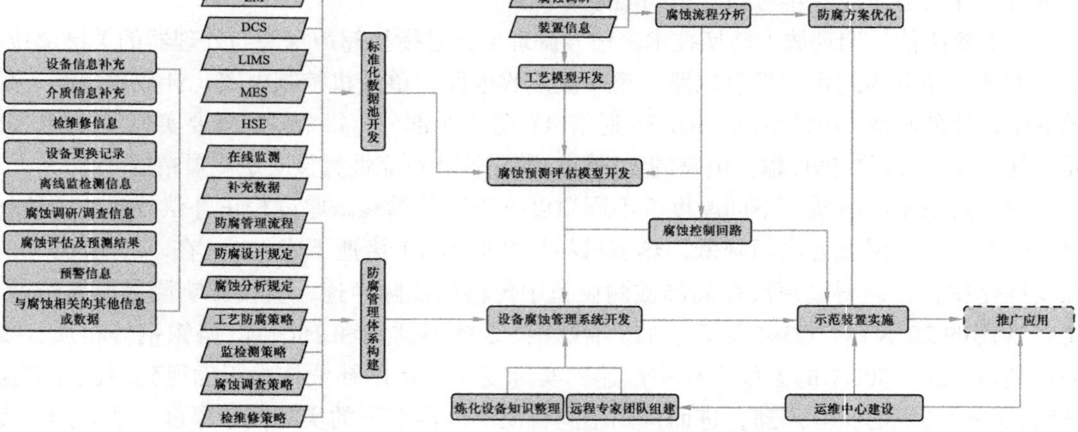

图9-19 腐蚀与防护完整性管理平台架构

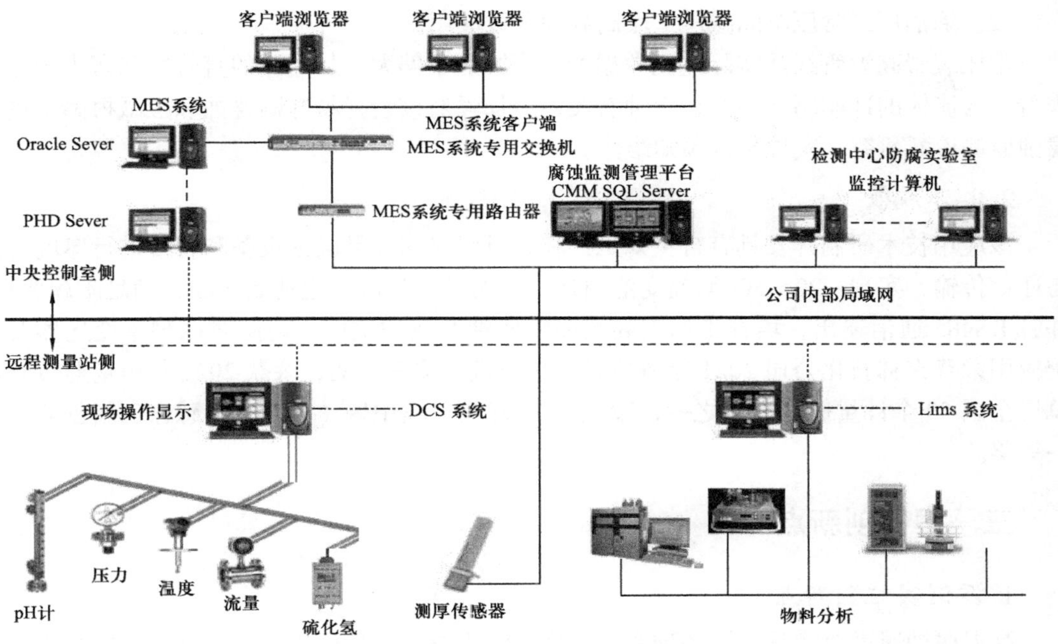

图 9-20　硬件系统组成

3）高温腐蚀测厚变送器和平台管理的系统应用

（1）合成气装置腐蚀监控系统应用。

腐蚀监控系统由腐蚀监控数据服务器、网络交换机、现场传感器、数据采集器及通信电缆等设备组成。脱硫塔监测系统如图 9-21 所示，现场数据采集器对现场传感器的参数数据进行采集，并将采集到的数据通过集散控制系统（DCS）传递到 PHD 实时数据库，实时显示数据和历史数据。系统自 2020 年运行以来，合成气脱硫碳平均换塔时间推迟一年，包括助剂的 pH 值与助剂加注量的 PID 控制使塔内过碱性，减缓腐蚀的发生，都取得了良好的效果。

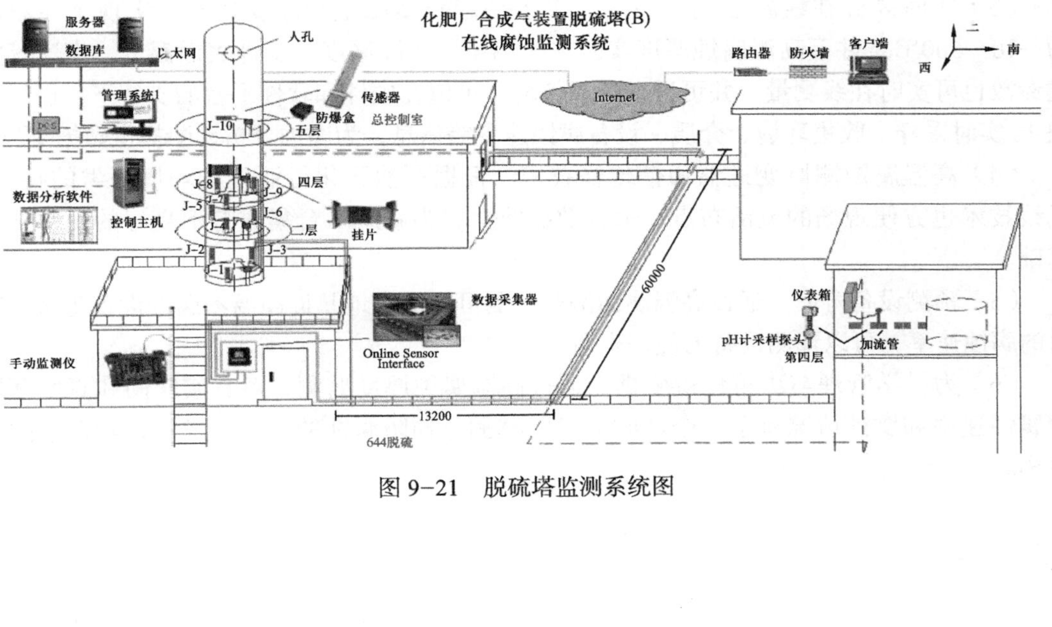

图 9-21　脱硫塔监测系统图

（2）炼油厂二常压车间减压工段高温油管线应用。

常压装置高温管线从实际监测数据看，腐蚀速率偏大；从监测的直管段和弯头的位置来看，与流体的冲刷腐蚀和变径汽蚀有关，应加强对该装置易冲刷腐蚀和酸碱根离子进行腐蚀监测诊断研究，实现装置预知维修。

2. 具体成效

该应用技术研制开发具有自主知识产权，可以对高温易腐蚀设备和管线进行厚度监测与通信传输，实现 −20～500℃温度范围外夹式测厚，分辨力达到 0.1mm，满足防爆要求，并且 RS485 通信输出，填补了国内高温在线腐蚀监测的空白。高温腐蚀测厚变送器及系统应用荣获吉林石化公司 2021 年科技大会科技进步奖三等奖，荣获 2022 年市场监督管理总局全国 50 个计量优秀案例之一，荣获 2023 年第 7 届中国（国际）传感器创新创业大赛一等奖。

三、案例创新点

1. 案例实施创新点

高温腐蚀厚度监测是利用各种腐蚀厚度监测手段，测量处于运行状态的动静高温易腐蚀设备的即时腐蚀速率，以及能影响其腐蚀速率的各种工艺参数、pH 值、温度等，并据此来控制危险性和防止突发事故，调整工艺参数和采取相应防范措施，从而预防和控制腐蚀的发生与发展，使设备处于良好的可控运行状态。高温腐蚀测厚和系统应用技术的主要创新点有：

（1）超声波干耦合在线实时测厚技术。普通的超声波需要用耦合剂实现在线高温厚度测试，由于采用新型超声传感器，可以不用耦合剂，用金箔耦合。

（2）不同材质、不同厚度、不同温度下声速传播衰减厚度校正补偿技术。利用三点二阶牛顿滑动厚度补偿算法克服因材质、温度变化、厚度变化所造成的声速变化，从而得到高精度的厚度测量值。

（3）实时高温在线腐蚀测量技术。由于采用新型高温测厚变送器，实现了在温度为 −20～500℃条件下高温腐蚀厚度实时在线测量，实际厚度、工件表面温度、声速等关键参数也可实时在线测量，并可进行远程传输，可以在硬件和软件平台的支持下，进行最快 1s 实时采样，收集环境、介质、设备腐蚀速率等信息，为腐蚀分析诊断提供数据支持。

（4）高温腐蚀测厚变送器通信传输技术。根据石油石化行业现场环境恶劣的特点，无线技术也方便现场的灵活布点、远程数据收集，为系统平台集成打下良好的硬件技术基础。

（5）预测设备寿命。通过高温腐蚀测厚监测可以准确地掌握高温易腐蚀设备正常运转时的腐蚀速率，可以预测设备的使用寿命。

（6）为科学管理与决策提供依据。通过高温腐蚀厚度监测，对真实时间和真实环境中腐蚀速率和腐蚀情况有了一个即时准确的掌握，预防腐蚀的发生、发展，降低事故发生率。

2. 推广价值

高温腐蚀测厚变送器及系统应用填补了国内高温在线腐蚀厚度变送器空白，为高温管线和容器在线腐蚀厚度监测提供条件，为容器和管线实时在线厚度监测及强度校核提供准确数据。ZYF-152001 型高温腐蚀测厚变送器 30 台，已应用到吉林石化公司高温蒸汽、热油、高热化工介质等管线及容器现场监测，2024 年大检修期间继续安装了 35 台，适应寒冷潮湿环境，性能可靠。项目应用的创新技术拥有自主知识产权，作为一体化腐蚀解决方案实施，可广泛应用在炼油化工行业，可进行推广应用，成本仅为 2.5 万元，同比国外产品降低 60%。

石化企业应用科学合理的手段监控高危设备已是企业各级管理人员的迫切需要，随着现代信息技术的快速发展，大数据、云计算等技术的应用，为设备腐蚀科学管理提供新的方法；信息化、智能化水平的提高，给设备腐蚀管理提供了新的思路；设备腐蚀信息化管理平台的应用，有效提高了设备管理的效率。同时通过信息化管理平台对设备静态数据分析、动态过程监管，智能监控设备运行状态，识别运行风险，及时发出预警，开展预知性维修，是保证设备安全平稳运行的重要手段。

第九节 计量数字化转型探索与实践[1]

一、案例概况

1. 背景摘要

炼化企业数字化转型是顺应时代潮流的必然要求，更是企业打造新时代竞争力的必然选择，在以人工智能、云计算、大数据为核心技术的共享经济背景下，数字化在减少人为误差、改善产品品质、降低成本、提高效率等方面发挥着重要作用。兰州石化公司计量专业管理坚持数字化转型和智能化发展理念，进一步深化系统集成和数据共享，强化计量数据应用与赋能，提升了计量信息化与智能化水平，助力了公司高质量发展。

计量管理是企业管理的基础，是数字化转型的重要组成部分。由于兰州石化公司计量数据采集、统计、传递以及结算还是以人工管理为主，效率较低，易出错，工作强度大；计量衡尚未实现统一集中管理，各类计量检定系统兼容性差，数据信息无法开放共享。因此，结合计量实际，建成综合计量信息管理平台，提升计量数据自动采集率，推进计量系统互通共享，实现计量数据的全链条管理是非常迫切的。

2. 案例简介

兰州石化公司计量数字化转型从以下几个方面进行了探索与实践，并取得了一定成效：一是依托 OPC 接口数据转换、无线自采及 Modbus 协议的 RS485 通信等新技术，实现了将现场计量数据转化成可以远程传输的数据，改造升级各类计量器具检定系统，实施

[1] 本节内容由中国石油兰州石化公司提供。

计量器具检定数据开放共享，为计量信息管理平台数据库提供基础数据；二是基于现场采集的计量数据、技术机构检定数据，形成计量信息数据库，结合公司计量业务管理流程，开发了计量信息管理平台；三是利用系统集成和信息整合技术，探索建成了汽车衡无人值守管理模式。建成了计量数据的信息化和智能化管理模式，实现了计量、生产、计划、销售一体化数据共享。

二、案例具体做法

1. 案例详情

1）应用新技术实现计量数据自动采集

（1）OPC 技术在数据自采工作中的应用。

针对艾默生、霍尼韦尔、横河、西门子等各公司的集散控制系统（DCS）和可编程逻辑控制器系统（PLC）的通信方式、通信协议、数据格式不一致情况，通过增加应用站、安装 OPC 接口软件，将不同的数据格式转换成标准数据格式输出，通过增加炼油与化工运行系统（MES）设备和生产网，上传标准格式的数据实现数据自采。

在每套装置上增加 OPC 服务器、生产网、交换机，通过该服务器采集并传输过程数据，建立独立的 OPC 服务器的网关型结构，确保 MES 系统与 DCS 系统的网络隔离，保证生产系统的稳定运行。DCS-OPC 接口数采如图 9-22 所示。

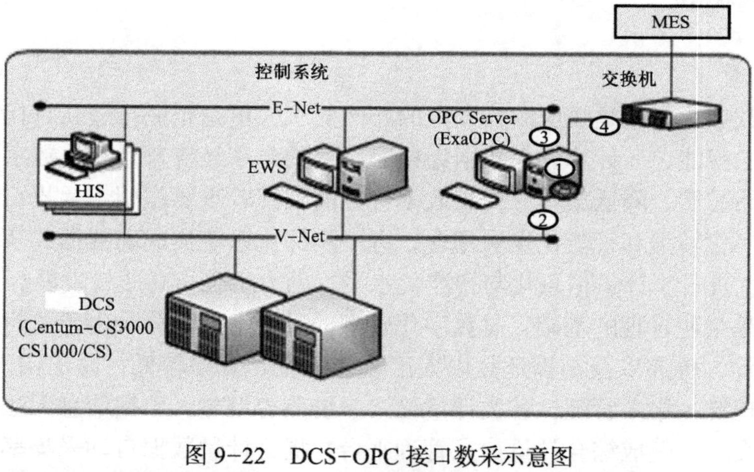

图 9-22 DCS-OPC 接口数采示意图

MES—生产管理系统；HIS—系统操作站；EWS—扩展的工作站服务器；OPC server—对象链接与嵌入的过程控制服务器；Centum-CS3000、CS1000/CS—CS 系列分散控制系统

（2）无线技术在计量数据自动采集中的应用。

兰州石化公司部分计量点现场计量仪表安装分散、离控制室远，附近无公司生产网络，信号引入各计量点操作室，铺设信号电缆距离远且成本较高，施工难度较大，无法实现计量数据自采。

采用基于 WIA-PA（wireless networks for industrial automation-process automation）工

业无线技术，通过符合 WIA-PA 技术标准的 WIA-PA 智能无线网关、WIA-PA 无线适配器、WIA-PA 中继设备、OPC Serve 和 Buffer 机等设备及接口系统，部署无线网络，对部分无法接入计量点控制室的计量数据实现自采。

（3）推广应用符合 Modbus 协议的 RS485 通信技术。

兰州石化公司大多计量仪表数据传输依靠 4～20mA 信号传输模拟量，再通过 DCS 或 PLC 进行累积量的计算，这种累积量的计算方式与现场计量仪表显示的累积量存在误差。针对此情况，使用 RS485 通信技术，在 DCS 或 PLC 增加 RS485 转换卡件实现多参数数字传输，数据传输准确可靠，很好地解决了累积量误差大的问题。

2）计量信息管理平台开发应用

计量信息管理平台包括计量监控、计量数据、计量设备和计量衡 4 个功能模块，功能架构如图 9-23 所示，实现了计量业务线上集中统一管理、提高效率、降低劳动强度的信息化目标。

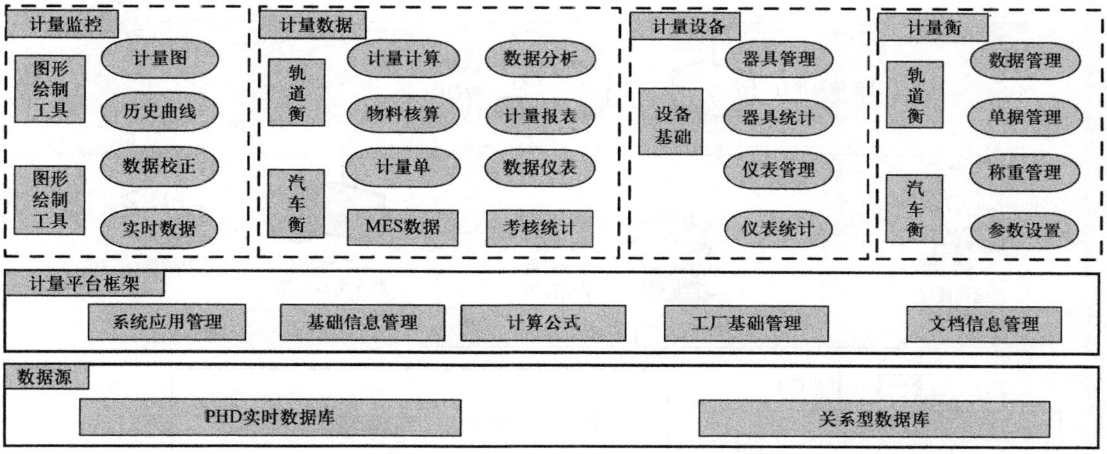

图 9-23 计量信息管理平台功能架构图

（1）计量监控管理。

开发实时数据、历史曲线、数据校正、计量图等功能，实现了用计量网络图对计量关键仪表数据进行实时监测及报警，及时发现仪表异常，查看仪表运行信息，实时显示物料产品的瞬时值、累计值、温度、压力、密度等参数。

（2）计量数据管理。

开发计量计算管理、物料核算管理、计量单管理、计量报表管理，实现了仪表清零、汽车衡接口数据、轨道衡接口数据、MES 接口数据等管理功能，满足了计量数据集中管理、报表自动生成、网上查询、信息共享等需求。

（3）计量设备管理。

开发计量器具（仪表）台账管理、周期检定计划管理、器具（仪表）状态流转管理、计量人员管理等功能，满足计量器具（仪表）全生命周期管理，以及检定人员动态管理的信息化管理需求。

（4）计量衡器管理。

开发汽车衡软件，替代汽车衡厂商软件，包括数据管理、称重管理、单据管理、词组预置、参数设置、其他业务（包括基础用户权限）等模块。满足称重、基础配置、红外线、栏杆机、计量单、查询统计等需求，同时在计量数据中实现网络查询。

3）汽车衡无人值守系统开发应用

汽车衡无人值守系统采用集中管理、分布监控的设计模式，所有的业务数据（数据、语音、图像、控制信号等）通过自助一体机（终端）和软件系统进行就地处理，通过计量专用光纤网络与计量信息管理平台进行交互，汽车衡无人值守系统架构如图 9-24 所示。

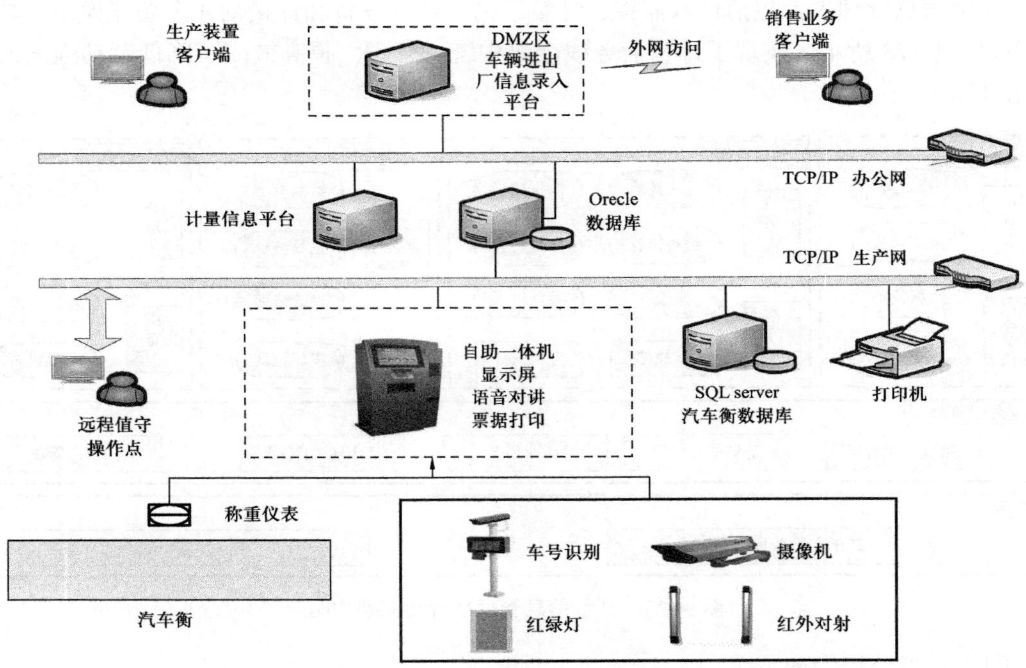

图 9-24 汽车衡无人值守系统架构图

（1）以一体机为中心，搭建了底层平台。

实现了车号识别、红绿灯控制、红外对射防作弊和图像监控等现场控制，以及客户（货运司机）与操作人员的语音对讲。底层设备的各种信息、数据，通过车辆上衡管理软件、车辆称重管理软件协调，传送至计量信息管理平台。同样，远程操作命令通过生产网传送至底层设备，从而实现现场计量设备信息与计量信息管理平台之间传送数据。

（2）搭建计量信息数据库。

该部分主要实施车辆备案信息保存与签章文档管理，解决了计量信息管理平台与各计量点自采系统的数据接口、电子签章系统与计量信息管理平台的接口，以及电子签章系统在电子远程交接应用中的集成等问题，自动生成各种计量单，电子签章后上传至客户端，实现计量单电子化交接。

2. 具体成效

1）提升了计量数据自动采集率

通过新技术在计量数据自动采集中的应用，对兰州石化公司110余套炼化生产装置、罐区、磅房计量数据自采接口进行了改造，计量数据自采率从2012年6月的13%提高到2023年12月的83%，为公司计量信息化管理和数字化转型提供基础数据。

2）实现了计量数据实时监控

开发了计量网络图、历史曲线、实时数据表单、数据校正等软件，实现了对各计量点数据实时进行监控，共监控50余种物料、产品及能源介质，94幅计量网络图，41组各类历史曲线，1200余个实时计量点，107个报警点。公司、分厂、车间各级管理人员能够实时查看每条计量数据，真正起到了计量监控效果。

3）实现了计量数据的集中智能化管理

实现了计量数据的集中管理，对各二级单位及下属所有生产装置1192条数据录入点、19309条路由、26类统计报表，进行线上采集和录入、审核；实现了自动提取数据，生成计量单，生成操作运行记录、日报和月报，提高了数据管理效率和准确性。

4）实现了计量设备全生命周期线上统一管理

计量设备管理模块实现了所有计量器具全生命周期统一管理，涵盖公司19000台计量器具、2600余台计量仪表、16类计量设备统计报表、9种计量设备相关业务流程，实现了计量检定从计划、收发、检定、证书生成、统计到考核全过程管理。

5）实现了企业计量衡的统一集中管理

统一集中了7个汽车衡磅房10套称重数据管理，开发衡器数据采集软件、开发红外对射设备、红绿灯控制、视频监控等软件，统一了衡器计量软件。兰州石化公司任何一台计算机能远程查看到所有过磅数据和称重相关信息，能在办公桌上远程视频进行防作弊管理。

三、案例创新点

1. 案例实施的创新点

（1）利用OPC接口技术，能够将现场不同的计量数据格式转换成标准数据格式采集至计量数据库。

（2）基于WIA-PA工业无线技术，对无法接入控制室的远距离计量数据，通过配备WIA-PA无线适配器与现场流量计的HART接口连接，再由WIA-PA无线适配器将采集到的数据上传到WIA-PA智能无线网关，然后接入兰州石化公司内部网络进行传输。

（3）基于计量信息管理平台实现了计量信息的一体化和智能化管理，将所有的现场计量数据、计量设备等基础信息采集至计量管理平台数据库，充分利用数据集成和整合技术，实现了计量数据、计量设备、计量监控、计量交接一体化与智能化管理。

2. 推广应用价值

兰州石化公司通过采集、集成、整合公司各类计量数据信息，依托建成的计量数据信息库，自主研发了计量信息管理平台，实现了自动采集、统计计量数据，自动生成报表和计量单，在生产、调度、计划、销售部门实现了计量数据共享，发挥计量数据的服务价值和决策作用。计量数字化还实现了汽车衡无人值守，实现了司机自助过衡，取消了司磅员的传统计量操作，降低了计量人员用工成本，对提升计量自动化、智能化以及减轻人力资源压力具有非常重要的推广价值。计量信息管理平台与 ERP 系统实施数据共享，实现了销售订单、提货与发货、计量过衡、过账结算环节信息互通，对计量与销售部门实现销售订单下达和结算数据传输的电子化具有很好的推广应用价值。

第十节　销售企业计量信息化建设❶

一、案例概况

1. 背景摘要

销售公司是中国石油专业分公司之一，是产业链中与客户联系最密切的环节，日服务线下顾客 1100 万人次，油品计量直接关系消费者利益，事关中国石油品牌形象，一直以来都是销售企业最为重要的管理内容之一。由于销售公司所辖的省区、地市公司遍布全国，库站分布范围广，运输方式灵活，管理层级众多，导致油品计量损耗管理难度大，存在计量数据分散采集、精准度不稳定、深度利用率低、多系统重合管控等突出问题。因此，销售企业计量信息化建设对成品油销售全业务链计量损耗管理是非常必要和迫切的。

2. 案例简介

损耗一体化智能管控平台是在综合研判了销售企业相关信息系统的应用现状后，充分考虑未来信息化建设发展方向和销售企业计量管理实际，以“物联网 + 信息系统”的模式构建的一套集“计量管理、损耗分析、计量评价”于一体的计量管理信息系统。该系统以全环节损耗一体化管理为目标，利用先进计量设备、信息技术，通过计量数据的自动采集、智能关联、分析预警，完成油品损耗的精准定位、快速分析、成因追溯、责任界定、跟踪处置，实现油品一次运输、油库保管、二次运输、加油站零售全链条计量数据的在线管理，最终形成“管控统一、界面清晰、自我约束、相互监督”的一体化管控体系。

二、案例具体做法

1. 案例详情

2021 年，销售公司“损耗一体化智能管控平台”项目启动，94 项系统功能在云南、河北、贵州等省区销售公司试点上线，基本实现了计量数据的在线监控和应用分析。2022 年，系统开发完善 287 项功能，在全国范围内推广应用，推进效果显著。2023 年，基于加油站管理系统的全面整合，损耗一体化智能管控平台融入统一的销售系统总体架构，补

❶ 本节内容由中国石油东北销售公司提供。

充了 App 终端、地图、业务管控、业务分析等内容，系统间的兼容共享、协同联动能力进一步优化提升。

损耗一体化智能管控平台涉及销售公司、大区公司、省公司、运输公司、油库、加油站等相关用户；覆盖质安、调运、营销、加管、仓储、信息等部门；包含成品油一次损耗管理、二次损耗管理、油库保管损耗管理、加油站零售损耗管理、监控及预警、统计分析、App 终端、基础数据八大功能。

1）平台功能架构

以云计算、物联网、5G 等信息化新技术结合为依托，通过一次损耗、二次损耗、油库损耗、加油站损耗、损耗全环节分析、移动应用等功能，更好地支持成品油调运，保障市场供应，降低运行成本，提高运行效率。

2）平台应用架构

采用多层技术构架，提高系统的灵活性、可扩展性、安全性及并发处理能力，通过各层次系统组件间服务的承载关系，实现系统功能，应用架构如图 9-25 所示。

图 9-25　系统应用架构图

3）平台物理部署架构

系统原始数据和模型数据、部分配置、操作数据、指标数据、报表数据存储在 Oracle 数据库，平台在云化环境数据中心部署，应用的设备涉及应用服务器、数据库服务器、负载均衡设备、磁盘阵列。

4）一次损耗管理主要功能简介

（1）铁路入库运输损耗管理。从销售物流系统获取炼厂装车单、发运地点、发货岗站、发货日期、车号、发油炼厂、收货岗站、进货地点油库、车船编号、库位、原发量等数据，接卸过程若发生超耗，进入损耗管控流程，根据设置的定耗率，自动统计损耗量、超耗量。

（2）入库超耗赔付追溯处理。每月按照入库油品进行累计，自动计算损溢数量，若超过损耗标准范围，超出部分视为差异量，进行线下追溯处理。根据处理结果，录入系统赔付量或者溢余量，由系统自动按照规则滚动到下月参与计算。

（3）入库损耗分析。对油库入库环节产生的损耗、报警进行排名和分析。例如，发货方损耗情况排名和趋势分析、油库一次损耗情况排名和分析等。

5）二次损耗管理主要功能简介

根据内调和外销的运输情况，结合移动 App 现场确认情况，自动统计损耗，采用现场即时确认的方式确认超耗责任方，按日、月、年进行考核、统计、分析。

（1）内调业务配送损耗管理。利用移动 App 功能，管控配送车辆到站后的收油流程，实现罐车稳油、铅封核对、质量验收、地罐稳油、收油判损等操作，针对其中的异常情况实现现场记录处理。

（2）外销业务配送损耗管理。获取外销的计划、出库单、收油情况等信息，客户与承运商制定损耗规则，约定定损率，在定损量范围内的损耗由客户承担，超过定损量的部分由承运商承担。根据外销业务的损耗数据，统计分析运输损耗情况，形成排名。

（3）油库出库密度异常管理。根据油库的出库情况自动判断出库单数据不准确的异常单据，记录异常原因和修正结果，在加油站收油前通过移动 App 提示加油站和驾驶员。

（4）二次损耗和超耗赔付计算。按日报、月报形式对损耗情况进行汇总分析，对运输车辆、服务评价等进行排名分析。根据判损结果计算损耗赔付量，计算赔付金额，统计承运商赔付情况和惩罚情况。

（5）承运商超耗赔付及追溯。每日进行二次损耗及超耗赔付计算，自动形成承运商的日核对清单，自动根据业务发生情况对有效追溯进行清算，根据每日累计赔付额及追溯清算额计算承运商的月结算额，针对争议情况触发流量计和地罐的复标工作。

6）油库损耗管理主要功能简介

（1）倒罐损耗。从油库系统中获取油库倒罐计量数据，根据设定的倒罐作业损耗量标准进行超耗报警，跟踪处置，分析原因。

（2）清罐损耗。从油库系统中获取油库清罐计量数据，根据设定的清罐作业损耗量标准进行超耗预警。

（3）日保管损耗。自动读取物流系统中日保管数据，按库、油品、日显示损耗明细及趋势图。对于未知原因的大额损耗，自动预警，提醒仓储部门和油库部门进行处理。

（4）库存月盘点损耗。每个月末，人工计量油罐，将液位高度、油温、视密度、视温度、水高、入库量、出库量数据录入物流系统，完成月盘点操作，仓储部门完成审核。自动读取物流系统中月盘点数据，按库、油品、月显示损耗明细及趋势图。对于未知原因的大额损耗，自动预警，提醒仓储部门和油库部门进行处理。

（5）油库保管损耗分析。根据油库产生损耗的原因进行分析，包含密度、倒罐、清罐、油罐排水等原因导致的损耗。

7）加油站损耗管理主要功能简介

（1）加油站油罐损耗率管理。细化加油站进货损耗，明确每个油罐的损耗情况，为后续相关主管单位下达指标降低进货损耗提供数据支持。

（2）加油机检定信息管理。记录加油站每条枪的检定误差、检定日期等信息，加油枪超期未检定产生逾期未检定报警，加油站零售环节损耗计算时根据加油枪检定误差进行损耗修正。加油机检定分自检数据和强检数据，自检和强检误差独立保存，自检和强检分别报警。如果检验不合格，报警不解除，数据合格报警解除。

（3）加油站液位仪掉线管理。加油站进货时液位仪掉线，系统无法自动获取加油站实收信息，事后手工录入实收信息。系统记录液位仪掉线时间，并匹配相关的进货信息，列出相应油罐、承运方等正常进货损耗，分析液位仪掉线与损耗的相关性，为管理者提供决策依据。

（4）加油枪误差损溢量管理。根据加油站每条加油枪的流量计误差，自动计算每条枪的流量计误差损溢量，按照班、日进行记录、汇总。

（5）加油站库存损溢管理。系统每月月初、月末自动读取加油站每个油罐的实际V20[1]库存，根据公式计算库存损溢。

（6）加油站计量器具管理。根据计量器具有效期，自动判断是否需要重新检定。

2. 具体成效

损耗一体化智能管控平台成功完成了销售企业成品油一次运输、二次配送、油库保管、加油站零售等各环节损耗数据的智能获取，实现了销售油品损耗的全流程管控和智能化分析，提高了一二次运输保障能力、服务效率和经济效益，为销售企业整体计量管理水平的提升带来积极促进作用。自 2022 年上线以来，自动集成销售物流、加油站管理等统建系统数据，初始用户 40000 余个，已覆盖 31 家省区销售公司和 2 家大区销售公司，联动中国石油所辖 20000 余座加油站、在用 14500 余辆公路配送车辆，系统规范 50 余个标准流程，压减 60 余个手工报表，实现 20 余个业务场景的在线监管。

三、案例创新点

1. 案例实施创新点

损耗一体化智能管控平台以“数据多走路、员工少跑腿”为智能化设计理念，采用技术手段在损耗系统中固化管理流程，突出环节监管，提升管理质效，通过系统自动监控、自动实现，用高效率、不间断的智能手段替代人工劳作；通过设定阈值，由系统自动判断数据的真实性、完整性，实现损耗管理从传统“人防”到数字化“技防”的跨越。

2. 推广价值

损耗一体化智能管控平台全面解决了困扰销售计量数据深度应用的数据同源、数据传输、标准不一、功能闭环等问题，将销售业务全链条、多层级纳入系统管控范畴，实现销售成品油计量损耗统一管理，为销售企业计量管理能力的全面提升打通了瓶颈。结合现有应用基础，持续完善系统功能，丰富系统架构，将水运损耗、管输损耗、公路车载液位实时监管等业务管控、业务分析的数据模块进一步纳入其中进行智能整合，加强数据的穿透式分析应用，不断拓展销售企业计量信息化管控能力域。

[1] V20 体积是指在标准温度 20℃下的油品体积，也称为标准体积。在油品计量中，通常需要将计量温度下的体积（Vt）换算成标准体积（V20），以便进行准确的计量和交易。

附录一　中国石油石油专用计量器具目录

石油专用计量器具是指油气勘探开发过程中，用于生产参数测量、作业过程控制及量值传递溯源等活动并且不用或很少用于其他行业的计量器具。

2021 版的中国石油石油专用计量器具目录见附表 1。

附表 1　石油专用计量器具目录

<table>
<tr><th>序号</th><th>工作计量器具名称</th><th>计量参数</th><th>编号</th><th>计量标准器具名称
（管理级别）</th><th>专业领域</th></tr>
<tr><td rowspan="6">1</td><td rowspan="6">地震检波器</td><td>电阻</td><td rowspan="3">1</td><td rowspan="3">地震检波器测试仪
（企业级）</td><td rowspan="6">物探</td></tr>
<tr><td>阻尼系数</td></tr>
<tr><td>自然频率</td></tr>
<tr><td>灵敏度</td><td rowspan="3">2</td><td rowspan="3">检波器测试仪校准装置
（集团级）</td></tr>
<tr><td>失真度</td></tr>
<tr><td>绝缘电阻</td></tr>
<tr><td rowspan="8">2</td><td rowspan="8">数字地震仪</td><td>噪声零漂</td><td rowspan="13">3</td><td rowspan="13">数字地震仪校准装置
（集团级）</td><td rowspan="13">物探</td></tr>
<tr><td>共模抑制比</td></tr>
<tr><td>道间串音隔离</td></tr>
<tr><td>增益误差</td></tr>
<tr><td>系统延迟</td></tr>
<tr><td>计时误差</td></tr>
<tr><td>高截滤波</td></tr>
<tr><td>谐波畸变</td></tr>
<tr><td rowspan="5">3</td><td rowspan="5">浅层折射仪器</td><td>噪声漂移</td></tr>
<tr><td>道间串音</td></tr>
<tr><td>谐波畸变</td></tr>
<tr><td>增益误差</td></tr>
<tr><td>相位</td></tr>
<tr><td rowspan="3">4</td><td rowspan="3">遥控爆炸同步系统</td><td>起爆误差</td><td rowspan="3">4</td><td rowspan="3">遥控爆炸同步系统校准
装置（企业级）</td><td rowspan="3">物探</td></tr>
<tr><td>同步误差</td></tr>
<tr><td>输出电压</td></tr>
</table>

续表

序号	工作计量器具名称	计量参数	编号	计量标准器具名称（管理级别）	专业领域
4	遥控爆炸同步系统	输出能量		遥控爆炸同步系统校准装置（企业级）	物探
		输出电流			
		电流截止时间			
		一致性相位			
5	可控震源测试系统	相位		/	
		振幅			
6	节点仪器	噪声零漂		/	
		共模抑制比			
		道间串音隔离			
		增益误差			
		系统延迟			
		计时误差			
		高截滤波			
7	测斜仪	井斜	5	测斜仪校准装置（集团级）	钻井、测井
		方位			
		工具面角			
8	钻井液密度计	密度		—	钻井、井下
9	钻井液黏度计	黏度		—	钻井、井下、固井
10	钻井液含砂量测定仪	含砂量		—	钻井、井下
11	钻井液固相含量测定仪	质量		—	钻井、井下
12	滤饼摩擦系数测试仪	摩擦系数		—	钻井
13	钻井液滤失量测试仪	滤失量		—	钻井
		时间			
		滤饼厚度			
14	页岩膨胀测试仪	膨胀量		—	钻井
15	钻井指重表	悬重		—	钻井、井下
		时间			
16	钻头规	外径		—	钻井

续表

序号	工作计量器具名称	计量参数	编号	计量标准器具名称（管理级别）	专业领域
17	套管（油管）钳扭矩仪	扭矩		—	钻井
18	井下压力计	压力	6	井下压力计校准装置（企业级）	井下、测井
19	综合录井仪	冲次	7	综合录井仪校准装置（企业级）	录井
		扭矩			
		转速			
		立（套）管压力			
		悬重			
		井深			
		钻井液池体积			
		钻井液温度			
		钻井液密度			
		钻井液电导率			
		钻井液出口流量			
		烃类气体总含量			
		烃组分气体含量			
		二氧化碳含量			
		硫化氢含量			
20	核磁共振录井仪	孔隙度		—	录井
		渗透率			
		含油饱和度			
		含水饱和度			
		束缚流体饱和度			
		可动流体饱和度			
21	岩石碳酸盐分析仪（碳酸盐岩含量测定仪）	碳酸盐含量		—	录井
22	页（泥）岩密度计	泥岩、页岩密度		—	录井
23	岩石热解综合评价仪	烃含量		—	录井
		温度			
		岩心油水饱和度			

续表

序号	工作计量器具名称	计量参数	编号	计量标准器具名称（管理级别）	专业领域
24	定量荧光分析仪	荧光波长		—	录井
		油含量			
		荧光级别			
25	岩石气体孔隙度测定仪	孔隙度		/	录井
26	气体渗透率测定仪	渗透率		—	录井
27	自然伽马测井仪	自然伽马	8	自然伽马刻度器（企业级）	测井、钻井
			9	自然伽马标准井（集团级）	
28	补偿中子测井仪	孔隙度	10	补偿中子刻度器（企业级）	测井
			11	中子孔隙度标准井（集团级）	
29	补偿密度 / 岩性密度测井仪	密度	12	补偿密度 / 岩性密度刻度器（企业级）	测井
		Pe	13	补偿密度 / 岩性密度标准井（集团级）	
30	自然伽马能谱测井仪	自然伽马	14	自然伽马能谱刻度器（企业级）	测井
		钾、铀、钍含量	15	自然伽马能谱标准井（集团级）	
31	脉冲中子寿命测井仪	俘获截面	16	脉冲中子寿命标准井（集团级）	测井
32	碳氧比能谱测井仪	碳氧比值	17	碳氧比能谱标准井（集团级）	测井
33	脉冲中子氧活化测井仪	时间谱 流量	18	脉冲中子氧活化测井仪刻度装置（企业级）	测井
34	地层元素测井仪	地层元素含量	19	地层元素标准井（集团级）	测井
35	核磁共振成像测井仪	孔隙度	20	核磁共振成像测井仪刻度装置（企业级）	测井
36	微球聚焦测井仪	电阻率	21	微球聚焦测井仪刻度器（企业级）	测井

续表

序号	工作计量器具名称	计量参数	编号	计量标准器具名称（管理级别）	专业领域
37	感应测井仪	电阻率	22	感应测井仪刻度器（企业级）	测井
38	侧向测井仪	电阻率	23	侧向测井仪刻度器（企业级）	测井
39	微电极电阻率测井仪	电阻率	24	微电极电阻率测井仪刻度器（企业级）	测井
40	地层倾角测井仪	井径	25	地层倾角测井仪校准装置（企业级）	测井
		电阻率			
		井斜			
		方位			
41	声速测井仪	声速	26	声速测井仪刻度装置（企业级）	测井
			27	声速标准井（集团级）	
42	流体密度测井仪	密度	28	伽马流体密度专用刻度模块（企业级）	测井
			29	压差式流体密度刻度筒（企业级）	
43	井温测井仪	温度	30	恒温槽（油浴、水浴）（企业级）	测井
44	井径测井仪	井径	31	井径规（企业级）	测井
45	水泥胶结测井仪	声波相对幅度	32	固井质量标准井（集团级）	测井
46	持水率计	持水率	33	油水两相流模拟装置（企业级）	测井
47	井下流量计	流量	34	井下流量计校准装置（企业级）	测井
48	电缆深度系统	深度	35	电缆深度标准井（集团级）	测井
49	电缆张力系统	拉力	36	电缆张力系统校准装置（企业级）	测井
50	数控测井仪地面系统	电流	37	数控测井仪地面系统校准装置（企业级）	测井
		电压			
		脉冲计数			

续表

序号	工作计量器具名称	计量参数	编号	计量标准器具名称（管理级别）	专业领域
51	示功仪	载荷	38	示功仪校准装置（企业级）	测井、采油
		位移			
52	回声仪	深度	39	回声仪校准装置（企业级）	测井、采油
53	油管螺纹工作量规	紧密距	40	石油专用管螺纹量规校准装置（集团级）	钻井
		螺纹单项参数			
		几何尺寸			
54	圆螺纹套管螺纹工作量规	紧密距			钻井
		螺纹单项参数			
		几何尺寸			
55	偏梯形套管螺纹工作量规	紧密距			钻井
		螺纹单项参数			
		几何尺寸			
56	管线管螺纹工作量规	紧密距			钻井
		螺纹单项参数			
		几何尺寸			
57	旋转台肩式连接螺纹工作量规	紧密距			钻井
		螺纹单项参数			
		几何尺寸			
58	抽油杆螺纹工作量规	螺纹单项参数	41	抽油杆螺纹量规校准装置（集团级）	钻井
59	石油螺纹单项参数检查仪	示值误差的最大差	42	石油螺纹单项参数检查仪校准装置（集团级）	钻井
		重复性			
60	石油螺纹单项参数标准样板	标准样板几何尺寸			

注：计量标准器具名称一列中，“/”表示需要但目前还没有的石油专用计量标准器具，“—”表示不需要建立石油专用计量标准器具。

附录二 中国石油授权最高和工作计量器具目录

附表 2 为“最高计量标准装置和工作计量标准装置”批准情况一览表。

附表 2 “最高计量标准装置和工作计量标准装置”批准情况一览表

序号	实验室名称	计量实验室编号	计量标准装置				
			名称	编号	等级	批准项目	准确度、等级
1	中国石油天然气集团公司石油工业专用螺纹量规计量站	CNPC 计实〔2005〕第 01 号	石油钻具接头螺纹校对量规检定装置	CNPCJB001–2005	最高	石油钻具接头螺纹校对量规 $2^3/_8$～$8^5/_8$in	校对量规
			石油钻具接头螺纹工作量规检定装置	CNPCJB（G）001–2005	工作	石油钻具接头螺纹工作量规 $2^3/_8$～$8^5/_8$in	工作量规
			石油套管、油管和管线管螺纹校对量规检定装置	CNPCJB002–2005	最高	石油套管、油管和管线管螺纹校对量规	校对量规
			石油套管、油管和管线管螺纹工作量规检定装置	CNPCJB（G）002–2005	工作	石油套管、油管和管线管螺纹工作量规	工作量规
2	中国石油天然气集团公司石油测井仪器计量站	CNPC 计实〔2005〕第 02 号	自然伽马标准装置	CNPCJB003–2005	最高	自然伽马测井仪	5%
						自然伽马刻度器	3%
						自然伽马工作标准井 0～5000API	3%
			中子孔隙度标准装置	CNPCJB004–2005	最高	补偿中子测井仪	5%
						补偿中子刻度器	4%
						中子孔隙度工作标准井	4%
			密度 / 岩性密度标准装置	CNPCJB001–2006	最高	补偿密度测井仪	0.025g/cm^3
						补偿密度刻度器	0.010g/cm^3
						补偿密度工作标准井	0.010g/cm^3
						岩性密度测井仪	0.2b/e
						岩性密度刻度器	0.1b/e
						岩性密度工作标准井	0.1b/e

续表

序号	实验室名称	计量实验室编号	计量标准装置				
			名称	编号	等级	批准项目	准确度、等级
2	中国石油天然气集团公司石油测井仪器计量站	CNPC 计实〔2005〕第02号	自然伽马能谱测井标准装置	CNPCJB001－2008	最高	自然伽马能谱测井仪	20%
						自然伽马能谱刻度器	10%
						自然伽马能谱标准井	10%
3	中国石油天然气集团公司石油仪器仪表质量监督检验中心	CNPC 计实〔2005〕第03号	地震检波器测试仪检定装置	CNPCJB（G）003－2005	工作	地震检波器测试仪	电阻 1%
							频率 1%
							失真度 0.05%
							阻尼系数 0.01
							灵敏度 2%
4	东方地球物理勘探有限责任公司石油物探专用计量器具检定中心	CNPC 计实〔2005〕第04号	GPS 定位仪检定装置	CNPCJB（G）004－2005	工作	GPS 静态接收机及动态接收机	1×10^{6}～1×10^{8}
			检波器测试仪检定装置	CNPCJB（G）005－2005	工作	地震检波器测试仪	电阻 1%
							频率 1%
							失真度 0.05%
							阻尼系数 0.01
							灵敏度 2%
			数字地震仪校准装置	CNPCJB（G）001－2006	工作	数字地震仪	噪声零漂 0.1%
							道间串音 0.1dB
							共模抑止 0.1dB
							计时误差 1×10^{6}
							系统延迟 1×10^{5}
							高截滤波 5×10^{3}
5	华北石油管理局油气井测试公司电子压力计检定维修中心	CNPC 计实〔2005〕第05号	电子式井下压力计检定装置	CNPCJB（G）006－2005	工作	电子式井下压力计	0.025 级
6	华北石油管理局钻井工艺研究院石油专用螺纹量规检定站	CNPC 计实〔2005〕第06号	石油钻具接头螺纹工作量规检定装置	CNPCJB（G）007－2005	工作	石油钻具接头螺纹量规	工作量规
			石油套管、油管和管线管螺纹工作量规检定装置	CNPCJB（G）008－2005	工作	石油套管、油管和管线管螺纹工作量规	工作量规
			抽油杆螺纹工作量规检定装置	CNPCJB（G）009－2005	工作	抽油杆螺纹工作量规	工作量规

续表

序号	实验室名称	计量实验室编号	计量标准装置				
			名称	编号	等级	批准项目	准确度、等级
7	大港油田集团定向井技术服务公司测斜仪校准实验室	CNPC 计实〔2005〕第07号	测斜仪校准装置	CNPCJB（G）010-2005	工作	测斜仪	井斜角 U_{95}=25.2″
							磁方位角 U_{95}=4.0′
							工作面角 U_{95}=2.9″
8	大庆螺纹量规计量检定站	CNPC 计实〔2006〕第01号	石油钻具接头螺纹工作量规检定装置	CNPCJB（G）002-2006	工作	石油钻井具接头螺纹工作量规	工作量规
			石油套管、油管螺纹工作量规检定装置	CNPCJB（G）003-2006	工作	石油套管、油管螺纹工作量规	工作量规

附录三 大 事 记

2016 年

2 月 18 日　中国石油印发《中国石油天然气集团公司 2016 年质量计量标准化工作要点》（质量〔2016〕57 号）。

3 月 3 日　国家计量认证石油评审组工作会议在北京召开。会议总结了石油评审组 2015 年工作，研究部署 2016 年工作计划。国家认监委实验室与检测监管部领导调研、指导工作。

3 月 28 日　中国石油印发《关于表彰中国石油天然气集团公司质量计量标准化先进企业和先进个人的决定》（中油质〔2016〕90 号），授予大庆油田有限责任公司等 30 家企业"中国石油天然气集团公司质量计量标准化先进企业"称号，授予中国石油天然气集团公司标准化研究所等 16 家质量计量标准化技术机构"中国石油天然气集团公司优秀质量计量标准化技术机构"称号，授予辽河油田公司修士今等 113 名同志"中国石油天然气集团公司质量计量标准化技术机构先进个人"称号。

4 月 12 日　中国石油在北京召开了国家石油天然气大流量计量站工作会，国家油气站站长、中国石油副总经理、股份公司总裁汪东进主持会议并讲话。会议要求，各检定站点要优先完成计量检定任务，加快推进计量检定能力建设，着力提升计量技术水平，持续增强技术服务能力。

5 月 23—24 日　由国家质检总局组织，中国计量协会委托考核组按照 JJF 1069—2012《法定计量检定机构考核规范》，对国家油气站机构复查进行了全面的考核，申请的考核检定项目 22 项、校准项目 23 项全部合格。

6 月 21—24 日　中俄总理定期会晤委员会经贸合作分委会标准计量认证和检验监管常设工作组能源计量分组第五次会议在喀山市全俄流量计量科学研究院举行。中国石油代表在会上做了 6 个天然气计量检测对标报告，在政府层面持续推进了天然气计量检测互认。

7 月 12 日　中国石油印发《关于调整中国石油天然气集团公司实施国家〈计量发展规划（2013—2020 年）〉领导小组成员的通知》，对领导小组成员进行调整。

8 月 30 日　中油测井公司完成核测井计量校准技术研究项目，建成碳氧比能谱标准刻度井 14 口。

9 月 6 日　中国石油西南管道公司在瑞丽召开了中缅管道瑞丽原油计量站检验监管功能专项验收会议，国家质检总局及相关检验监管专家参加会议，专家组认为原油计量站基本具备海关和检验检疫部门监管条件，同时提出了持续完善的要求。

10 月 24 日　国家质检总局对国家油气站申请的扩项检定项目进行授权，包括气体速度式流量计、气体容积式流量计、气体涡街流量计、气体涡轮流量计、气体超声流量计、气体旋进旋涡流量计、临界流文丘里喷嘴和标准表法气体流量标准装置，测量范围均为10～2000m^3/h，准确度为0.2级及以下。

10月27—28日　中国计量协会石油计量分会在成都举办了主题为“计量与创新”的2016中国油气计量论坛。来自三大石油公司从事计量技术工作的代表、特邀嘉宾、计量仪器设备厂商代表共计154人出席了论坛。中国石油45篇论文获奖，其中一等奖2篇，二等奖4篇，三等奖7篇。

11月16日　中国石油印发了《“十三五”质量计量标准化发展规划》(质量〔2016〕386号)。

11月28—29日　中国石油计量专标委在北京召开年会。

11月30日—12月1日　全国石油天然气标准化技术委员会油气计量及分析方法分技术委员会在北京召开分标委年会。

12月7日　中国石油下发《关于印发〈总部机关职能优化与机构改革方案〉的通知》(中油人事〔2016〕498号)，整合质量与标准管理部、安全环保与节能部，设立质量安全环保部，强化质量计量与安全环保工作协同，形成统一、配套管控的质量、计量、安全、环保、节能管理体系。

2017年

1月13日　中国石油印发《中国石油天然气集团公司2017年质量安全与环保节能工作要点》(中油质安〔2017〕1号)。

2月6—28日　中国石油质量安全环保部为确保北京全市范围内供应的Ⅵ车用汽柴油数量和质量符合要求，组织了中国石油北京销售公司进行了京Ⅵ车用汽柴油质量升级专项抽查，对45个加油站进行了计量抽查。

3月22—25日　中国石油质量安全环保部按照公司年度计量工作统一部署，对北京地区12个区县的40个加油站进行了计量抽查。

3月30日　中油测井公司完成中国石油科研项目“地层元素测井现场推试验”地层元素标准刻度井建设任务，建成地层元素标准刻度井13口，包括单一元素井9口，天然岩石模型井4口。

6月27—29日　中国石油承办了中俄总理定期会晤委员会经贸合作分委会标准计量认证和检验监管常设工作组能量计量分组第六次会议，会上中国石油代表中方做了6个油气计量检验技术报告，会议决定双方就天然气能量计量有关技术开展专题交流。

7月　西南油气田建成国内首套以天然气和水混合为测试介质的湿天然气流量测试实验装置，最高运行压力4.0MPa，最大气相流量650m^3/h，最大液相流量8m^3/h。

7月7—13日　根据中俄能源计量分组第五次会议安排，中国石油组团赴俄罗斯开展天然气能量计量技术交流，与全俄门捷列夫计量科学研究院就天然气能量计量问题进行了充分交流。

7月11日　中油测井公司自然伽马和中子孔隙度行业最高标准装置通过复查考核，

取得国家质量监督检验检疫总局颁发的计量标准考核证书，有效期至2021年7月10日。

7月25—28日 受“中俄标准化和合格评定工作组”中方组长、中国石油总经理助理王铁军委托，中国石油工作小组赴俄罗斯参加中俄标准化和合格评定工作小组联合研讨会，代表中国石油介绍了中国国家机构对合格评定工作的要求，就合格评定结果互认机制和模式开展了讨论。俄气公司接受了中方提出的互认目的、互认原则、互认机制，并自愿采用中方提出的协议框架作为互认协议框架。

10月 西南油气田自主研发建成的质量时间（*mt*）法气体流量标准装置通过国家质量监督检验检疫总局建标考核，工作压力范围0.3～6.0MPa，流量范围0.004～5.4kg/s，不确定度0.05%～0.07%（k=2），成为国内首套最优不确定度达到0.05%（k=2）的天然气流量原级标准装置，装置整体技术达到国际领先水平。

11月4日 中国石油标准化技术委员会批复计量专标委委员调整，聘任质量安全环保部黄飞为主任委员、陈琳为副主任委员兼秘书长、焦学锋为副秘书长。

12月8日 国家质量监督检验检疫总局印发《质检总局关于授权建立国家石油天然气大流量计量站乌鲁木齐分站的通知》（国质检量函〔2017〕654号），同意正式建立“国家石油天然气大流量计量站乌鲁木齐分站”，乌鲁木齐分站自本通知印发之日起正式开展工作。

2018年

1月8日 中国石油印发《中国石油天然气集团有限公司2018年质量安全环保节能工作要点》（中油质安〔2018〕1号）。

1月24—26日 中国石油计量专标委在北京召开了2017年年会。

1月25日 全国石油天然气标准化技术委员会油气计量及分析方法分技术委员会在北京市召开了2017年年会，来自中国石油、中国石化、中国海油、高校、研究院所、质检机构及仪表厂家等单位的委员、专家及代表共计58人参加了会议。

3月2日 石油评审组工作会议在北京召开。会议总结了石油评审组2017年工作，研究部署2018年工作。来自中国石油、中国石化和中国海油的计量主管领导和石油评审组办公室成员参加了会议。

3月13—14日 中国石油计量主管部门联合销售公司对北京地区的48座加油站进行了质量专项检查。

4月17日 中国石油油气计量检定站点业务研讨会在北京召开，质量安全环保部黄飞副总经理介绍了中国石油计量业务部门调整情况，做了国家天然气流量量值溯源体系完善情况专题报告，提出了下步油气计量工作安排及国家油气站未来发展思路，并对国家油气站及分站下步工作提出了具体要求。

5月21日 中国石油标准化委员会批准成立计量专业标准化技术委员会国际工作组，聘任陈琳为组长，工作组成员18人。

6月8日 中俄标准与合格评定结果互认工作组正式签署了《标准及合格评定结果互认合作协议》1号补充协议，明确了合格评定结果互认的原则、形式和机制等内容。

7月6日　中国石油计量专标委批准成立石油专用螺纹计量专业组，秦长毅任组长，专业组成员9人，秘书处设在石油管工程技术研究院。

9月6日　中国石油计量专标委在北京召开了石油专用计量量值溯源指南标准研讨会，听取了有关情况汇报，就石油专用计量器具目录修订、体系表修改、校准规范制修订、量值溯源指南标准制定等内容开展研讨。

10月16—18日　中俄标准与合格评定结果互认工作组会议在中国召开，中方介绍了中国石油开展检测和校准实验室认可的情况，结合双方标准化合作工作进展，提出了与双方联合标准制定同步开展实验室互认的建议。经反复磋商，俄方同意了以实验室互认方式开展合格评定结果互认，双方决定首先对工业泵检测实验室开展互认，双方就2019年评审大致安排达成一致意见。

10月18日　主题为“新时代油气计量”的2018中国油气计量论坛在陕西省西安市举办。来自三大石油公司从事计量技术工作的代表、特邀嘉宾、计量仪器设备厂商代表共计208人出席了论坛。

10月29日　中油测井公司密度/岩性密度行业最高标准装置通过复查考核，取得国家市场监督管理总局颁发的计量标准考核证书。

11月20日　中油测井公司为解决随钻伽马仪器刻度不规范、不统一的问题，建成2种井眼直径、4个标准层位的随钻自然伽马标准刻度井1口。

11月27—29日　中国石油计量专标委在南京召开年会。

11月28日　全国石油天然气标准化技术委员会油气计量及分析方法技术委员会在南京召开年会。

12月6—7日　中俄总理定期会晤委员会经贸合作分委会标准计量认证和检验监管常设工作组能源计量分组第七次会议在俄罗斯叶卡捷琳堡召开。

2019年

1月2日　中国石油印发《中国石油天然气集团有限公司2019年质量安全环保节能工作要点》(中油质安〔2019〕1号)。

1月16日　中国石油印发《中国石油天然气集团有限公司计量管理办法》(中油质安〔2019〕41号)，自印发之日起施行，原《中国石油天然气集团公司计量管理办法》(中油质字〔2001〕214号)同时废止。

1月21日　中国石油印发《关于表彰中国石油天然气集团有限公司2018年度质量安全环保节能先进单位和先进个人的决定》(中油质安〔2019〕48号)，授予中国石油长庆油田公司等63家企业“中国石油天然气集团有限公司2018年度质量安全环保节能先进企业”称号，授予上述63家企业的质量、安全生产、环境保护、节能节水管理部门和专职监督机构“中国石油天然气集团有限公司2018年度质量安全环保节能先进监管部门”称号，授予大庆油田有限责任公司第十采油厂第三油矿作业一工区等112个基层单位“中国石油天然气集团有限公司2018年度节能节水先进基层单位”称号，授予张佳臣等123人“中国石油天然气集团有限公司2018年度节能节水先进个人”称号。

1月23日　国家市场监督管理总局印发《市场监管总局关于同意筹建国家石油天然气大流量计量站北京、沈阳、塔里木、榆林天然气流量分站的函》（国市监计量函〔2019〕61号），同意中国石油分别在北京、沈阳、塔里木、榆林筹建国家油气站北京天然气分站、国家油气站沈阳天然气分站、国家油气站塔里木天然气分站、国家油气站榆林天然气分站。4个分站在获得计量授权证书和印章后方可正式以国家油气站分站的名义开展工作。

3月5日　中国石油印发《中国石油天然气集团有限公司计量技术机构与计量标准器具管理规定》《中国石油天然气集团有限公司计量员管理规定》《中国石油天然气集团有限公司计量检定和校准实验室考核管理规定》（中油质安〔2019〕96号），原《中国石油天然气集团公司计量检定和校准实验室考核管理规定》《中国石油天然气集团公司最高计量标准器具和工作计量标准器具管理规定》《中国石油天然气集团公司计量人员考核发证管理规定》（中油质安字〔2002〕465号）同时废止。

4月2日　石油评审组2018年工作会议在北京召开。会议总结了石油评审组2018年工作，研究部署2019年工作计划。来自中国石油、中国石化和中国海油的计量主管领导和石油评审组办公室成员参加了会议。

4月23日　中国石油计量专标委批准成立石油物探计量专业组、石油测井计量专业组、石油钻采计量专业组。

4月26日　计量专标委召开了石油物探计量等专业组成立会议。计量专标委委员代表、相关专业组成员、秘书处人员共39人参加了会议，会议宣读了石油物探计量、石油测井计量、石油钻采计量3个专业组的成立通知，就各领域石油专用计量问题开展了研讨。

6月21日　天然气计量技术研讨会召开，会议围绕天然气计量需要解决的问题和开展科研攻关项目进行了深入讨论，研究拟定了天然气计量技术研究内容。

7月4日　中油测井公司自然伽马能谱行业最高标准装置通过复查考核，取得国家市场监督管理总局颁发的计量标准考核证书。

8月　成都分站《一种质量—时间法测量天然气流量的原级装置及工艺》获得俄罗斯和法国发明专利授权。

8月29日　原油计量技术研讨会召开，部分专业分公司、原油生产企业、管道运输企业、工程技术企业及计量技术机构的37名代表参加了会议，会议围绕原油计量需要解决的问题进行了深入讨论，研究拟定了原油计量技术研究内容。

9月17—19日　中俄总理定期会晤委员会经贸合作分委会标准计量认证和检验监管常设工作组能源计量分组第八次会议在中国山东省青岛市召开。

10月15—18日　中国石油评审组赴俄罗斯与俄方评审组共同对俄罗斯产品认证与检测专家协会NASTHOL认证中心检测实验室进行了联合评审，评审结论为检测实验室符合《泵设备：工业离心泵通用技术条件》企业间标准MKC 01–2018开展工业离心泵检测的要求。

11月6日　成品油计量技术研讨会召开，来自专业分公司、炼化企业、销售企业、管道运输企业、天然气销售企业及计量技术机构的35名代表参加了会议，会议围绕成品油计量需要解决的问题进行了深入讨论，研究拟定了成品油计量技术研究内容。

12月11日　国家油气站原油及成品油计量检测重点实验室建设项目通过了中国石油科技管理部组织的验收。

12月12日　石油专用计量技术研讨会召开，来自工程技术分公司、勘探生产企业、工程技术服务企业及相关计量技术机构的34名代表参加了会议，围绕石油专用计量需要解决的问题进行了深入讨论，研究拟定了石油专用计量技术研究内容。

12月13日　石油评审组召开2019年度资质认定专项监督检查工作总结会。

12月　西南油气田升级改造后的临界流文丘里喷嘴法气体流量标准装置通过国家市场监督管理总局建标考核，工作压力范围为0.4～6.0MPa，流量范围为5～5115m^3/h，不确定度为0.16%～0.19%（k=2），成为国内首套可检0.5级高准确度流量计的天然气实流标准装置。

2020年

1月6日　中国石油印发《中国石油天然气集团有限公司2020年质量安全环保节能工作要点》(中油质安〔2020〕1号)。

3月30日　中国石油科技管理部印发《关于批准中国石油天然气集团有限公司原油及成品油计量检测重点实验室正式运行的通知》，并确定了实验室定位与目标、研究方向、学术委员会成员、实验室主任。

5月19日　石油评审组召开年度工作会议。会议总结了石油评审组2019年工作，研究部署2020年工作计划。来自中国石油、中国石化和中国海油的计量主管领导和石油评审组办公室成员参加了会议。

6月16日　全国石油天然气标准化技术委员会暨石油工业标准化技术委员会油气计量及分析方法专业标准化委员会以线上形式召开2019年年会。

7月　石油评审组组织环境类监测机构和油田化学机构分别开展了“水中化学需氧量测定”和“重晶石粉密度的测定”实验室间比对工作，共计54家机构参加了比对。

7月8日　“集团公司计量工作推进会”视频会议召开，中国石油所属计量技术机构的29名代表参加了会议。参会代表围绕国家石油天然气产业计量测试中心筹建部署和全国石油专用计量技术委员会物探、测井分委会筹建推进工作进行了深入讨论。

9月—10月　石油评审组组织44名国家级评审员或技术专家对33家资质认定获证机构进行了专项监督检查。

9月16日　中国石油召开油气计量站点业务讨论会，会上来自国家油气站及分站、检定点的26名代表对油气计量检定能力建设及检定站发展、《国家石油天然气大流量计量站管理办法》草案等问题进行了交流讨论。

10月　主题为“国际单位制服务全球贸易计量”的2020中国油气计量论坛因故未按计划召开。中国计量协会发文对三大石油公司联合评选出的一、二、三等奖和优秀论文奖论文作者进行了表彰。

11月23日 中俄总理定期会晤委员会经贸合作分委会标准计量认证和检验监管常设工作组能源计量分组第9次会议以视频形式召开。

12月18日 中油测井公司完成声波测井计量校准技术研究项目通过验收，建成声速标准刻度井2口。

2021年

3月25日 中国石油测井科技创新大会在西安召开，石油工业测井计量站做了《测井计量刻度技术现状及展望》的技术报告，展示计量刻度工作成果，谋划测井计量业务发展。

3月26日 石油评审组年度工作会议在北京召开。会议总结了石油评审组2020年工作，研究部署2021年工作计划。来自中国石油、中国石化和中国海油的计量主管领导和石油评审组办公室成员参加了会议。

5月11日 由国家市场监督管理总局组织，中国计量协会委托考核组按JJF 1069—2012《法定计量检定机构考核规范》，对国家油气站机构复查进行了全面的考核，申请的考核检定项目22项、校准项目24项全部合格。

5月 成都分站建成的国内首套环道式标准表法气体流量标准装置通过国家市场监督管理总局建标考核，工作压力范围为1.5～4.5MPa，流量范围为32～4000m^3/h，不确定度为0.22%～0.24%（k=2）。

7—10月 石油评审组组织32名国家级评审员或技术专家对20家资质认定获证机构进行了专项监督检查。

9月 中国石油科技管理部组织专家对《液态烃计量检测重点实验室科技基础条件平台建设项目可行性研究报告》进行了论证评审，并确定实验室名称为“原油及成品油计量检测重点实验室”。

9月29日 中国石油印发《关于调整国家石油天然气大流量计量站领导人员的通知》（中油人资〔2021〕150号）。调整后，黄永章兼任国家油气站站长，张明禄兼任国家油气站常务副站长，方庆兼任国家油气站副站长。

11月4日 中油测井公司自然伽马、中子孔隙度行业最高标准装置通过复查考核，取得国家市场监督管理总局颁发的计量标准考核证书，有效期至2026年11月3日。

2022年

3月6日 中国石油修订发布《油气交接计量管理办法》，明确交接计量主体及各方责任，增加能量计量有关要求。

7月18日 国家市场监督管理总局对国家油气站申请的扩项检定项目进行授权，包括二等金属量器，测量范围为1～1000L，最大允许误差为 $\pm 2.5\times10^{-4}$；在线振动管液体密度，测量范围为750～1000kg/m^3，最大允许误差为 ±（0.2～20）kg/m^3。

10月13—14日 中俄总理定期会晤委员会经贸合作分委会标准计量认证和检验监管常设工作组能源计量分组第11次会议以视频形式召开，中国石油代表中方做了《天然气质量和计量标准体系》等3个技术报告。

11月10日　中国石油副总经理、安全总监、国家油气站站长黄永章主持召开中国石油所属国家油气站工作会议，听取公司计量工作、国家油气站及各分站工作汇报，并对下一步工作进行了研究部署，提出要做好天然气能量计量、提升天然气计量检定能力、加强计量技术研发和标准化工作、强化国家油气站及分站资源保障等工作要求。

11月20日　中国计量协会石油石化专业委员会印发《关于表彰2022年中国石油石化计量论坛优秀论文的通知》，中国石油45篇论文获奖，获得一等奖论文1篇、二等奖4篇、三等奖5篇、优秀奖35篇。

12月27日　中国石油印发《关于调整国家石油天然气大流量计量站领导人员的通知》（中油人资〔2022〕273号）。调整后，王学庆、陈佩建兼任国家油气站副站长。

2023年

5—9月　国家油气站依托原油及成品油计量检测重点实验室联合中国计量大学申建了国家市场监管重点实验室，7月通过了国家市场监督管理总局组织的专家会议评审，9月通过了专家现场核查。

8月　国家市场监督管理总局下发《市场监管总局办公厅关于公布“白酒监管技术”等2个国家市场监管重点实验室和“氢储运加注装备”等2个国家市场监管技术创新中心建设验收结果的通知》（市监科财函〔2023〕293号），标志着“天然气质量控制和能量计量”国家市场监管重点实验室建设完成，进入运行序列。

9月10日—11月4日　中国石油组织对新疆、黑龙江、河北、浙江、上海等地的14个油气生产、加工、储运和销售企业开展了以油气交接计量为主要内容的计量监督检查，进一步规范了企业油气交接计量工作。

9月23日　国家市场监督管理总局批准建立全国石油专用计量技术委员会石油物探分技术委员会（秘书处设在东方物探公司）、石油测井分技术委员会（秘书处设在中油测井公司），两个分技术委员会已独立开展国家计量技术规范制修订工作。

9月27日　中国石油组织全国石油天然气标准化技术委员会油气计量及分析方法分技术委员会与美国石油学会（API）石油计量委员会开展技术交流，在原油密度、含水率等方面进行了深入研讨。

11月28日—12月6日　中国石油组织对国家油气站及成都分站、塔里木分站、榆林分站开展现场检查，促进了各站运行质量持续提升。检查所发现问题已全部整改并经检查组确认。

11月30日　国家市场监督管理总局批准筹建国家油气站福州分站，压力范围为2.5～9.5MPa，计划2027年完成筹建。

12月11—12日　中俄总理定期会晤委员会经贸合作分委会标准计量认证和检验监管常设工作组能源计量分组第11次会议以视频形式召开，中国石油代表做了《CCUS-EOR项目中二氧化碳计量技术现状及发展》《天然气组成分析用标准物质制备过程的质量控制技术》两个报告。